"十四五"普通高等教育本科部委级规划教材

·应用型系列教材·

U0742697

毛精纺纱线生产实践教程

高晓艳　刘美娜　主　编

王建坤　刘刚中　王　晓　副主编

中国纺织出版社有限公司

内 容 提 要

本书系统地介绍了毛精纺纱线的生产流程、纺纱原理、设备、工艺设计以及质量控制等内容，同时融入企业生产工艺实例、思政案例，并介绍了毛精纺的新设备与新技术。纺纱原理、生产过程的动画和视频等数字化资源以二维码的形式配置在书中，便于读者理解。

本书可作为高等院校纺织类专业师生的教学用书，也可供从事纱线设计、纱线研发、纺织品设计等工作的工程技术人员参考。

图书在版编目（CIP）数据

毛精纺纱线生产实践教程 / 高晓艳，刘美娜主编；王建坤，刘刚中，王晓副主编 . --北京：中国纺织出版社有限公司，2025. 5. --（"十四五"普通高等教育本科部委级规划教材）（应用型系列教材）. -- ISBN 978 -7-5229-2338-3

Ⅰ. TS136

中国国家版本馆 CIP 数据核字第 2025JG7895 号

责任编辑：范雨昕 张小涵 特约编辑：马如钦 刘夏颖
责任校对：高 涵 责任印制：王艳丽

中国纺织出版社有限公司出版发行
地址：北京市朝阳区百子湾东里 A407 号楼 邮政编码：100124
销售电话：010—67004422 传真：010—87155801
http://www.c-textilep.com
中国纺织出版社天猫旗舰店
官方微博 http://weibo.com/2119887771
三河市宏盛印务有限公司印刷 各地新华书店经销
2025 年 5 月第 1 版第 1 次印刷
开本：787×1092 1/16 印张：13.75
字数：300 千字 定价：58.00 元

凡购本书，如有缺页、倒页、脱页，由本社图书营销中心调换

前言

纺织纤维的种类繁多，每种纤维的长度、细度、内部结构、表面形态等均有较大差别，不能采用同一纺纱系统进行加工。纺纱系统主要包括棉纺、毛纺、麻纺、绢纺四大类，其中毛纺系统中精梳毛纺系统的生产技术较为复杂，其产品具有较高的科技含量和附加值。

本书结合多位作者多年的教学及生产经验编写而成，主要面向纺织工程专业的学生以及从事纱线设计、纱线研发、纺织品设计的工程技术人员、研发人员、设计人员。本书从介绍毛纺工业的发展历史及现状、精梳毛纺系统所用原料的特点入手，从羊毛初加工、毛条制造、条染复精梳、前纺工程、后纺工程、精梳毛纱的质量控制六个部分全面地介绍毛精纺纱线的生产过程、工艺设计以及质量控制等内容。每一章节在介绍纺纱原理的基础上，结合企业生产实际，在生产工序中均列举了工艺实例，注重理论与实践相结合，实用性突出，力求为初级纱线设计人员和学生增强实践技能、最大限度地缩小理论学习与实际工作的差距，提供更好的帮助。

本书由烟台南山学院高晓艳、刘美娜、王建坤、王晓、曲延梅、闫琳、张淑梅、金晓，山东南山智尚科技股份有限公司刘刚中、王俊、孙立珍、朱明广共同编写。本书共分七章，第一章由高晓艳、刘美娜编写，第二章由刘刚中、闫琳编写，第三章由王建坤、高晓艳、王俊编写，第四章由高晓艳、曲延梅、朱明广编写，第五章由孙立珍、张淑梅、王晓编写，第六章由金晓、刘美娜编写，第七章由王晓、闫琳编写。此外，烟台南山学院纺织工程（校企合作）2101班的学生贺嘉兴、陈云鹤、陈兴参与了部分资料的整理与图片的编辑工作，全书的构思和统稿由高晓艳和刘刚中完成。

在本书的编写过程中，得到了烟台南山学院各级领导、老师的支持，特别是得到了具有多年毛精纺生产实践经验的工程师和其他高校教授的倾情帮助，编写过程中还参考了相关书籍及文献资料，在此一并表示衷心的感谢。

由于编者水平有限，书中难免存在不妥和疏漏之处，敬请各位读者谅解，并提出宝贵意见。

编　者

2024 年 10 月

目录

第一章 绪论

第一节 毛纺工业发展历史及现状

一、世界毛纺工业发展概况

英国是毛纺工业起步较早的国家。早在 12 世纪，英国的养羊业就得到了发展。到了 14 世纪，毛纺工业已具备一定规模，集中的大型加工厂大量增加。随着科学技术的进步，纺织生产工具不断更新。英国工业革命始于 18 世纪 60 年代，珍妮纺纱机的发明，引发了纺织生产的机械化。从此，机器生产代替了手工生产。19 世纪，以电力工业为标志的第二次技术革命促进了纺织工业生产规模的扩大。自动化程度的提高，使纺织工业得到迅速发展。继英国之后，美国、法国、德国和比利时等国家的毛纺工业开启现代化进程。在第二次世界大战以前，这些国家的毛纺工业很发达。

20 世纪 70 年代之后，由于高新技术的广泛应用，毛纺工业由传统劳动密集型向技术密集型、知识密集型转变。国际上，毛纺工业发生了巨大变化。许多毛纺工业高度发达的工业化国家，毛纺工业开始萎缩、下降，最突出的是英国、美国、法国和德国等。日本发展毛纺工业较晚，第二次世界大战后，利用国外资金、原料，其毛纺生产得到迅速发展。意大利是毛纺工业发展最快的国家，特别是 20 世纪 70 年代，世界发达国家毛纺工业的发展都有所放缓，而意大利的毛纺工业一直处于高速发展状态，目前毛纺产品出口居世界前列。

二、我国毛纺工业发展概况

毛纺工业是纺织工业重要的组成部分，是以动物毛纤维及毛型化学纤维为原料进行绒毛初级加工、毛条制造、毛纺纱、毛织造、毛染整及毛制成品加工的制造行业。

早在八千年前，我国就开始用羊毛做衣着用品，但我国毛纺织工业化生产始于 19 世纪 70 年代末，至今已有 140 年的历史。我国最早的毛纺织厂是 1876 年建在甘肃兰州的甘肃织呢总局，由清政府陕甘总督左宗棠决策创办，全部设备从德国引进。其早期发展非常缓慢，而且大多是粗纺厂。20 世纪 30 年代才引进精纺设备。到 1949 年中华人民共和国成立，我国只有 13 万锭毛纺设备，而 90%毛纺设备集中在沿海一带，仅上海就占了 73.5%。随着国民经济的发展和人民生活水平的提高，毛纺工业得到了发展。到 1980 年，我国毛纺设备已达 60 万锭，采用国产全套毛纺织染设备；在新疆、内蒙古、西藏和其他地区建立了新厂，改变了毛纺布局不合理和设备落后的局面；在原料使用上，由于大力培育和改良羊种，改良羊毛产量已占全国羊毛产量的 50% 左右。毛纺工业中使用国产羊毛已占羊毛原料的 80%；化学纤维占毛纺原料的 43%。产量居世界第一的高级毛纺原料——山羊绒也得到了合理的使用。毛纺产品的品种、数量、质量都有了很大的提高，并远销许多国家。20 世纪 80 年代开始，随着改革开放政策的实施，乡镇毛纺企业如雨后春笋般地建立，我国毛纺工业进入新的发展时期，到 2005 年，我国毛纺设备约 360 万锭。在产品质量上，不断改善织物外观和组织规格，改进产品的实物质量、服用性能；在品种上，从素色到花色，从机织到针织，从生活用品到工业用品，各类产品品种齐全；在生产设备上，大量引进世界一流毛纺设备。目前，我国毛纺产品已远销欧美、日本、韩国、东南亚、非洲等国家和地区，在国际市场有一定的影响，是我国出口创汇的重要商品。

随着国内市场份额和国际市场份额的稳步上升，我国毛纺工业正处在上行的发展阶段。随着市场结构不断调整，国内市场的重要性不断提升，我国毛纺工业从出口导向逐步转向国内外市场并重，企业更加重视向生产服务型发展，向价值链中高端延伸，由规模发展型向质量效益型转变。目前，毛纺工业已形成毛条、毛纱线、面料、毛毯、毛针织服装、羊毛被、毡制品等各类品种、上下游产业链配套齐全的生产加工体系。

三、精纺呢绒行业发展概况

毛纺行业中的精纺呢绒行业，生产工艺技术较为复杂。我国于 20 世纪 30 年代引入精纺设备，经过半个多世纪的发展，毛精纺工业得到长足的发展，到 20 世纪 90 年代中期，全国涌现众多的毛精纺企业。后经过十多年来市场的优胜劣汰，毛精纺企业在盈利能力、产品定位上迅速拉开距离，层次化明显，中低档产品市场竞争与高档产品竞争呈现出不同特点。高档的毛精纺纱线、毛精纺面料在毛纺产品中占据主流位置。精纺呢绒行业具有鲜明的技术密集型、资金密集型特点，被称为"技术纺织"。由于其适应性、舒适性、时尚性、功能性和高档化，毛精纺产品一直被誉为纺织产品家族的"黄金贵族"，主要用于制作高档西服，具有较高的科技含量和附加值。

（一）国内发展现状

1. 精纺产品不断创新

在我国，经过半个多世纪的发展，精纺产业已成为一个相对成熟的产业，精纺产品不断创新，受到消费者欢迎。主要表现在以下方面：

（1）精纺产业的科技创新成果引人注目。近年来，由于我国纺织工业生产要素成本上涨等原因，企业经营压力不断加大，走科技创新、精细生产、品牌发展的道路势在必行，精纺产业也不例外。企业开始注重应用高新技术和先进适用技术，开发更为轻薄化、功能性的产品，如南山智尚开发的 Super200S 面料、纯羊绒系列面料、毛丝系列面料、户外运动羊毛面料和空气羊毛面料等。

（2）精纺产品开发更加注重差异化。在精纺企业中，从新纤维应用、加工到成品，差异化设计无处不在。

（3）时尚高档精纺产品受到消费者追捧。新一代的消费群体不断成长，他们更强调生活品质，对时尚的理解也更趋于个性化。精纺企业新开发的产品不仅需要从色彩、风格、图案、手感、功能性等方面进行设计，同时也从原料、组织、后整理等技术层面进行了创新，从而满足消费者个性化的需求。

2. 优秀企业市场竞争力较强

精纺呢绒产业具有小批量、多品种、资金和技术密集等特点，优秀企业如南山智尚、如意集团、江苏阳光等，逐步向专业化经营模式转型，体现在专业化的技术创新机制、设计研发、国际销售网络和管理体系方面。其在盈利能力、产品定位等方面与其他同行企业迅速拉开距离。这些优秀企业之间竞争的重点由最初市场销售手段的竞争，上升到产品、技术和管理等层面的竞争，在产品自主开发能力、生产工艺及技术、质量管理水平、营销网络建设等方面与国际先进水平相比，距离明显缩小，大幅提高了我国精纺呢绒在国际市场的竞争力。与此同时，不断有中低档产品的精纺企业在市场竞争中被淘汰，逐渐减产、停产。这些企业中，大部分为中小型毛精纺企业，定位于中低端产品，主要以价格竞争为主，依赖于粗放型增长方式，抗风险能力较弱。

（二）国际发展现状

精纺呢绒产品作为高档服装面料，其生产设计也曾一度由意大利、英国、德国、日本等国家所控制，其中以意大利最为突出，其产品设计、质量、引导流行趋势等各方面都居世界精纺呢绒行业的前列。

当前，随着经济全球一体化进程和国际化分工带来的行业调整，意大利等国家企业的产品已经从高、中、低端产品向具有竞争优势的高端产品集中，通过设计创新扭转与发展中国家在价格竞争方面的不利局势。而发展中国家毛精纺企业利用全球毛纺行业调整机会，抓住发展机遇，不断进行技术改造和技术创新，逐渐具备了生产中、高档产品的技术实力和工艺水平，并且以劳动成本较低的优势积极参与国际竞争，向传统纺织强国发起有力的挑战。

四、毛纺行业竞争格局和市场化程度

毛纺行业，尤其是精纺呢绒行业，具有技术密集型、资金密集型、劳动密集型的特点，这种特点决定了行业竞争两极分化趋势明显，数量庞大的中小企业在中低端产品领域竞争激烈，仅少数企业有能力进入高端产品领域参与高水平的综合竞争。根据《2020/2021 中国纺织工业发展报告》统计数据，毛纺织行业规模以上企业仅 893 家，而其中有国际竞争优势的企业少之甚少。

数量庞大的中小企业在中低端产品领域以价格竞争为主，盈利能力弱。这些企业通常缺乏研发、设计能力，生产技术及工艺落后，生产规模小，产品质量低，定价能力弱。历经数年的粗放式发展后，低端产品过剩，无法满足消费升级需求。这些企业或是在竞争中被淘汰，或是转变发展方式，升级产品结构，逐步对接需求趋势。与此同时，以南山智尚、江苏阳光、如意集团为代表的优质企业，定位在高端产品，在科技创新、品牌建设、管理水平、销售网络等方面与其他企业拉开了较大的差距，从单一的价格竞争，上升到品牌、技术、产品、服务等层面的综合竞争。近些年来，这些优质企业与国际先进水平的差距明显缩小，甚至已达

到国际先进水平，提高了我国精纺呢绒在国际市场上的竞争力。

在国际毛纺产业布局中，发达国家在科技创新、品牌文化、营销渠道等价值链高端处于主导地位，发展中国家具有人力资源、用工成本、能源价格、环境因素等优势，我国毛纺工业在向价值链高端延伸过程中直接面临发达国家竞争，在常规性产品市场面临发展中国家竞争。

五、市场供求状况

（一）市场需求状况

我国呢绒销售以内销为主，出口维持在 20% 左右。"十二五"以来，毛纺行业规模以上企业呢绒产量在平稳几年后，伴随着我国经济增速换挡，短期内面临需求不足的问题。同期，毛纺行业规模以上企业主营业务收入、利润总额也呈现相同的变化趋势。出口方面，印度尼西亚、越南、日本是我国精纺呢绒的主要出口市场，出口这三个国家的产品占比超过 50%，其中印度尼西亚和越南的精纺呢绒主要用于加工服装，继而出口欧美等地。近年来，国际市场对呢绒的需求持续疲软，出口呈持续下降趋势。在此背景下，毛纺行业通过持续的产业结构调整，深入挖掘消费升级带来的内需扩大，由出口导向转向国内产业链的贯通，促进了利润水平企稳回升，行业企稳势头明显。

"十二五"期间，以江苏阳光、南山智尚等为代表的上市公司精纺呢绒产量基本保持稳定，与毛纺行业整体情况形成鲜明对比的是，2015 年以后精纺呢绒需求的增速明显加快。精纺呢绒业务需求的逆势增长，反映出毛纺行业需求结构已发生重大变化，消费升级趋势明显，高端精纺呢绒需求依然旺盛，转型升级已成为毛纺行业持续且艰巨的任务。

"十三五"以来，欧美及日本市场仍是我国毛纺织产品出口的主要地区，对其出口总量新增不高。新兴经济体人口规模和经济发展较快，有利于我国出口增长及市场多元化发展。内需扩大和消费升级将是毛纺织工业发展的最大动力。需求多样化、个性化、时尚化成为主流，毛纺行业要发挥毛纺织产品的天然、舒适、绿色、环保等高品质特性，向多元化、轻奢化发展，满足消费者对中高档产品的需求。

2020 年，受新型冠状病毒感染的影响，纺织行业的平稳运行面临诸多挑战。全球经济不断下滑，欧美等纺织服装重要的消费市场国也因此受到巨大冲击，很多品牌商和贸易商取消订单。同时，印度、越南、孟加拉国等国家也停工停产，世界经济下行压力持续加大，市场增长缺乏稳定支撑，国际市场整体消费信心持续下降，消费能力下滑明显，纺织行业面临的发展形势错综复杂。

2021 年是"十四五"开局之年，也是行业积极恢复发展的一年。随着全球零售的逐步复苏，毛纺织行业需求有望逐步回升，特别是毛梭织服装（正装、外套等）的需求有望恢复增长。同时，随着新技术和新工艺的研发，羊毛应用场景不断增加，除了针织衫等传统品类，羊毛越来越多地被应用在内衣、毛袜、鞋面、运动及户外服饰、家纺用品等领域。另外，全球时尚产业越来越重视可持续发展，羊毛是 100% 可生物降解、可再生的天然活性纤维，其在绿色天然方面拥有大多数合成纤维无可比拟的优越性，毛纺织行业未来有望持续稳健增长。

（二）市场供给状况

我国呢绒进口以精纺呢绒为主，占进口总量的60%以上。近年来，我国呢绒进口呈下降趋势，精纺呢绒进口下降较明显，而国内精纺呢绒生产量不断增长，这也反映出行业结构调整已见成效，已逐渐实现高端产品的部分进口替代。

近年来，我国毛纺织市场发展呈现两极分化趋势。2021年，市场发展面临前所未有的挑战，全国专业市场首次出现市场数量、经营面积、商铺数、商户数的下滑，在规模缩小的同时，内部结构也在发生巨变，两极分化的速度进一步加快。其中，龙头骨干型专业市场已经实现了市场角色、经营模式、管理理念的转变，取得了高质量发展。我国精纺呢绒生产主要集中在江苏省和山东省，分别占供应市场的64%和10%。我国主要的精纺呢绒生产企业见表1-1。

表1-1 我国主要的精纺呢绒生产企业

公司名称	所在地	产能/（万米·年$^{-1}$）
江苏阳光股份有限公司	江苏省江阴市	2600
山东南山智尚科技股份有限公司	山东省龙口市	1600
江苏倪家巷集团有限公司	江苏省张家港市	1000
江苏箭鹿毛纺股份有限公司	江苏省宿迁市	1000
山东如意毛纺服装集团股份有限公司	山东省济宁市	800
兰州三毛实业有限公司	甘肃省兰州市	600
无锡协新毛纺织股份有限公司	江苏省无锡市	600
张家港国纺纺织科技有限公司	江苏省张家港市	300
华成毛纺有限公司	河南省商丘市	300
张家港美鹿染整有限公司	江苏省张家港市	200
潍坊名羊毛纺有限公司	山东省潍坊市	200

第二节 精梳毛纺系统

精梳毛纺在工艺上经过精梳去除过短纤维，并利用牵伸将条子抽长拉细。其对原料的要求较高，纤维长度长（一般在60mm以上），长度、细度较均匀，一般使用新羊毛。精纺毛纱内纤维基本伸直平行，故其条干均匀、表面光洁，线密度一般为16.7~33.4 tex（60~30公支），单纱强力较高。精纺织物表面光洁，有光泽，织纹清晰，一般较轻薄，手感坚、挺、爽。

一、精梳毛纺常用原料

毛纺工业使用的原料，按其来源不同，分为新原料和回用原料两大类。新原料是指没有使用过的原料，包括天然纤维、化学纤维。回用原料是指已使用过的并经加工处理后再次回用的原料，包括纺织生产过程中的回丝下脚以及旧织物或呢角碎片处理后的再用原料，多用于粗纺厂和制毡厂。精梳毛纺所用的原料多数为新原料。

（一）动物纤维

羊毛是毛精纺系统中的主要原料。澳大利亚、新西兰、俄罗斯、中国、阿根廷和南非等是主要产毛国。

其他常用的动物毛纤维包括：山羊绒，主要产于中国、蒙古、伊朗、印度和土耳其；兔毛，主要产于中国；骆驼毛，主要产于非洲索马里和我国内蒙古；马海毛，主要产于美国、土耳其和南非。

（二）化学纤维

化学纤维按其来源可分为再生纤维及合成纤维两种。毛精纺系统中常用毛型化学纤维的短纤维，其长度通常为 65~102mm，线密度为 3.33~5.56dtex。化学纤维品种繁多，毛精纺系统中应用较多的是涤纶、锦纶、腈纶、黏胶等纤维。

化学纤维的主要优点是强度高、密度小、弹性大、耐磨、耐腐蚀，但作为服用纤维，还存在着吸湿性差、不耐燃、织物手感不良、较易起球等缺点。为了弥补这些不足，对原有化学纤维生产工艺进行了改革，出现了一系列的改性或异形纤维，如异形、中空、复合、弹性、超细纤维等。纤维改性或异形化后，可以改善其光泽、透气、吸湿等性能，并改变纤维的硬挺度和织物的风格，使织物具有丰满厚实的手感。

（三）混纺原料

羊毛与以下纤维的混纺原料被广泛应用于精纺系统中。

（1）与蚕丝混纺，产品的外观华丽、手感柔软，可以制成贴身穿着的针织服装。

（2）与特种纤维混纺，如山羊绒、马海毛等。产品柔软、外观独特，可以制成高品质的套装或夹克。

（3）与涤纶混纺，可降低成本并赋予功能性，一般用于制成机织服装。

（4）与锦纶混纺，可以改善纱线和织物的耐磨性和强力。

（5）与腈纶混纺，可降低成本并改善柔软性，可以制成针织毛衫。

（6）三种纤维的混纺，如羊毛/涤纶/氨纶、羊毛/锦纶/黏胶，用于生产时尚的精纺服装。

二、精梳毛纺产品

属于精梳毛纺产品的有精纺毛织品、绒线（包括针织纱）和长毛绒。

（1）精纺毛织品。精纺毛织品包括哔叽、华达呢、啥味呢、花呢、凡立丁、女式呢、直贡呢、马裤呢等。这些产品又有纯毛、混纺与纯化学纤维之分。

（2）绒线。绒线分为编织绒线与针织纱两大类。每一类又分为纯毛、混纺与纯化学纤维三种。各种绒线又有不同的线密度。编织绒线多为四合股，单纱线密度多为 41.7~166.7tex（24~6公支）。针织纱多为两合股，单纱线密度一般为 18.5~71.4tex（54~14公支）。

（3）长毛绒。长毛绒织物绒毛经久挺立，不倒塌，受外力后恢复原状快，光泽好，绒毛丰满。一般都用三级、四级羊毛制成。

三、精梳毛纺工艺流程

精梳毛纺产品，对纱线的条干均匀度要求较高，因此对原料的要求也较高，所经过的工序也较多。其常用的生产工艺流程为：

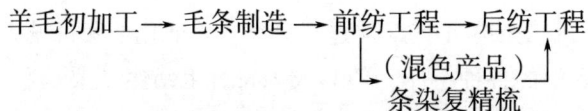

羊毛初加工 → 毛条制造 → 前纺工程 → 后纺工程
（混色产品）
条染复精梳

用作服用毛织物的低特纱，特别是混色纱，在毛条制造和前纺工程之间还需增加条染及复精梳工序。

思考题

1. 除了精梳毛纺系统，毛纺加工系统还有哪些？其与精梳毛纺系统有何不同？
2. 毛纺工业的原料包括哪些？我国毛纺工业的资源如何？

第二章　羊毛初加工

从羊身上剪下的羊毛（散毛或套毛）夹带有各种杂质，这种羊毛称为原毛（图2-1），不能直接投入毛纺生产。羊毛初加工的任务是按羊毛的品质进行分类，采取化学和机械方法，再采用一系列机械与化学的方法去除原毛中的各种杂质，使其成为符合毛纺生产要求、比较纯净的羊毛纤维，也称为洗净毛（图2-2）。

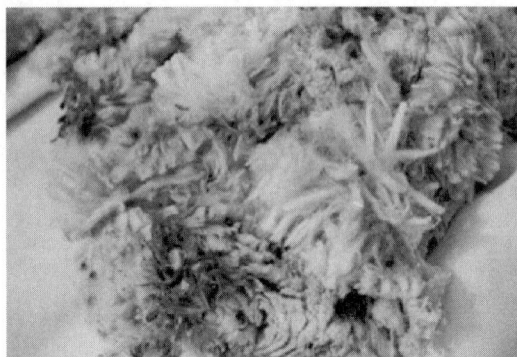

图2-1　原毛

图2-2　洗净毛

精纺系统中羊毛的初加工流程（码2-1）如下。

选毛→开毛→洗毛→烘毛→洗净毛

码2-1

羊毛初加工

第一节　选毛

一、羊毛的品质

羊毛的品质因绵羊品种、地区和饲养条件的不同而有很大差异，不同种类的羊毛的品质是不同的，如羊毛的细度、含杂等。羊毛纤维越细，其比表面积越大、含油脂越多、洗毛时越容易缠结，洗毛越困难。羊毛中的含杂量越多，则洗毛越困难。

同一地区、同一品种的绵羊，所产的羊毛品质也有所不同。即使同一只绵羊身上，不同部位的羊毛纤维的品质也是不同的，如图2-3、图2-4所示。图2-4中不同部位羊毛的品质见表2-1。

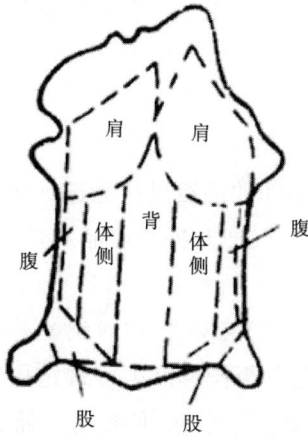

图 2-3　套毛

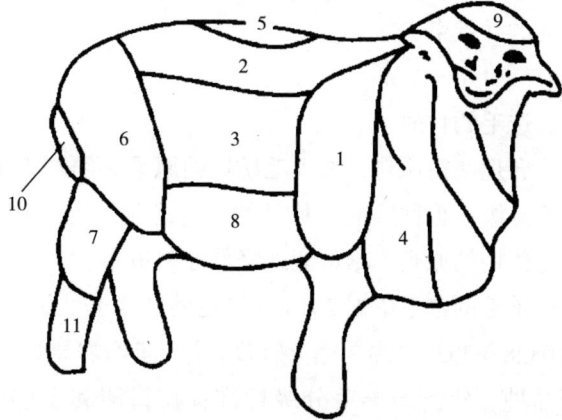

图 2-4　羊身上不同的部位

表 2-1　不同部位羊毛的品质

代号	名称	羊毛的品质
1	肩部毛	最好的毛，细而长，生长密度大，鉴定羊毛品质常以这部分为主
2	背部毛	毛较粗，品质一般
3	体侧毛	毛的质量与肩部毛近似，但油杂略多
4	颈部毛	油杂少，纤维长，结辫，有粗毛
5	脊毛	松散，有粗腔毛
6	胯部毛	较粗，有粗腔毛，有草刺，有缠结
7	上腿毛	毛短，草刺较多
8	腹部毛	细而短，柔软，毛丛不整齐，近前腿部毛质较好
9	顶盖毛	含油少，草杂多，毛短，质量差
10	臀部毛	带尿渍粪便，较脏，油杂多
11	胫部毛	全是发毛和死毛

根据羊毛的来源和品质，可以将羊毛分类如下。

（1）套毛。从羊身上剪下，毛丛相互连接成一整张的毛。

（2）羔羊毛。从 7 个月大的羔羊身上初次剪下的毛，其束纤维长度一般比成年羊毛的短。

（3）片毛。套毛边缘剔除的毛，不包含颈部、腹部、胯部、臀部的羊毛。

（4）腹部毛。从羊的腹部获得的毛，一般含有较多的植物性杂质和羊汗。

（5）沾色毛。洗毛后颜色不白，一般被尿渍、细菌、化学药品、植物、血液等沾染。

（6）结块毛。从羊的臀部、尾部或后腿部得到的毛，价值较低，一般比较短，而且可能会被尿或粪便沾染而变色。

（7）板毛。第二次修剪的毛；一部分从羊毛腿部和套毛边缘的毛；前臀下面以及侧面与胯部里面的纤维束。

二、选毛的目的

为了合理使用原料，进入毛纺厂的原毛必须经人工按照不同的品级进行分选，这一工作称为羊毛分级，也称选毛。其目的是合理地调配使用原料，在保证并提高产品质量的同时，贯彻优毛优用的原则，尽可能地降低原料成本。

国产羊毛的选毛依据 2013 年制定的鉴定羊毛品质的标准 GB 1523—2013《绵羊毛》以及 GB/T 40828—2021《绵羊毛分级规程》。澳毛需要按照《羊毛分级操作准则》规定程序，依据不同品种、年龄绵羊毛分级标准，在目测和手感测试基础上，将纤维细度、强力、形态、颜色、草杂等比较相似的正身套毛放在一起集中打包，并在毛包上作出标识，如图 2-5 所示。优等套毛用"AAAAM"或"AAAM"表示，不可检测特征的次等套毛用"AAM"表示。

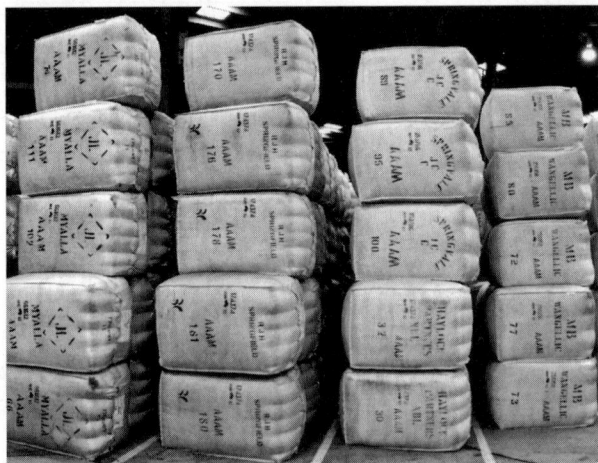

图 2-5　毛包

第二节　开毛

一、开毛的目的

开毛是指通过机械作用对毛包中缠结较紧的羊毛进行开松，将团状的羊毛开松成块状，同时去除原毛中的部分杂质，并将不同种类的羊毛进行初步混合。若开松后的毛块过大，则洗毛时毛块的喂入不均匀，从而导致洗毛效果较差。

开毛应在尽量减少纤维损伤的前提下，将毛块开松成松散的毛束，并尽可能多地去除原毛中的杂质，减轻洗毛工序的负担，为后续加工创造有利条件。

二、开毛机

开毛机位于洗毛机之前，主要作用是通过机械作用对原毛进行开松除杂，以提高洗涤效果。开毛机中的开松和除杂作用是同时实现的。开毛机有单锡林、双锡林和多锡林等类型，其中代表性机台为三锡林开毛机，如 B044-100 型开毛机，如图 2-6 所示。该机由喂毛罗拉、铲刀、三个角钉锡林、输毛帘、尘格等组成。第一锡林有 12 排角钉，第二、第三锡林各有 6 排角钉，每排角钉数为 16~17 枚，各排角钉交错排列。三个锡林同向回转，其转速逐步递增，为 270~300r/min。在各个锡林的底部装有尘格，以利于落杂。在第一锡林前有喂毛帘和喂毛罗拉，原毛喂入后经三个锡林进行开松，以散纤维状由输出帘输出。

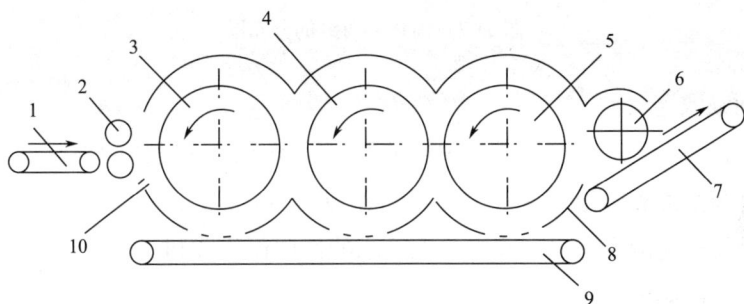

图 2-6　三锡林开毛机

原毛由喂毛机均匀铺在喂毛帘 1 上，输送给喂毛罗拉 2。为防止缠绕，在下罗拉处安装一铲刀 10，随时将缠绕在罗拉上的羊毛铲去。羊毛在喂毛罗拉的握持作用下，接受第一开毛锡林 3 的打击开松，被开松的毛块随锡林的回转气流前行，进而依次接受第二锡林 4 和第三锡林 5 的撕扯打击，并在离心力的作用下甩向尘格 8，受到撞击而抖落部分杂质，尘杂通过尘格上的孔眼落在输土帘 9 上。在两锡林之间，毛块受到的是自由状态下的开松打击。经过开松除杂的羊毛被吸附至尘笼 6 上，部分细小的杂质通过尘笼网眼被风力吸走，松散的毛块则由输出帘 7 输出，进入下一道喂毛机。

B044-100 型三锡林开毛机开松作用缓和，对纤维损伤小，除杂效率较高（可达 18%）。

三、影响开松除杂作用的因素

开毛机中影响开松除杂作用的因素如下。

（一）开毛锡林

锡林的转速，锡林上角钉的形状、密度以及植列方式等因素都会影响开松除杂的效果。

1. 锡林转速

转速越高，打击羊毛和分离杂质的作用越强，但也越容易损伤纤维。在三锡林开毛机中，锡林转速是随开松的逐步深入而逐渐提高的（如三个锡林的转速依次为 275r/min、290r/min、320r/min），同时角钉的排数逐个减少（如三个锡林的角钉排数依次为 12、8、6），以减小对纤维的损伤。

2. 角钉植列方式

角钉植列方式一般有单螺纹形、双螺纹形、双轴向人字形和平行交叉形四种，如图2-7所示。角钉植列的原则是保证喂入毛层在宽度方向上无遗漏地获得开松打击的机会，这要求角钉在锡林任意一根母线上的投影是一条连续的线。

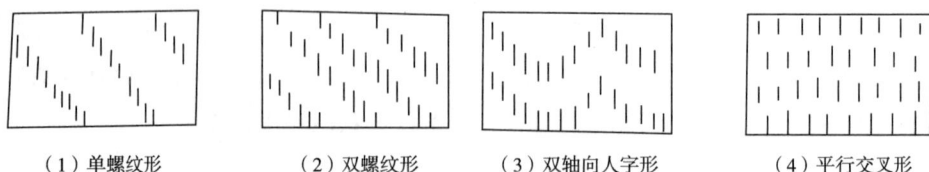

（1）单螺纹形　　　（2）双螺纹形　　　（3）双轴向人字形　　　（4）平行交叉形

图2-7　锡林上角钉的分布图

3. 角钉的形状及密度

开毛机中角钉的形状取决于被加工羊毛的特点与避免纤维损伤的需要。因此，角钉一般呈锥状，截面有椭圆形和圆形两种，采用的钉距常为50mm。三锡林开毛机上的角钉排数随羊毛的逐步开松而相应减少，以使其对羊毛纤维的作用逐步缓和。

（二）尘格的结构与尺寸

开毛机中锡林的下方装有尘格，尘格由许多彼此平行且具有一定间距的尘棒组成。目前，开毛机中多采用圆形截面尘棒，尘棒直径一般为8mm。尘棒间距一般为8~12mm，可根据加工羊毛的长度和含杂程度进行调整，羊毛长、含杂多时，尘棒间距应大些。尘格和锡林之间的隔距应随羊毛长度和喂入量而定，喂入量多、毛块大、毛纤维长时，隔距应大些，一般为12~25mm。

（三）气流

开毛锡林高速回转产生的气流可带动已开松的毛块向前运动，使其进一步接受开松机件的作用，同时也使部分毛块撞击在尘格上而去除一部分杂质。尘格下方装有吸风装置，使气流向下，可增强排杂能力，减少土杂飞扬。输毛帘的上方有尘笼，气流可使开松后的毛块紧贴在尘笼上，并从中吸走一部分细小的杂质。因此，掌握好气流，使用好尘笼、尘格，对提高除杂效果和改善劳动环境十分重要。

（四）喂毛罗拉的压力及其与锡林的隔距

喂毛罗拉的压力大，其对毛块的握持作用强，开松作用好，但对纤维的损伤也大。若压力不足，开毛锡林会拉出整团的毛块，对开松不利。锡林与喂毛罗拉间的隔距小，开松作用强，但纤维损伤大且制成率低。

四、开毛主要疵点及其产生原因

（一）含杂多

可能的原因：喂毛量过多，漏底堵塞。可用的调整方法：减少喂毛量，经常检查清理漏底，防止堵塞，以利于落杂。

（二）毛块大，开松不够

可能的原因：喂毛罗拉压力过小，锡林角钉绕毛，锡林速度不合适。可用的调整方法：增加喂毛罗拉压力，清理锡林角钉绕毛，检查角钉是否光滑，调整锡林转速。

开毛效果对洗毛及后续工序有很大的影响。若开毛不充分，可能导致杂质去除不充分，杂质的存在使水分不能完全渗透羊毛，导致羊毛润湿不充分；还可能减少流经纤维表面的液体量，导致洗毛效果差。若开毛过度，会导致羊毛在洗毛过程中产生过多的缠结，并增加毛条制造过程中纤维的断裂。

第三节 洗毛

羊在生长过程中，由于自身代谢产生的分泌物和长期野外生活而夹杂的沙土、植物性杂质，加上为区分羊群所做的印记以及医病用的药物等原因，使得原毛中含有多种杂质，必须经过洗涤，才能获得符合质量要求的洗净毛。

洗毛是指羊毛在洗涤溶液中（或适当的有机溶剂中）通过搅动、揉搓等作用从羊毛上去除杂质的过程，如图 2-8 所示。洗毛的方法主要有乳化法和溶剂法，溶剂法的设备及加工费用昂贵，因此，在生产中基本不使用。乳化洗毛法根据原料性能的差异，需采用不同的处理工艺，但洗涤原理及设备基本相同。

图 2-8 洗毛

一、羊毛中含有的杂质

羊毛中的杂质主要有羊毛脂、羊汗、沙土、草杂和粪便等。原毛如图 2-1 所示，不同种类的羊毛中含杂量是不同的，一般为 20%~90%。

（一）羊毛脂

1. 羊毛脂的成分

羊的皮肤内分布着丰富的脂肪腺，羊毛脂是脂肪腺的分泌物。随着羊毛的生长，脂肪腺的分泌物也会不断地黏附于纤维的表面。通常羊毛脂将羊毛黏结而形成毛束，从而可减少羊毛对外界暴露的表面，防止尘沙进入，以保护羊毛的物理化学性质不受或少受影响。因此，羊毛保持一定的含脂率是非常必要的。含脂率过低，将会影响到羊毛的理化性质；反之，含脂率过高，则会影响到净毛率，这是毛纺企业在选购羊毛时比较关注的问题。羊的品种、羊毛的类型及羊的生长环境、饲养条件等因素不同，原毛中羊毛脂的含量不同，纺织用的动物纤维中，绵羊毛的含脂量最高，为5%~25%。

羊毛脂的成分极其复杂，是高级脂肪酸、脂肪醇和脂肪烃的混合物，这些酸和醇既有一部分结合成酯的状态存在，也有一部分以游离状态存在。其中高级脂肪酸（如ω-羟基酸和ω-羟基链烷酸等）占45%~55%，高级一元醇（如胆固醇、羊毛甾醇、脂肪族二醇等）占45%~55%，脂肪烃约占羊毛脂的0.5%。羊毛脂与一般的油脂不同，其成分中不含有甘油酯。

2. 羊毛脂的性质

（1）羊毛脂不溶于水，能溶于憎水的非极性溶剂。因为羊毛脂是酸、醇的复杂混合物，其中既有羧基又有羟基，它们都是亲水性的，具有可溶性，但在这种混合物中也存在酸、醇中的憎水部分，即长的碳氢链或复杂的环状结构在分子结构中占优势，因而决定了羊毛脂不能溶于水，而只能溶于憎水性的非极性溶剂中（如苯、四氯化碳、乙醚、己烷等），这一特性便成为溶剂法洗毛的理论依据，也给水洗法洗毛提供了洗液配制的理论指导。

（2）羊毛脂中的高级脂肪酸遇碱能产生皂化作用，生产肥皂溶于水中。但是，高级一元醇遇碱不能皂化，所以，乳化洗毛时不能只用碱，必须用洗涤剂并采用乳化才能较好地去除羊毛脂。

（3）羊毛脂的颜色为浅黄色至褐色，熔点为37~45℃，所以，羊毛脂在常温下为黏稠状物质，洗毛温度应高于羊毛脂的熔点。

（4）羊毛脂的密度为0.94~0.97g/cm³，比水轻，因此，可以浮于水中或洗毛溶液中。

（5）羊毛脂在空气中会发生氧化，羊毛脂分为易氧化的羊毛脂和不易氧化的羊毛脂，不易氧化的羊毛脂容易洗除，而易氧化的羊毛脂则不易洗除。羊毛脂被氧化后，其很多性质会发生变化，如熔点（未氧化的羊毛脂的熔点约为42℃，而高度氧化的羊毛脂的熔点超过80℃）。

羊毛脂的化学性质常用酸值、碘值、皂化值及不皂化物等表示。酸值是指中和1g油脂内游离脂肪酸所需的KOH毫克数，酸值越大，表明游离脂肪酸越多。碘值是指100g物质中所能吸收碘的克数，是表示有机化合物中不饱和程度的指标，不饱和程度越大，碘值越高。皂化值是指1g油脂所需的KOH毫克数，皂化值用以测定油脂中脂肪酸的总含量。不皂化物是指油脂中不起皂化作用的物质含量，以重量百分比表示。不同羊毛中羊毛脂的化学性质见表2-2。

表2-2 不同羊毛中羊毛脂的化学性质

原毛名称	含脂率/%	羊毛脂熔点/℃	乳化力/%	酸值/（mg·g⁻¹）	碘值/%	皂化值/（mg·g⁻¹）	不皂化物/%	沙土含量/%	
								CaO	MgO
新疆细毛	7.5~12.5	41	41.6	13.92	24.42	104.2	30.77	0.34	0.0694

续表

原毛名称	含脂率/%	羊毛脂熔点/℃	乳化力/%	酸值/(mg·g^{-1})	碘值/%	皂化值/(mg·g^{-1})	不皂化物/%	沙土含量/%	
								CaO	MgO
内蒙古改良毛	8~10	43	41.2	16.29	21.84	102.9	30.76	0.079	0.0309
东北改良毛	6.5~13.4	34.5	23		24.33	91.9	36.01	0.175	0.104
澳毛	12~15	43.5	35.8	19.24	16.13	106.9	34.01	0.15	0.0704

实践证明：①酸值高的羊毛脂易皂化、易洗涤；②碘值高的羊毛脂易氧化，易氧化的羊毛脂难洗除；③乳化力越大的羊毛脂越易去除，但因羊毛储存时间过长而使其中的羊毛脂氧化分解后，则很难洗除。一般，国毛的碘值较外毛高，所以在洗国毛时，必须采用较高的洗液温度和较多的洗剂才能将羊毛脂洗净。

（二）羊汗

1. 羊汗的成分

羊汗是羊皮肤中汗腺的分泌物，由各种脂肪酸钾盐以及磷酸盐和含氮物质组成，其含量占原毛重量的5%~10%，一般细羊毛含汗量较低，而粗羊毛含汗量较高。

羊汗的含固物主要是钾盐，包括无机酸钾盐、脂肪酸钾盐等。一般细羊毛中羊汗含量低，粗羊毛中羊汗含量高。

2. 羊汗的性质

（1）羊汗易溶于水，尤其是温水。因此，洗毛过程中很容易将其去除。无机的、低分子量钾盐在水中溶解的速率很快，但是高分子量钾盐在水中溶解的速率较慢。

（2）羊汗中的碳酸钾遇水后水解生成氢氧化钾，可以皂化羊毛脂中的游离脂肪酸，生成钾皂，有利于洗毛。所以，在洗毛机中的浸渍槽中，虽不添加任何洗涤剂和助剂，但由于羊汗的作用，也能洗除一部分羊毛脂。

（三）沙土

沙土的密度比水大，因此，在洗毛溶液中会快速沉淀，会增加水的硬度、水中金属离子的浓度（其中，铁会导致杂质重新沾染到羊毛上，而且会严重影响洗净毛的颜色）。

（四）草杂

草杂的主要成分是纤维素，可通过机械或化学方法去除。有些细长的草杂与羊毛纤维类似，因此，较难去除。有些草杂很脆，加工过程中容易碎裂。

二、乳化洗毛原理

羊毛上黏附的杂质的含量和性质各异，必须根据所含杂质的性质，采用一系列化学的方法并伴随机械作用，才能去除。常用的洗毛方法是乳化洗毛法，采用洗涤剂，并利用物理和机械的作用达到洗净羊毛的目的。

（一）原毛的去污过程

将羊毛上的脂汗和土杂等去除，首先要破坏污垢与羊毛之间的结合力，降低或削弱它们之间的引力。因此，去污过程的第一阶段是润湿羊毛，使洗液渗透到污垢与羊毛联系较弱的地方，降低它们之间的结合力，这个阶段称为引力松脱阶段。第二阶段是污垢与羊毛表面脱离，并转移到洗液中。这主要是由于洗剂的存在以及机械作用的结果。第三阶段是转移到洗液中的油脂、土杂稳定地悬浮在洗液中而不再回到羊毛上去，防止羊毛再沾污。这要求所用洗涤剂必须具有良好的乳化、分散、增溶等作用。最后，再经清水冲洗，即得到洗净毛。通过高倍显微镜观察，羊毛去污的动态过程如图 2-9 所示。

图 2-9　羊毛去污的动态过程

洗毛是一个十分复杂的化学、物理和机械的作用过程，它是洗涤剂降低洗液表面张力和界面张力以后产生的润湿、渗透、乳化、分散和增溶等一系列作用以及羊毛表面扩散双电层与羊毛脂、杂质表面扩散双电层间相互作用的综合结果，而机械作用也是脂杂与羊毛最终分离必不可少的手段。

（二）乳化洗毛工艺过程

乳化洗毛过程包括开松、除杂、洗涤和烘干等。洗涤分为浸渍、清洗、漂洗和轧水等加工流程。乳化洗毛工作是在开洗烘联合机上进行的，该机主要由开毛、洗毛和烘毛三部分组成，中间用自动喂毛机连接。LB023 型洗毛联合机如图 2-10 所示。羊毛从输入到输出都是连续进行的，其中，洗毛部分由若干个洗毛槽组成，每个洗毛槽中洗液的温度、加入助剂的种类和数量各不相同，以适应不同工艺的要求。

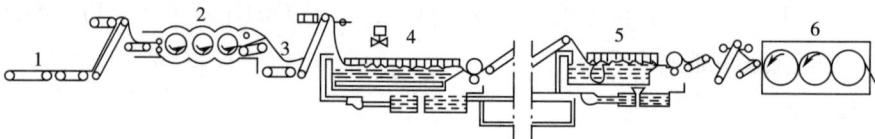

图 2-10　LB023 型洗毛联合机

1，3—B034-100 型喂毛机　2—B034-100 型三锡林开毛机　4，5—B0352-100 型五槽
洗毛机的第一、第五槽　6—R456 型圆网烘干机

洗毛工艺过程举例：

原毛→配毛→烘毛（冬季）→开松→混合→再开松（双锡林）→喂入→洗槽（7 个）→烘干（8 转笼）→净毛开松→加油（合毛油、抗静电剂）→毛仓

（三）洗毛机简介

精纺企业所用的洗毛机主要包含以下区域：

（1）原料喂入区。如图 2-11 所示，主要通过三个角钉滚筒将大块套毛分解成小块状。

（2）混毛仓及双锡林开松区。如图 2-12 所示，原毛经过喂入区的解包机初步开松后，在混毛仓中进行充分的混合，混合后的原毛通过角钉帘输送到双锡林进行进一步开松，经过开松后的原毛进入三毛斗，通过三毛斗将原毛输送到洗毛槽中。

图2-11 原料喂入区

图2-12 混毛仓及双锡林开松区

（3）洗毛槽。如图2-13所示，主要对原毛进行洗涤。1号槽主要由转笼、大耙架、小耙架、压辊及出毛帘组成，是最主要的洗涤槽；2~7号洗毛槽，主要由转笼、压辊、出毛帘和动力泵等组成，1~3号槽是洗涤槽，4~7号槽是清洗槽。

图2-13 洗毛槽

（4）烘干机。如图2-14所示，从7号槽出来的洗净毛含水率在40%左右，然后进入烘房烘干，空气被燃烧机加热后，通过风机的作用穿透毛层，将湿气带出机外排到空气中，起到烘干的作用。

（5）净毛开毛区。如图2-15所示，从烘房出来的净毛需经过净毛开毛区开松，在开松的过程中去除净毛中的部分草屑及土杂，加入适量的和毛油及抗静电剂后，通过风道打入毛仓中进行混合和储存。

图 2-14　烘干机

图 2-15　净毛开毛区

三、洗毛工艺设计及实例

有效的洗毛工艺应该满足以下条件。①洗毛工艺设计满足生产的要求。②羊毛洗净度较高，且毡缩现象较少。③对纤维的损伤少。④成本较低、符合环保的相关法规、满足消费者的需求。

最好的洗毛工艺应该是在满足环境和经济要求的基础上，获得一定的效益，并满足顾客的需求和标准。制定洗毛工艺主要包括喂毛量、洗毛槽的数量、洗剂和助剂的浓度和各洗槽的温度配置等。

（一）工艺参数设计

1. 喂毛量

洗毛时，原毛喂入量直接关系洗净毛的产量和质量。喂毛量应根据原毛的含油脂和土杂的性质、数量及难易程度、所用洗剂和助剂的洗涤效能、原毛纤维细度、洗净率等因素综合确定，一般为 800~1500kg/h。原则上，越细的原毛，喂入量越少；洗净率高的原毛，喂入量可大些；草屑含量高的喂入量可少些。此外，在喂毛时，还应注意控制喂毛的均匀程度。

2. 洗毛槽的数量

洗毛机中洗毛槽的选用应随所洗原毛的品质及脂汗和土杂的含量而定，通常由3~5槽组成。含油脂多的细羊毛和含土杂较多的国产改良细羊毛，应采用五槽洗毛机，对脂汗和土杂含量较少的羊毛可采用3~4槽。

在五槽洗毛机中，第一槽通常不加洗剂，称为浸润槽，该槽主要用来去除大量的土杂、羊汗以及能与羊汗化合成钾皂的部分油脂。第一槽如果温度合适、水流量大，可去除25%以上的油脂和70%以上的土杂，从而减轻第二、第三槽的洗涤负担，并节约洗剂和提高洗毛质量。第二、第三槽为洗涤槽，其中，第二槽可多加碱少加洗剂，称为重洗槽，重点去除羊毛脂中容易皂化的物质，即可去除羊毛所含的约2/3的油脂。第三槽以多加洗剂少加碱为宜，主要去除不易皂化的油脂。第四、第五槽为漂洗槽，采用循环的清水，将吸附在羊毛上的洗剂、助剂以及污杂漂洗干净。

在洗毛过程中，洗液含油脂率如果达到5%，一般认为已达到饱和状态，如继续使用，势必降低洗涤效果。因此，应合理确定换水周期，防止羊毛再污染。一般每8h换一次水，对含杂多的羊毛，喂入量较大时应缩短换水周期。

在五槽洗毛机中，各槽洗液的油脂和土杂含量限度可参考以下数据：第二槽：油脂3%，沙土1%；第三槽：油脂1.5%，沙土0.4%；第四槽：油脂0.5%，沙土0.2%。

四槽洗毛机的洗槽配置为：第一槽为浸润槽，第二、第三槽为洗涤槽，第四槽为漂洗槽；三槽洗毛机的洗槽配置为：第一、第二槽为洗涤槽，第三槽为漂洗槽。

现代的洗毛工艺中常用6个洗毛槽，6个洗毛槽的配置可以为：第一至第三槽为洗涤槽，第四至第六槽为漂洗槽；或者第一至第三槽为洗涤槽，第四槽为漂洗槽，第五槽为洗涤槽，第六槽为漂洗槽（称为两步法洗毛）。

3. 洗剂的品种及浓度

在确定洗剂（包括助剂）的浓度时，需要考虑羊毛油脂、土杂的含量和性质，充分发挥洗剂的洗涤效能，做到既不因浓度不够洗不净羊毛，又不因过量而造成浪费。

（1）洗剂品种。羊毛在酸性溶液和碱性溶液中分别带有不同的电荷，在酸性溶液中带正电荷，在碱性溶液中带负电荷。为了不发生冲突，不同性质的洗液选择不同性质的洗剂。

①阴离子洗剂。由于阴离子洗剂在水溶液中解离后带负电荷，因此，它只适用于碱性或中性溶液洗毛。

②阳离子洗剂。由于阳离子洗剂在水溶液中解离后带正电荷，因此，它只适用于酸性溶液洗毛。否则，阳离子洗剂将被羊毛大量吸附，影响洗涤作用。

③非离子洗剂。在水中不解离，所以在碱性、酸性溶液中均可使用，并且可以和阴离子或阳离子洗剂混合使用，可发挥更好的洗涤效果。如721洗剂就是非离子和阴离子混合洗剂，其去污力、洗涤持续力以及洗出羊毛的手感和外观均较好。

目前，由于大多采用碱性和中性溶液洗毛，因此，使用的洗剂多数是阴离子、非离子或复合型洗剂。选择洗剂时，也要考虑洗剂的货源、质量及价格等因素。

（2）洗剂浓度。洗剂在洗液中的浓度（简称洗剂浓度）不同，所呈现的结构状态和性质也不同。对阴离子洗剂来说，当洗剂浓度很低时，洗剂在溶液中多以离子状态存在；当浓度增高时，则既有离子状态，又有分子状态及胶粒状态存在。当达到某一浓度时，溶液中有大批的胶束形成，此时去污力最大，这个浓度称为临界胶束浓度（CMC）。洗剂不同、温度不同以及同一洗剂的烃链长度不同，其临界胶束浓度均不同。在洗剂中，所加助剂的性质与浓度不同，临界胶束浓度也不同。临界胶束

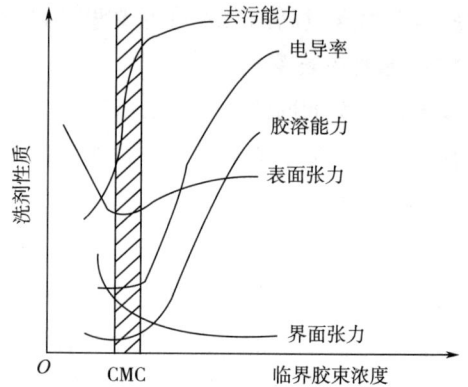

图 2-16 临界胶束浓度与洗剂性质的关系

浓度与洗剂性质的关系如图 2-16 所示。从图中可看出，去污能力在达到临界胶束浓度以后，变化不大。因此，在制定洗毛工艺时，洗剂的临界胶束浓度是重要的参考值，洗剂浓度一定要大于此值，否则，随着洗涤时间的延长，洗剂浓度会低于临界胶束浓度，从而影响洗涤效果。

根据实验，几种不同洗剂在正常洗毛温度（50℃）时的临界胶束浓度参考值如表 2-3 所示。

表 2-3 不同洗剂在正常洗毛温度（50℃）时的临界胶束浓度参考值

洗剂类别	临界胶束浓度参考值
烷基磺酸钠（洗剂 601、洗剂 AS）	0.3%~0.4%
烷基苯磺酸钠（洗剂 ABS）	约 0.3%
肥皂	0.2%~0.4%
脂肪酰胺苯磺酸钠（洗剂 LS）	0.07%~0.08%
阴离子与非离子复合洗剂（洗剂 721）	约 0.25%
烷基酰胺磺酸钠（洗剂 209）	0.2%~0.3%

非离子洗剂在水溶液中不解离，且不易吸附在羊毛上，所以较低浓度（一般为 0.03%）也能获得很好的去污效果。

助剂的加入量不同，洗液的去污力也不同，助剂的加入量一般为 0.1%~0.3%。

（3）洗剂初加量和追加方法。

①初加量。在制定洗毛工艺时，空车所需投入洗剂的数量叫作初加量，此值是根据洗剂的临界胶束浓度结合洗毛槽的容量计算得到的。如洗毛机上第二槽的容量为 7.5t，若用 601 洗剂洗毛，取临界胶束浓度 0.3%，则洗剂初加量应为 7500×0.3%＝22.5kg；助剂碱的浓度取 0.2%，则碱的初加量应为 7500kg×0.2%＝15kg。应该指出，初加量的计算为理论值，在实际洗毛过程中，随着羊毛含油杂量、喂毛量以及水质的不同，初加量也不同。另外，还要考虑到，一投料就会消耗洗剂，而且羊毛进入下一槽时也会带走一部分洗剂，所以，初加量一般

均大于计算值，否则，会影响洗毛质量。

②追加方法。为了保证洗剂浓度稳定，弥补连续洗涤中洗剂的消耗，保持洗液的持久洗涤能力，需要不断地追加洗剂及助剂。追加方法分为等分追加法、不等分追加法以及连续追加法。

等分追加法。此法是按一定时间（每0.5h或1h）或一定喂毛量（每100kg或200kg）等量追加洗剂和助剂。追加时，有的在"碱槽"只追加碱或盐、皂槽只追加皂，有的则无论哪一槽，碱和皂同时追加。虽然，第二槽以洗除易皂化的物质为主，但也不能忽视洗剂的洗涤作用，因此，以同时追加方法为好。

不等分追加法。在洗毛喂入量较大或洗毛水质较硬时，常出现洗剂初加量不低，但初始洗毛效果不好，而运转2h后洗毛质量才达到最好的情况。此时，宜采用不等分追加法，即开始时可少量追加，运转3h以后增大追加量，此后再少量追加。

连续追加法。为了保证洗液中洗剂浓度的稳定，还可采用连续追加方法，即在辅助槽上方放置一加料箱，按实际需要计算总加料量。洗毛时，开启加量阀门，控制好流量，在规定时间内将洗剂所需的加入量连续追加完毕。

4. 温度

温度在洗毛工艺中是较为重要的因素，其在洗毛过程中的作用主要体现在如下几个方面。

（1）提高温度可加速羊毛脂的熔融，减少油脂与纤维间的亲和力，使其易于清除。

（2）较高温度能降低洗液表面张力，促进洗液向纤维内的渗透，有利于羊毛脂和土杂的剥除。

（3）温度高还可促进化学反应的进行，令皂化反应快速生成，有利于乳化作用的形成，促使土杂的分离和悬浮。

（4）高温可提高洗液的洗涤效能，使洗剂的投入量降低。

然而，温度过高也会带来不良后果，尤其是在碱性洗液中，羊毛容易受损伤，如二硫键断裂，使羊毛强力下降。温度高还会增加羊毛的毡缩率，油脂颗粒也会因分子活跃撞击而聚集，形成不易去除的污染层。另外，高温还会使耗能提高，劳动条件恶化。

洗毛温度可根据原毛的品种和含脂杂情况的不同来选择高温（48~60℃）、中温（45~52℃）或低温工艺。

高温洗毛的主要依据是洗液温度较多地高于羊毛脂熔点温度，有利于油脂的去除和土杂的去除。第一洗涤槽不同温度下的去脂去杂实验结果如图2-17所示。从图中可看出，高温洗毛去脂去杂的效果很好。但是，当温度达到70℃时，羊毛会自行毡缩。因此，尽管高温可提高洗涤效果，也只能在不加洗剂的第一个洗毛槽中采用较高温度，并且温度不宜超过60℃。高温洗毛工艺的各槽温度宜采用由高到低的设置，并注意第二、第三槽温度与第一槽温度的差异不要太大，防止温度骤降引起纤维鳞片收缩，使剩余的杂质不易洗除。另外，如果第二、第三槽为碱性洗涤槽，温度高将会造成羊毛的化学损伤。因此，细羊毛在采用碱性洗毛时，温度不能超过50℃。

中温洗毛适用于含土杂较少的羊毛，温度的配置可采用"低—高—低"的方式。第一槽主要去除羊汗以及与羊汗起皂化反应的部分油脂和土杂等；第二、第三槽起主要洗涤作用，

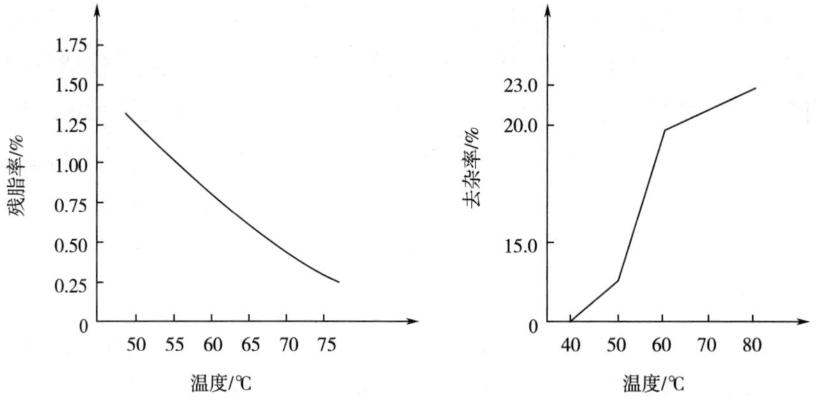

（1）不同洗毛温度下的去脂效果 　　　　（2）不同洗毛温度下的去杂效果

图2-17　洗毛温度与去脂去杂的关系

温度可适当提高，但在碱性环境下也只能控制在约50℃；第四槽为清洗槽，温度可比第二、第三槽约低2℃。

低温洗毛的主要依据是第一槽温度要低于羊毛脂的熔点，防止油脂熔融后又未能全部去除，使羊毛在压水辊处打滑，被挤压后的油脂反而不易洗涤。该工艺适宜油脂较多、土杂含量较少的羊毛。

5. pH

一般采用弱碱性环境洗毛，有利于充分发挥洗涤剂的洗涤效能，降低洗涤剂用量，达到节约成本的目的。洗涤槽的pH一般为8.2~9.0，漂洗槽的pH一般为8.0~8.5。

6. 洗净毛的含油率及回潮率

洗净毛的含油率一般控制在0.45%~0.55%，回潮率一般控制在9%~16%，过高或过低都会对后道生产造成影响。

7. 速比

各洗毛槽中转笼、压辊、出毛帘的速度必须匹配，否则将造成毛网破洞，影响洗涤及漂洗效果。

（二）洗毛工艺实例

1. 皂碱洗毛

传统的洗毛方法，采用工业丝光皂和纯碱作为洗剂和助剂，皂碱洗毛工艺实例见表2-4。

表2-4　皂碱洗毛工艺实例

机型		耙式洗毛机
原料名称		新疆改良毛
原毛喂入量/（kg·h⁻¹）		500
各洗毛槽温度/℃	第一槽	46~48
	第二槽	49~50
	第三槽	50~51

续表

各洗毛槽温度/℃		第四槽		51			
		第五槽		43~45			
加料量/kg	洗剂			肥皂（洗涤剂）		纯碱（助剂）	
	初加	第二槽		8		13	
		第三槽		12		7	
	追加	第二槽		—		1	
		第三槽		3~4		—	

注　每15min追加一次。

2. 合成洗剂纯碱洗毛

目前，应用较多的洗毛方法是采用工业合成洗涤剂和纯碱作为洗涤剂和助剂，合成洗剂纯碱洗毛工艺实例见表2-5。

表2-5　合成洗剂纯碱洗毛工艺实例

机型			耙式洗毛机							
原料名称			新西兰48支羊毛		新疆改良一级毛		64/66支澳毛		内蒙古改良64支毛	
原毛喂入量/（kg·h⁻¹）			690		620/640		540		500	
各洗毛槽温度/℃	第一槽		55		50		60		52	
	第二槽		52		52		53		52	
	第三槽		50		52		52		52	
	第四槽		48		50		47		48	
	第五槽		48		48		—		46	
加料量/kg	洗剂		601洗剂	纯碱	601洗剂	纯碱	601洗剂	纯碱	601洗剂	纯碱
	初加	第二槽	35	5	20	18	30	8	20	15
		第三槽	20	—	25	8	35	—	25	—
	追加	第二槽	3	0.5	2.5	2.5	5	0.8	2	2
		第三槽	2	—	2	1	2	—	3	—

注　外毛每30min追加一次，国毛每班追加10次。

3. 中性洗毛

采用工业合成洗涤剂，硫酸钠或氯化钠作助剂的洗毛方法，洗毛工艺见表2-6。

表2-6　中性洗毛工艺实例

机型	耙式洗毛机		
原料名称	内蒙古改良1/2级毛	河南改良1/2级毛	西宁改良毛
原毛喂入量/（kg·h⁻¹）	480	600	450

各洗毛槽温度/℃	第一槽	55~54		54~55		52~53	
	第二槽	52~53		53~54		51~52	
	第三槽	51~52		52~53		50~51	
	第四槽	50~51		51~52		49~50	
	第五槽	49~50		50~51		48~49	
加料量/kg	洗剂	工业粉	食盐	工业粉	食盐	工业粉	食盐
	初加 第二槽	14	14	16	16	12	12
	初加 第三槽	7	7	8	8	6	6
	追加 第二槽	3	3	3.5	3.5	3	3
	追加 第三槽	2	2	2	2	1.5~2	1.5~2

注 每班追加 10 次。

4. 铵碱洗毛

采用工业合成洗涤剂或工业皂粉作洗涤剂、纯碱及硫酸铵作助剂的洗毛方法，洗毛工艺见表 2-7。

表 2-7 铵碱洗毛工艺实例

机型		耙式洗毛机								
原料名称		酒泉改良 3 级毛			张家口改良 3 级毛			60 支以上细毛		
原毛喂入量/（kg·h⁻¹）		450			680			400		
各洗毛槽温度/℃	第一槽	55			54			34		
	第二槽	50			50			50±2		
	第三槽	52			52			42±2		
	第四槽	40			46			40±2		
	第五槽	42			42			—		
加料量/kg	洗剂	721 洗剂	纯碱	硫酸铵	601 洗剂	纯碱	硫酸铵	AS 洗剂	纯碱	硫酸铵
	初加 第二槽	20	15	—	—	12	—	40	35	—
	初加 第三槽	10	—	6	—	—	—	30	—	—
	追加 第二槽	3.5	1.5	1.2	—	1.5	—	4.5	—	15
	追加 第三槽	—	—	0.6	—	—	—	3	—	—
	追加间隔	0.5h/次			0.5h/次			10 次/班		

5. 某企业细度为 18.5μm 的羊毛的洗毛工艺

细度为 18.5μm 的羊毛的洗毛工艺实例见表 2-8。

表 2-8 细度为 18.5μm 的羊毛的洗毛工艺实例

原毛重	净毛重	洗净率	草杂量	包数
77136kg	55851kg	72.41%	1.207%	421 包/59、251、111
喂入量	900kg/h，保证均匀喂入			
温度	60℃、58℃、56℃、56℃、55℃、50℃、45℃			
pH	8.2~8.5、8.6~9.0、8.2、8.0、七槽 8.0			
洗剂加入量	112/h，一槽：110mL/min；二槽：70mL/min；三槽：250mL/0.5h；五、六槽：40~50mL/h（四槽和七槽不加洗剂）			
新水补充量	七槽 3~4m³/h，四、五槽用回水补充，净毛 0.15%~0.25%（快速）			
烘房速度	5m/min			
烘房温度	70℃、70℃、60℃、60℃			
回潮率	8%~12%			
加油量	5.0L/h，570C 抗静电剂：0.5~0.6L/h，4554V 型和毛油：3.9~4.2L/h，保证梳毛工序的总含油量为 0.6%~0.75%			
配毛要求	按要求，NAT280S 4 包、NAT279A 2 包，NAT276B 1 包，每 7 包一轮，均匀喂入			
双锡林	不经过			
二~七槽排水时间	2#：10′2″；3#：20′3″；4#：5′3″；5#：80′3″；6#：80′3″；7#：4′2″			

6. 羊绒洗涤工艺

山羊原绒通常含脂率为 3%~5%，尽管山羊原绒含脂率低于细绵羊毛，但其油脂熔点较高且不容易乳化，因此比绵羊毛难洗得多，几种常见山羊绒的油脂性能见表 2-9。并且羊绒纤维比绵羊毛细，耐碱耐热能力差，极易造成纤维损伤和形成收缩毡化。洗绒工艺应采用多开松轻洗涤的加工路线。洗绒工艺见表 2-10。

表 2-9 常见山羊绒的油脂性能

品种	鄂尔多斯白绒	通辽白绒	阿拉善右旗白绒	阿拉善左旗白绒	宁夏白绒
酸值/（mgKOH·g⁻¹）	75.20	22.37	32.40	31.70	50.96
皂化值/（mgKOH·g⁻¹）	729.7	165.4	140.4	207.3	157.7
不皂化值/（mgKOH·g⁻¹）	—	40.68	25.93	59.26	27.97
熔点/℃	40.0	41.5	49.0	46.0	41

表 2-10 洗绒工艺实例

机型	耙式洗毛机洗绒		无毛绒水池洗绒
原料名称	宁夏紫绒	通辽白绒	鄂尔多斯白绒
原料喂入量/（kg·h⁻¹）	200	120	35

续表

各洗毛槽温度/℃	第一槽	55			51			55	
	第二槽	52			50			52	
	第三槽	52			50			52	
	第四槽	48			51			35	
	第五槽	48			48			30	
加料量/kg	洗剂	721洗剂	硫酸钠	x-m洗剂	AB-E洗剂	元明粉	F127洗剂	中性洗剂	三聚磷酸钠
	初加 第一槽	9	15	105	40	105	4	10	3
	初加 第二槽	10	—	—	—	—	4	—	—
	追加 第一槽	1.5	3	15	4.5	15	0.4	1	0.3
	追加 第二槽	1.6	1.5	—	—	—	0.4	—	—
	追加间隔/min	30			30			30	

注　洗绒1h后开始追加。

四、洗毛新工艺

（一）生物酶洗毛法

随着环境问题日益严重，探索环境友好的清洁洗毛方法已成为当今研究趋势，生物酶洗毛法是一种新型的洗毛方法，采用具有较高活性和高度专一性的生物酶，分解去除羊毛表面和里层的蛋白质污染物，去除羊毛中的有机杂质。酶是一种具有高催化效率的生物催化剂，其催化条件相当温和（一般为30~60℃），可反复使用，排放到自然界中可自然降解，完全克服了化学处理法所存在的药品残留问题。从环境和经济的角度看，生物酶洗毛法属于绿色技术，能耗少、效率高、污染少，对纤维损伤小，同时可以显著提高洗净毛的白度，净毛的松散度也好，是羊毛制品高级化、高附加值化的有效途径之一。

近年来，很多学者致力于生物酶洗毛法的研究。王丽丽等运用扫描电镜观察了生物酶法洗毛的效果，如图2-18所示。洗前羊毛被羊毛脂覆盖，羊毛鳞片叠合状态不明显，如图2-18（1）所示。采用传统洗毛工艺后羊毛的表面鳞片清晰可见，并且鳞片完整无损，毛纤维表面光洁，如图2-18（2）所示。采用酶法洗毛后，羊毛表面清晰度可达到传统洗毛的水平，但羊毛表面的鳞片有明显的裂纹和翘起，如图2-18（3）所示。羊毛鳞片受到一定的损伤，鳞片有裂缝、变钝，说明生物酶对羊毛鳞片有刻蚀作用。刻蚀作用将影响羊毛纤维的摩擦效应，从而改善羊毛纤维的毡缩性，提高羊毛后加工的效果。

（二）超声波洗毛

利用超声波的空化效应作用于羊毛纤维，代替传统洗毛过程中的机械搅拌作用，加速洗剂对羊毛污渍的去除，提高洗毛效率，缩短洗毛时间，降低纤维损伤，以达到洗净毛的要求。

超声波传播的形式是立波，从而产生交变的稀疏相和压缩相。当声波传播通过液体时，

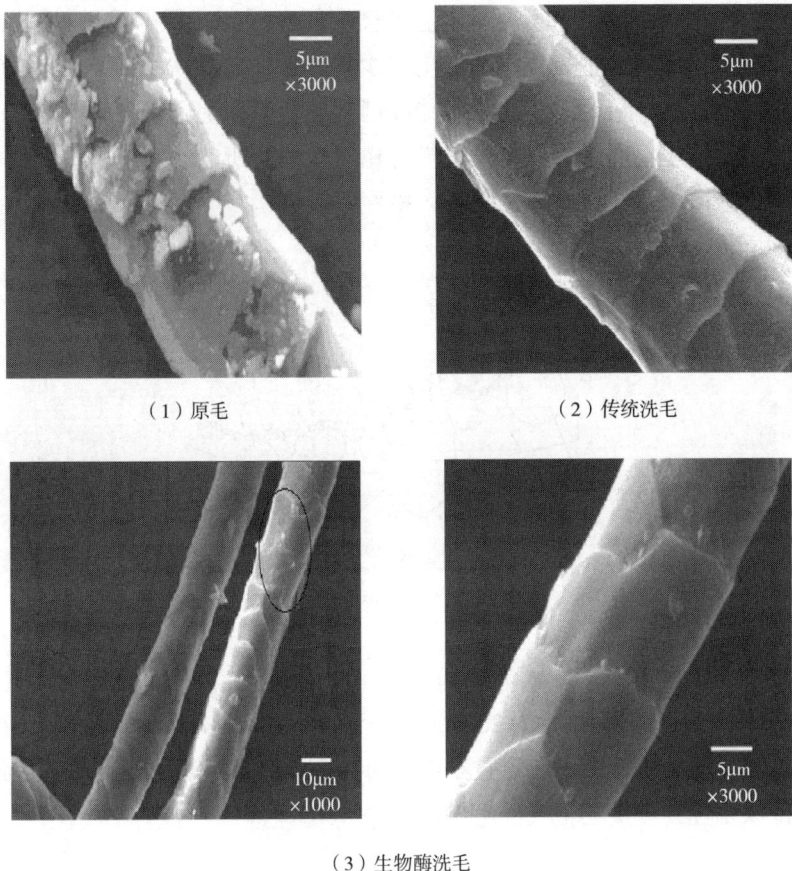

（1）原毛 （2）传统洗毛

（3）生物酶洗毛

图 2-18 生物酶洗毛效果

产生的负声压破坏了流动性，产生不可计量的蒸汽，充满"空化气泡"，直径 $50\sim500\mu m$，在负声压循环过程中，泡沫增加得非常快，形成的水压达 10^8Pa，这一现象称为空化效应。在正声压循环过程中，泡沫很快消失。泡沫发生剧烈的内破裂，使液体产生喷射和冲击波，在空化气泡附近产生微振动，有效地替换了纤维表面的土杂或油脂，超声波振动在渗透性方面有很大改善，因此，也加强了对油脂的溶解、分散和乳化作用。

（三）喷射式洗毛机

喷射洗毛的最大优点是让洗液穿过羊毛，毛块之间没有相对移动，因而避免了毡缩，由于喷射使洗液强行穿过羊毛，大幅缩短了洗涤时间，可以提高喂毛量；缺点是喷嘴、传送羊毛的滚筒和网眼容易被沙土杂质堵塞。因此，喷射洗毛不适用于含杂多的羊毛。喷射方式有下冲、对冲及水平喷射等，目前以下冲式喷射居多。

1. 澳大利亚 C.S.I.R.O 型喷射式洗毛机

该洗毛机为下冲式，结构如图 2-19 所示。由运输帘喂入的羊毛呈均匀薄层进入喷嘴与有孔滚筒之间，受到喷嘴喷出的洗液的冲洗。毛层密度约为 $1.5kg/m^3$，行进速度 $15m/min$，喷嘴的压力要保持毛层不被冲散。通过喷射洗涤后的羊毛，经过轧辊轧水后进入下一槽。泥沙污水由滚筒孔眼落下进入槽内。洗毛槽共有五只，每只槽长 $3m$。一般的工艺是前两槽用洗涤剂与纯碱，中间两槽用洗涤剂，末槽用清水。各槽之间有回流装置，第一槽洗涤液经油脂分离机处理后循环回用，故用水量较传统的洗毛机少得多，原毛用水仅 5~8L/kg（传统洗毛机用水量约 15~50L/kg）。洗毛机宽度有 1m 和 2m 两种，台时原毛产量分别为 800kg 和 1600kg。轧辊用液压式加压，由于在洗涤过程中羊毛没有相对运动，所以洗净毛松散，精梳时落毛少，梳毛后纤维平均长度可增加 5%、毛粒可减少 30%。

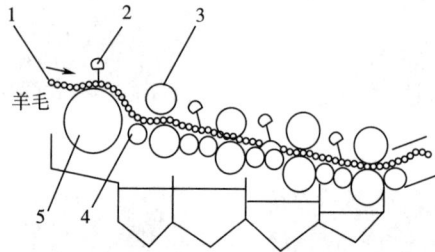

图 2-19 澳大利亚 C.S.I.R.O 型喷射式洗毛机结构图
1—运输帘 2—条链形喷嘴 3—轧辊 4—传递辊 5—有孔滚筒

2. 英国陪替—麦克璃特型喷射式洗毛机

该洗毛机为下冲式，结构如图 2-20 所示。全机共有四只洗毛槽，用多孔网眼带传送羊毛，洗液从网眼带上方的喷嘴中喷出穿过羊毛。每槽有 72 只喷嘴，分布在四排喷管上，机上有自动清洁的特殊装置，产量较耙式洗毛机高 20%~30%。

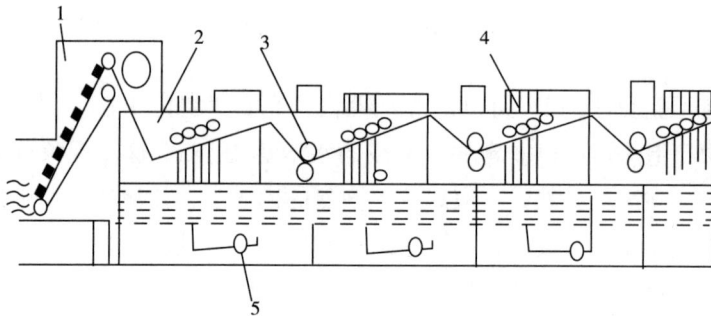

图 2-20 陪替—麦克璃特型喷射式洗毛机结构图
1—喂毛机 2—输毛帘（网眼带） 3—轧辊 4—喷嘴 5—泵

（四）内吸多孔式洗毛机

内吸多孔式洗毛机系德国弗莱斯内尔公司研制。该机由自动喂毛机、四槽或五槽洗毛机及一台多孔滚筒烘干机所组成，如图 2-21 所示。其主要特点是每个洗槽中有 2~3 个吸入式滚筒和多孔底板。

羊毛进入洗毛槽后经过很短的悬浮区，被吸到第一个吸入滚筒上，洗液在强压下穿透羊毛进入滚筒，羊毛很快被浸透。每个滚筒内有两个轴流泵，从滚筒的两边不断把滚筒中间的洗液抽吸到主槽内，使羊毛吸在滚筒上前进。毛网从一个滚筒转移到另一个滚筒上，土杂沉

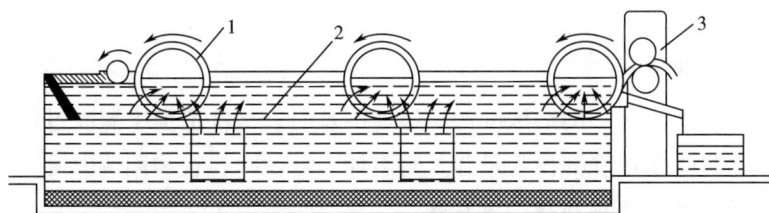

图 2-21 内吸多孔式洗毛机
1—吸入滚筒 2—有孔底板 3—轧辊

落在两个滚筒间。由于溶液流动和滚筒转动，使羊毛有次序地前进，每槽最后一个滚筒将毛网转移到一个短的斜面上，然后送进轧辊。

内吸多孔式洗毛机的优点是纤维之间相对移动少，从而防止了羊毛的毡缩；与传统洗毛机相比，精梳落毛可减少 10%~15%，毛条中纤维平均长度可增加 1.5mm；槽水是逆流的，可节约洗剂和用水量。

五、洗毛工序质量控制

（一）洗净毛质量要求

经过开毛、洗毛加工后的羊毛称为洗净毛。洗净毛质量好坏与毛条质量、制成率的关系极为密切。目前，洗净毛质量以其含油脂率、回潮率、含残碱率为保证条件，以含土杂率、毡并率为分等条件，以其中最低一项的品等作为洗净毛的等级。洗毛过程中一定要保持羊毛本身固有的弹性、强力、光泽等特性，使洗净毛洁白、松散、手感不腻不糙，并符合洗净毛的质量要求（表 2-11）。

表 2-11 洗净毛的质量要求

品种	等级	含土杂率/%≤	毡并率/%≤	油漆点、沥青点	洁白松散度	含油率/%		回潮率/%（允许范围）	含残碱率/%≤
						精纺	粗纺		
同质毛	1	3	2	不允许	比照标样	0.4~0.8	0.5~1.5	10~18	0.6
	2	4	3	不允许	比照标样	0.4~0.8	0.5~1.5		
异质毛	1	3	3	不允许	比照标样	0.4~0.8	0.5~1.5	10~18	0.6
	2	4	5	不允许	比照标样	0.4~0.8	0.5~1.5		

（二）洗毛工序疵点及原因

如果对洗毛过程控制不当，则会造成一些潜在的问题，例如，羊毛上残留的杂质、羊毛的缠结、羊毛的损害及羊毛纤维上残留的水分，这些问题将直接影响后续羊毛的加工过程。

洗毛工序中常见的疵点，其产生的原因及解决措施如下：

1. 洗净毛含杂率高、毛色白度不达标

（1）产生原因。①原毛开松不够，喂入量太大。②洗剂、助剂用量不足。③漂洗槽内水过脏。

（2）解决措施。①调整开毛工艺，控制喂毛量。②及时追加洗剂、助剂。③增加清水循环量。

2. 洗净毛含油脂率高

（1）产生原因。①洗剂、助剂浓度低，追加不及时。②洗毛槽中温度过低。

（2）解决措施。①增加洗剂投入量并及时追加。②及时检查和调节温度。

3. 洗净毛色泽灰暗、手感粗糙、有毡并

（1）产生原因。①洗液碱性过高，碱液漂洗不清。②洗毛温度过高。③烘毛温度过高。④洗毛耙位置不当或耙齿缺损。

（2）解决措施。①调整纯碱投放比例，提高压辊压水效率。②及时测量和调节水温。③及时检查烘干机温控装置。④及时检查更换耙齿，调整位置。

4. 洗净毛回潮率过高

（1）产生原因。①毛丛不松散。②烘干前羊毛中含水过多。③羊毛干湿不均。④烘室内湿度过大。⑤烘毛温度不足。

（2）解决措施。①提高开毛质量，调节喂毛机剥毛帘隔距。②提高压水辊效率。③检查调整折风板位置，控制烘毛帘速度和毛层厚度。④检查调整排风装置，加大空气循环量。⑤检查蒸汽压力，并将其调节至正常。

思考题

1. 羊毛初加工的任务是什么？写出其工艺流程。

2. 开毛机中影响开松作用的因素有哪些？

3. 简述羊毛中所含的杂质成分及其性质。

4. 原毛去污的过程一般分为哪几个阶段？洗净毛的质量要求是什么？

5. 洗毛中所用的洗涤剂应具备哪些性质？洗涤剂在洗毛过程中具有哪些作用？

6. 洗毛中助剂的作用是什么？常用的助剂有哪些？

7. 洗涤剂有哪些种类？目前常用的是哪一类？简述其优点和缺点。

8. 烘干的方式有哪几种？影响烘毛作用的因素有哪些？

9. 简述三种新型洗毛方法及其优点和缺点。

10. 洗毛中的哪些工艺条件会使洗净毛中的缠结增加？

第三章　毛条制造

码 3-1　毛条制造
中的针梳及精梳

第一节　概述

一、毛条制造的任务

将洗净毛（或化学纤维）加工成精梳毛条的过程称为毛条制造。毛条制造的任务是：根据精梳毛纱的品质要求，将洗净毛按照不同的原料比例进行搭配，混合加油，然后进行梳理，除去纤维中的细小杂质、草刺及短纤维等，使其分离成单纤维状态，并使纤维排列平顺紧密，最终制成具有一定重量的、均匀的精梳毛条。

二、毛条的分类

按照原料的性质，毛条可分为纯毛条、纯化学纤维条和混梳条。相对于混梳条而言，纯毛条、纯化学纤维条也可称为纯毛、纯化学纤维自梳条。用于制条的羊毛原料主要有细毛、半细毛、改良羊毛、优质土种毛及优质外毛，疵点毛、精梳短毛不可使用。用于制条的化学纤维主要有涤纶、腈纶、黏胶纤维、锦纶等。用于制条的原料要求一般较高，羊毛平均长度一般不低于 55mm，化学纤维平均长度一般不低于 75mm。

按照加工方式，毛条可分为精梳毛条和半精梳毛条。经过精梳机的毛条称为精梳毛条，未经过精梳机的毛条称为半精梳毛条。

毛条制造方法有散纤维制条和长丝束直接制条两种方法，前者适合加工各种洗净毛及化学短纤维，后者适合加工化学纤维长丝束。

三、毛条制造的工艺流程

毛条制造工艺流程一般为：

原料初加工（洗净毛或化学纤维散纤维）→配毛→和毛加油→精纺梳毛→针梳（2~3道）→精梳→针梳（1~2道）→精梳毛条（毛球）

此流程一般加工平均长度为 90mm 以下的细而短的原料，毛条加工后，其含油率一般控制在 1.2%~1.5%。

某精纺厂的毛条制造工艺流程为：

洗净毛→加油→梳毛→针梳（3道）→精梳→针梳（2道）→精梳毛饼

第二节　配毛

一、配毛的目的

根据产品的风格特征及质量要求，结合考虑产品的成本，选择两种或两种以上的原料成分，并确定各成分的比例，为获得符合要求的混料提供设计方案。

1. 合理利用原料

羊毛是天然的原料，品质差异较大。无论是不同品种还是相同品种的羊，个体之间都存在着差异。即使是同一只羊身上，各部位间的羊毛品质也存在着差异。在羊毛贸易中，执行"优毛优价"的策略，那么在羊毛纺织品生产中就必须贯彻"优毛优用"的原则，通过配毛可以合理使用各种品质的羊毛，从而实现"毛尽其用"。

2. 保证生产的稳定性和产品的质量

各种纤维均存在相应的优缺点，通过配毛的方式可以使不同纤维在性能上取长补短。尤其是化学纤维的掺用，更是有效弥补了羊毛强力和耐磨性等物理性能的不足，实现了原料品质的可控性，从而稳定并提高了原料的纺纱、织造加工性能和产品的实用性能等综合品质，保证了生产的稳定性和产品的质量。

3. 扩大原料来源

配毛环节使某具体产品的原料可以有多种来源，从而保障了原料的供应。针对天然纤维而言，配毛环节能使其有限的量服务于更多的产品，从而扩大了天然原料的使用范围。而化学纤维的掺用，拓宽了原料获取渠道，解决了天然原料供应不足的问题。

4. 降低原料成本

低档羊毛及化学纤维的成本较低，在保证产品风格、质量及生产正常进行的前提下，适当掺用，可以在充分利用原料资源的同时，降低原料成本。

精梳毛纱要求条干均匀、表面光洁、纱线细而强度高，因此，对纤维的品质要求也较高，主要是纤维的线密度要小、长度要长、线密度和长度的离散系数要小。由于羊毛的产地和品种不同，纤维性能也千差万别。为了保证精梳毛条成品符合质量标准，使同一型号和同一批号的毛条具有稳定的质量，毛纺厂通常采用原料混合搭配的方法，即将数种不同原料适当进行搭配，使各种原料取长补短，扩大生产批量，降低生产成本。

二、配毛的原则

1. 根据经纬纱的不同要求确定混料成分

对经纬纱的混料成分，应有不同的要求。经纱原料的断裂长度应比纬纱原料高。一般在配毛时，经纱采用强力较大和长度较长的纤维，以保证经纱有足够的强度；纬纱可以选用一些比较短的纤维，如掺用一些精梳短毛，以改进织物手感。

2. 考虑产品的加工工艺路线、质量要求及风格要求

在保证产品质量和稳定加工的前提下，尽量做到合理用毛。例如，深色或浅色的同种产品若分别选用原料并分别加工，能保证更大的经济效益；生产特浅产品时，宜选用污渍和色毛特别少的专用原料等。

3. 强调各成分在性能上取长补短

以满足原料的加工性能、产品的风格特征及质量要求为依据，选择纤维成分的种类并确定各成分所占的比例。混料的许多性质可以从各成分性质的重量加权平均数进行预测。对于有特殊风格要求的产品，应建立原料档案，保证同种产品原料品质的稳定性。

4. 保证原料成本与加工成本的统一

毛纺织产品的原料成本通常占纺纱总成本的 75% 以上，原料价格应结合加工费用一起考虑。有时，羊毛的价格虽然低廉，但会因质量差而导致加工时损耗量过大，或需采用十分烦琐的工艺过程才能保证产品的风格特征和质量。

三、羊毛的选择

羊毛细度是决定纺纱的可纺线密度和产品手感弹性最重要的因素，而纤维长度必须符合加工条件的要求。因此，选择羊毛时通常首先考虑的是其细度和长度，然后考虑羊毛的草杂含量、水分含量等性能。

精梳毛纱可纺线密度最低时，必须保证其横截面内有 35~40 根纤维（企业生产水平较高时，此根数可以减少）。较细的羊毛，其可纺线密度较低，制成的织物柔软度、光滑程度、耐污性也有所提高。如果纤维长度一定，纤维直径增加，纱线的毛羽会增加、条干均匀度会变差。

纺纱性能和产品手感的主要影响因素是纤维的平均直径，直径变异的作用在多数情况下不会产生明显的不利影响。但在特殊情况下，例如，接近纺纱极限或纺极低特数纱时，还应降低原料的直径差异，直径差异一般控制在 $2\mu m$ 以内。商品毛条的纤维直径变异系数为 20%~26%，平均直径增加，变异系数也上升。

在选择原料时，通常以一批或两批品质相近的原料作为主体毛，然后选择可弥补和改善整体混料品质的其他原料作为配合毛。

1. 长度

选择一种毛丛长度较短的毛作为主体毛，主体毛所占比例要达到总配毛成分的 70% 以上；选择毛丛长度较长的几种毛做配合毛，并可掺入较少量的短丛毛，配合毛总量不超过总配毛成分的 30%。需要注意的是，配合毛与主体毛的毛丛长度差异要控制在 20mm 以内，并且毛丛长度在 95mm 以上的细支毛不宜做主体毛，以免梳理时受损伤而使短毛含量增加。

2. 细度

配合毛与主体毛的平均细度（指直径）差异不宜过大，一般应控制在 $\pm 2\mu m$ 以内。梳理加工后，混合条的纤维平均细度也有变化，国毛细支毛的平均直径增加 $0.8\mu m$，澳毛细支毛平均直径增加 $0.3\mu m$。

3. 其他

性能差异较大的原料不宜混用，如南美毛与马海毛等，一般不混用。原料中的草刺、粗腔毛、弱节毛含量，也应视总体质量要求加以控制。对于原料的色泽和手感，则应以较接近的互相搭配。另外，如果质量性能差异不大、毛丛平均长度差异在 10mm 以内的原料，也可以选择无主体混合搭配。

四、化学纤维的掺用

配毛时，化学纤维的选择及混用比例，与加工工艺、产品风格和质量有很大关系，选用时必须注意以下几点。

1. 长度

化学纤维长度的分布远比羊毛均匀，长度选用得当可以提高混料中纤维长度分布的均匀性，有利于改善牵伸条件，提高细纱质量。化学纤维的平均长度一般比羊毛的平均长度适当长些，有利于毛纤维分布于纱线的表面，保持毛型感，同时改善成纱强度和条干均匀度。精纺配毛中，化学纤维长度可选用 70~100mm，且平均长度一般比羊毛长度长 10~25mm。

2. 细度

化学纤维的细度非常均匀，而羊毛纤维的细度极为不匀，两者混合后可使混料中纤维细度不匀率降低。纺纱性能与纤维细度有着密切的关系，纤维越细，可纺特数越低。根据纱横截面内纤维转移规律，细长纤维有利于分布于纱的内层，当采用比羊毛细长的化学纤维与羊毛混纺时，能使羊毛纤维主要分布于纱的表层，从而使纱仍有一定的毛型感。因此，一般采用比羊毛细的化学纤维，但细度差异不能过大，否则，混料中纤维细度均匀度大大降低，将影响毛纱的条干均匀度。精纺配毛中，化学纤维细度通常为 3.3~6.6dtex，且平均直径一般比羊毛的平均直径细 2~3μm，见表 3-1。

表 3-1　羊毛与化纤的细度和长度

羊毛品质支数	化纤线密度/dtex	羊毛长度/mm	化纤长度/mm
70~80	2.22~2.78	70	76
60~70	2.78~3.33	80	90
50~60	3.33~5.55	90	102

3. 混用比例

在确定混纺比时，应兼顾产品的风格特征与成本。生产实践证明，为降低产品的成本，掺用 30% 以内的化学纤维时，毛纺织品仍可保持较好的毛型感；为提高产品的强度及耐磨性，掺用 5% 以下甚至 10% 以下的涤纶或锦纶时，毛纺织品仍可保持"全毛"的风格特征。

五、配毛的方法

原料搭配通常有两种方法，即梳条配毛（散毛搭配）和混条配毛（毛条搭配）。

1. 梳条配毛

梳条配毛是在梳毛工序前将几种不同的散毛原料合理搭配后梳理成均匀一致的毛条，其特点是原料混合均匀、彻底，批量灵活，操作简便，是制条工艺中常用的主要配毛方法。

2. 混条配毛

混条配毛是将不同颜色、不同性质的毛条，用针梳机进行并合牵伸而使原料均匀的方法，精纺厂的前纺或条染复精梳工序通常采用此方法。

六、配毛工艺计算

配毛计算前，应掌握各种配毛原料的基本性能指标，包括线密度、长度、含油率、回潮率、含杂率及各种不匀率等指标，并对搭配原料的品质做到心中有数。

（一）配毛混料后平均指标和不匀率的计算

确定配毛成分之后，对混合原料的主要指标进行计算，判定原料搭配后能否达到成品毛条标准的要求。

当多种原料混合时，混合后原料的平均指标（线密度、长度、含油率、含杂率等）可按下式计算。

$$\overline{X} = a_1 x_1 + a_2 x_2 + \cdots + a_n x_n$$

式中：a_1，a_2，$\cdots$，a_n 为各配毛成分在混料总体中所占的比例（%）；x_1，x_2，$\cdots$，x_n 为各配毛成分某项指标的数值。

混合后各种不匀率的计算公式如下：

$$C^2 = a_1 C_1^2 \left(\frac{x_1}{\overline{X}}\right)^2 + a_2 C_2^2 \left(\frac{x_2}{\overline{X}}\right)^2 + \cdots + a_n C_n^2 \left(\frac{x_n}{\overline{X}}\right)^2 +$$

$$10^4 \left[a_1 \left(\frac{x_1}{\overline{X}} - 1\right)^2 + a_2 \left(\frac{x_2}{\overline{X}} - 1\right)^2 + \cdots + a_n \left(\frac{x_n}{\overline{X}} - 1\right)^2 \right]$$

式中：C 为混料某项指标总的离散系数；C_1，C_2，$\cdots$，C_n 为各配毛成分某项指标的离散系数。

（二）混梳条不同纤维含量的计算

加工羊毛与各种化纤混梳条时，配毛投料时的纤维成分与成条后的纤维成分会有变化，这是原料性能（制成率、回潮率等）的差异造成的。因此，配毛计算时要考虑这些差异的影响，并按照投料和成品毛条的纤维含量计算要求仔细验算。

例：生产66品质支数国毛和3.33dtex×86mm涤纶混梳条产品时，已知羊毛条的制成率为80%，涤纶条的制成率为95%，羊毛的实际回潮率为16%，涤纶的实际回潮率为0.4%。求配毛时的投料量各是多少时，才能达到成品条中羊毛占35%、涤纶占65%的比例？

首先，应该计算两种纤维干重的含量百分比。

羊毛所占比例与制成率之比：$x = \dfrac{35}{80} = 0.437$

涤纶所占比例与制成率之比：$y = \dfrac{65}{95} = 0.684$

计算得到的数值之和不等于1，所以需要进行归一化处理。

得到羊毛的干重百分比为：$F_A = \dfrac{x}{x+y} \times 100\% = \dfrac{0.437}{0.437 + 0.684} \times 100\% = 39\%$

涤纶的干重百分比为：$F_B = \dfrac{y}{x+y} \times 100\% = \dfrac{0.684}{0.437 + 0.684} \times 100\% = 61\%$

然后，按照实际回潮率计算两种纤维的投料百分比。

$$G_A = \frac{F_A(1+W_A)}{F_A(1+W_A) + F_B(1+W_B)} \times 100\%$$

$$G_B = \frac{F_B(1+W_B)}{F_A(1+W_A) + F_B(1+W_B)} \times 100\%$$

式中：G_A 为实际回潮率时羊毛的投料百分率；G_B 为实际回潮率时涤纶的投料百分率；W_A 为羊毛的实际回潮率；W_B 为涤纶的实际回潮率。

将数值代入公式，即得如下结果。

$$G_A = \frac{39\% \times (1 + 16\%)}{39\% \times (1 + 16\%) + 61\% \times (1 + 0.4\%)} \times 100\% = 43\%$$

$$G_B = \frac{61\% \times (1 + 0.4\%)}{39\% \times (1 + 16\%) + 61\% \times (1 + 0.4\%)} \times 100\% = 57\%$$

所以配毛时，羊毛、涤纶的投料百分比分别为43%和57%。

（三）羊毛细度的选择计算

成纱截面内的纤维根数需要在35根以上，才能保证纺纱过程的顺利进行。国际羊毛局推荐的成纱截面内的纤维根数计算公式为：

$$n = \frac{917000}{\text{纱线公制支数} \times d^2}$$

式中：d 为羊毛纤维的直径（μm）。

例：拟生产公制支数为60支的全毛纱，为保证纺纱生产的顺利进行，需选择多少细度的羊毛原料才能达到工艺要求？

为使纺纱顺利进行，全毛纱的截面纤维根数 $n \geqslant 35$。

$$n = \frac{917000}{\text{纱线公制支数} \times d^2} \geqslant 35$$

$$n = \frac{917000}{60 \times d^2} \geqslant 35$$

计算得：$d \leqslant 20.9\mu m$

所以需要选用细度小于20.9μm的羊毛才能使纺纱顺利进行。

第三节　和毛加油

一、和毛加油的任务

羊毛经过初加工后，所含的杂质明显减少，但表面油脂的减少又使纤维直接暴露，且烘干使得本身导电性能较差的羊毛纤维更容易在梳理时产生静电。因此，需要对羊毛纤维进行给油加湿，以保证梳理时的顺畅并减轻纤维损伤。具体任务如下。

1. 开松

开松是各种原料相互混合的前提。原料混合之前，色泽差异大的或粗纺中经染色而有结并的纤维，必须进行开松。在开松过程中，通过机械作用还可以进一步清除部分杂质，并使纤维得到混合。

2. 混和

混和是将所选配的原料充分地混合在一起。其操作方法的确定必须以各成分之间均匀混和为原则。如果混料中的成分多，而各成分的比例差异又大，应先将几种比例小的原料经过一次或两次和毛，形成一种新原料，即所谓的"假和"过程。然后将"假和"后的原料与大比例的原料进行混和。如果混料成分虽少但比例差异大，应先从比例大的成分中取一小部分与比例小的成分进行"假和"，然后与大比例的剩余部分混合。

3. 加油

和毛时对原料中相应成分所加的油剂，称为和毛油。纺纱过程中，由于纤维与纤维间、纤维与机件间发生摩擦而产生的静电现象会给纺纱加工带来困难。如纤维之间同电相斥，出现蓬散与飞散现象而导致纤维抱合力降低、梳理成条难度大、飞毛及落毛增加；纤维与加工机件之间异电相吸，使纤维吸附在机件上，引起绕机件现象而导致毛网破裂、毛粒增加、纺纱断头增多等。对羊毛纤维加入适当的油剂，可以使纤维具有良好的润滑性、柔软性以及韧性，以达到减弱或消除静电的发生。当羊毛与化学纤维混纺时，通常只对羊毛适量加油，而化学纤维不加油，因为对化学纤维直接加油后容易导致纤维之间的黏结。但是当与羊毛混纺的化学纤维的吸湿性和导电性较差时，会导致纺纱过程中严重的静电现象，这种情况下和毛时通常需对合成纤维加入适当的抗静电剂。

二、和毛加油的基本流程

1. 预开松

利用和毛机对所选配的原料进行预开松，将大块纤维分解成小块或束状。预开松后，各种原料的松散状态应接近，从而为后续原料之间的均匀混合创造条件。开松过程伴随着一定的除杂作用。

2. 铺层

将所选配的原料先按一定的方式进行铺层，有利于各成分之间的均匀混合。铺层方案的确定是根据混料总量及各成分的比例计算各成分的实际数量，以同种成分的各层数量接近和各成分之间交叉铺层为原则，结合考虑铺层场所（和毛仓）的容量，确定铺层的层数及层次安排。铺层的层数越多，越有利于均匀混合。一般，铺 5~15 层，每层厚 20~25cm，毛堆总高 1.2~2m。此外，较短的纤维与较长的纤维应交叉铺放，色泽差异明显的应交叉铺放，化学纤维与羊毛应交叉铺放，粗毛与细毛应交叉铺放。

根据确定好的铺层方案，将原料依次铺放在和毛仓的地面上，铺层如图 3-1 所示，尽量保证每层原料各处的数量均匀一致。

图 3-1 铺层

3. 直取翻动

将铺好的毛堆自上而下垂直截取，也称为横铺直取，如图 3-2 所示。每次取下的原料应当包括混料中的所有成分，每次截取的数量不宜太多。截取的混料必须进行翻动，使各成分进行初步的混和。每次截取的数量越少，各成分之间及成分内部之间的混合效果越好。

4. 混和与开松

将直取翻动过的原料喂入和毛机进行混和、开松。此过程中，在各成分相互混合的同时伴随着原料的进一步开松，而原料的进一步开松又促进了原料的均匀混合。当原料成分复杂、混合质量要求又高时，需经和毛机加工 2~3 次。

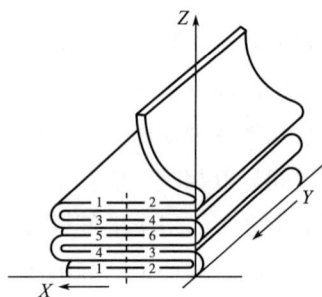

图 3-2 横铺直取

5. 加和毛油或抗静电剂

需要加和毛油或抗静电剂的原料成分，应该在单成分预开松时分别加入。和毛油和抗静电剂可以在和毛机喂入处或输出处加入，也可以在和毛仓内铺层时加入，或在管道内输送时加入。必须注意，加油应均匀一致。

6. 输送混料

经过和毛的混料被装包后或直接经管道输送到梳毛工序的原料仓（梳毛仓、混料仓）。

7. 储放

和毛后，必须将混料储放一定时间以使和毛油渗透均匀。混料需储放 6h 以上再使用。

三、和毛系统

目前，国内的和毛系统均属于半机械式，应用较多的为 S 型喷头和毛系统，如图 3-3 所示。在和毛过程中，铺料后需要由人工进行垂直截取并由人工进行翻动原料，自动化程度不高。国外已配置自动和毛的连续生产线，实现了和毛过程的全自动化，且混合质量好。无论是哪一种和毛系统，均包括加工系统与输料系统两个部分。其中，加工系统包括和毛仓、喂料口、和毛机（可设除杂装置）、铺毛装置和加油装置等；输料系统包括运输地道、输料管道以及风机等。

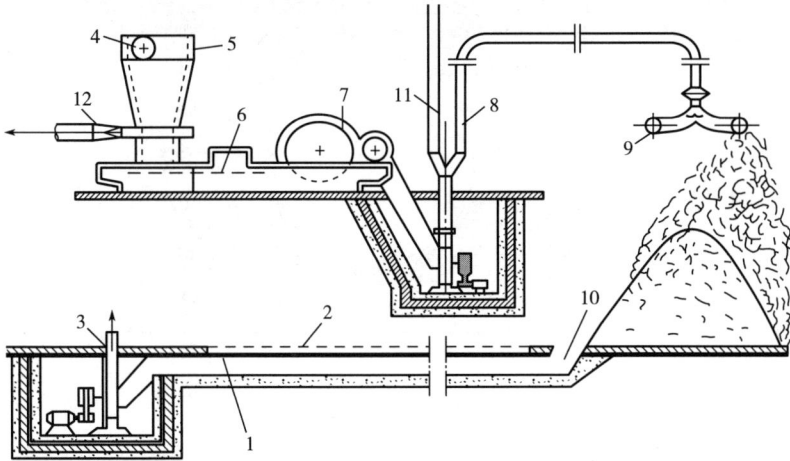

图 3-3　S 型喷头半机械式和毛系统

运输地道 1 的上部是一排活动盖板 2，既可方便运输地道的清洁，又可成为各成分原料的初始喂料口。加工时，将需要混合的各种原料按铺层层次的要求，依次推入运输地道上相应的喂料口 10，在相应风机的作用下，从运输地道出口 3 输出，通过管道从尘笼原料进口 4进入尘笼 5，经尘笼后落到和毛机的喂毛帘 6 上。原料经和毛机 7 的开松、除杂与混合后，在输出风机的作用下，从和毛机的回料管道 8 输送到位于和毛仓顶部中间的 S 型喷头 9 处。S型喷头直接由电动机传动回转，或由喷出有冲力的空气和羊毛混合体而使 S 型喷头自行转动。S 型喷头转动时，将原料喷出，使原料在喷头压力、自身重力与离心力的作用下，一层一层地铺散在和毛仓地面上。铺完后，打开毛仓，人工将原料自上而下垂直截取，经翻动推入设在和毛仓地面上的喂料口 10。原料再次在进料风机的作用下经运输地道及管道送入和毛机，各种原料成分经相互混合及进一步开松后，可以在输出风机的作用下，从和毛机的出料管道11 直接送至梳毛仓。如果原料复杂、混合要求又高，需经 2~3 次 S 型喷头铺毛及和毛机混合后，再送至梳毛仓。在粗纺和毛系统中，一般需设 2 台和毛机、3~4 个和毛仓，以适应大批量生产时，需多次铺毛、混合以及连续加工的需要。

原料在运输地道及各管道内运动的过程中，是靠相应风机所产生的气流输送的。气流对原料不仅有运输作用，还能对原料产生分散、疏松的作用，这对均匀混和是有利的。

S 型喷头半机械式和毛系统结构简单，效率较高。但当原料的毛块重量差异较大时，由于离心力和空气浮力的影响，较轻的毛块多数落在和毛仓的中间，而较重的毛块则飞散在四周，容易造成铺层不均匀的现象。

四、和毛机

和毛加油一般是在和毛机上进行的，其主要作用是开松与混和。和毛机主要由喂入部分、开松部分及输出部分组成，如图 3-4 所示。

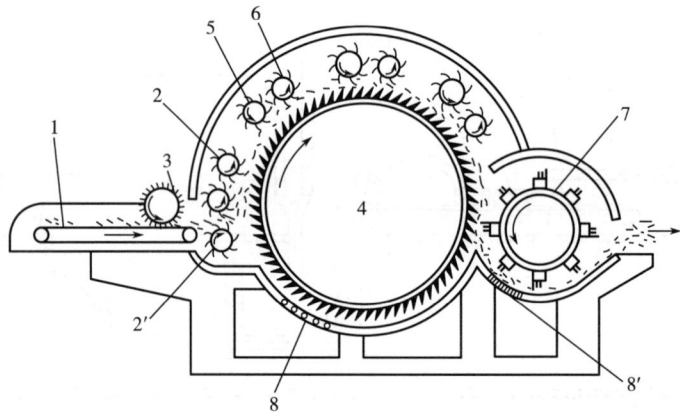

图 3-4　和毛机

1—喂毛帘　2，2′—喂毛罗拉　3—压毛辊　4—大锡林　5—工作辊　6—剥毛辊　7—道夫　8，8′—漏底

1. 喂入部分

喂入部分包括喂毛帘 1、喂毛罗拉 2 和 2′ 与压毛辊 3。也有在喂毛帘前安装自动喂毛机的。原料由人工或自动喂毛机均匀铺放在喂毛帘上，随着喂毛帘的运动，原料被送入一对装有倾斜角钉的喂毛罗拉。

喂入机构的主要作用是定时、定量、均匀地喂入原料。喂毛罗拉对原料有一定的握持、撕扯作用。压毛辊对原料有一定的平整、压实作用。

2. 开松、混和部分

开松、混和部分包括一个大锡林 4、三个工作辊 5 和三个剥毛辊 6。这些部件上都装有鹰嘴形角钉。大锡林抓取并携带喂毛罗拉喂入的原料，与工作辊和剥毛辊对原料进行开松、混和。

开松机构的作用过程和原理为：高速回转的大锡林上的角钉将喂毛罗拉握持的原料撕开、扯松。此处的撕扯力和打击力比较强烈，为防止损伤纤维，应合理选择隔距和速比；锡林与工作辊之间发生的作用也是扯松作用，这种扯松作用使原料处于相对自由的状态下，即在没有受强制性握持的状态下进行的。工作辊上角钉的倾斜方向与其转向相反，当被锡林握持的纤维束遇到低速回转的工作辊时，由于工作辊表面的角钉与锡林表面的角钉倾斜方向相反且相互插入，使一部分纤维束被工作辊抓取，而另一部分被锡林带走。留在工作辊上的纤维束随着工作辊的回转而被带向对应的剥毛辊，剥毛辊表面角钉的倾斜方向与其转向相同且略插入对应工作辊及锡林角钉之间。这使剥毛辊能将工作辊上的纤维束剥取下来并交给锡林，原料又回到锡林表面。锡林表面有三个工作辊和三个剥毛辊，因而能实现对原料的反复扯松作用。

和毛机不仅能有效地开松原料，而且对原料还有混合作用。混合作用发生在锡林、工作辊与剥毛辊之间。当原料处于工作辊与锡林之间的作用区时，被扯成两部分，一部分留在工作辊上，一部分被锡林带走。在工作辊与锡林之间总有一部分原料从锡林表面转移到工作辊表面，由于工作辊转速较慢，使纤维束在其表面逐渐凝聚起来，这种凝聚作用实际上就是混合纤维的过程。另外，剥毛辊从工作辊上剥取纤维层并转移到锡林上，来自工作辊表面的原料层与锡林表面新喂入的原料层又发生了混合。

3. 输出部分

道夫 7 是输出部分的主要部件，其表面均匀分布、安装有 8 根木条，其中 4 根木条上装有交错排列的 1 排角钉，另外 4 根木条上装有 1 排角钉和 1 排皮条。道夫将开松后的原料输出机外。

输出机构的作用和原理如下：道夫角钉插入锡林针隙，便于抓取和分离锡林上的纤维束，由于道夫速度较高，间隔排列的 4 排皮条起到打击和刮取纤维的作用，还利用其产生的较大气流，将开松后的纤维输出机外。

4. 除杂部分

在锡林及道夫的下方，装有圆形尘棒组成的漏底 8 和 8′，存在于锡林及道夫表面且夹带着尘土或其他杂质的原料块，在随高速回转的锡林及道夫运动到下方时，原料在离心力的作用下撞击到漏底的尘棒上。在这种撞击过程中，原料块中的颗粒状杂质与原料分离，并从尘棒间隙掉落机下。而纤维则受到尘棒的阻留，并在自身的反弹作用及锡林周围的高速回转气流的作用下，继续向前运动。

五、给油加湿

羊毛表面覆盖有鳞片，纤维轴向有天然卷曲，相互间有一定的摩擦力和抱合力。在梳理过程中，羊毛既要克服自身间的摩擦力，还要承受其他元件的摩擦力、压缩力、张力等作用，这些作用力可能导致羊毛鳞片及弹性受到损伤。张力、摩擦力过大时，纤维可能被拉断。为了减少纤维的损伤，保持纤维的长度，减少静电，必须降低摩擦力，通常要在混料中加入一定量的和毛油（乳化液）。所加入的和毛油是一种润滑剂，能使纤维具有较好的柔软性和韧性，从而使羊毛在受力时不易被拉断，且不易产生静电。

1. 和毛油

和毛油是由润滑剂（油剂）、水、乳化剂、柔软剂、抗静电剂等配制而成的一种乳化液。由于混料所需的加油量很少，纯油难以均匀分布于混料各处。用水配制成乳化液后，就能通过水的作用，使油均匀扩散并均匀地分布在纤维的表面。

和毛油中最主要的成分是润滑剂，常用的种类有矿物油、植物油等。乳化剂的作用是防止油水分层，使油分散成无数细小的油滴均匀稳定地分布在水中。常用的乳化剂包括非离子型表面活性剂，如平平加 O、乳化剂 MOA、乳化剂 EL 等；以及阴离子型表面活性剂，如油酸三乙醇胺皂、油酸钠皂、油酸钾皂等。柔软剂、集束剂、抗静电剂等是为了提高和毛油的质量和使用效果而适当添加的。

2. 油水量的确定

和毛油的用量，以加油率表示。加油率是指加入纯油的量（加油量）占投料公定重量的百分比。加油率主要根据洗净毛本身含油率、原料性质及工艺要求而定，通常洗净毛的公定含油率以 (0.8 ± 0.2)% 进行概算。在保证工艺过程正常进行及产品质量的前提下，应尽量降低加油率。因为加油只是纺纱过程的暂时需要，染整加工前必须去除。

确定加油量的一般原则如下。

（1）细羊毛由于表面的鳞片多、卷曲大，且在总量相等的情况下，细羊毛的总表面积大，即需要润滑的面积大，加油量应比粗羊毛适当多些。但细度细、弹性差的羊毛应少加油，细度粗、脆弱的羊毛则应多加油。

（2）经过炭化或染色的羊毛，因强力较低、手感粗糙，应适当多加油。

（3）开松不良的羊毛存在较多的毛块，应多加油，否则梳理时纤维易被拉断。

（4）马海毛应少加油，一般比细羊毛少加 30%~40%。

3. 加油方法

一般加油装置采用喷雾式，即通过喷嘴，将和毛油均匀喷洒在原料上，如图 3-5 所示。喷嘴在和毛系统中的安装位置可以有多种选择，有的在和毛机喂毛帘上配置一排喷嘴，有的将喷嘴装在和毛机出口处，有的在 S 型喷头上部装有喷嘴，有的将喷嘴装在和毛仓的顶部，也有的在输料管道内安装喷嘴进行加油。

图 3-5　喷嘴加油

在和毛机喂毛帘上进行加油，原料经开松后，和毛油分布较为均匀。缺点是进机原料潮湿，羊毛容易缠绕在锡林角钉上，设备清洁工作繁重，并容易产生油污毛。在和毛机出口处进行加油，不利于混料中和毛油的均匀分布。在 S 型喷头处加油，加油的针对性较差。因为在 S 型喷头旋转过程中，总会有一部分油被甩在和毛仓四周的墙壁上而导致和毛油的浪费。生产实践证明，在输料管道内加油效果较好。喷油装置可以采用液压式，也可以采用气压式。

六、和毛加油工艺设计

和毛加油的目的是在充分开松原料的基础上，使各种原料混和、加油均匀，从而使质量稳定。

（一）和毛应注意的问题

制条混料中使用的原料品质好，纺纱线密度高，在加工过程中经过的设备道数多而且复杂，因此保护纤维的强力和长度不受损伤，是提高精梳毛纱质量的重要条件。加工制条混料时要注意的问题：一是混料喂入和毛机时，要均匀铺放、定时定量，而成分复杂的产品要增加混和次数，成分比例差异悬殊的原料要选择适当的"假和"工艺，保证混料成分达到均匀一致；二是在和毛机上加工较长羊毛时，应采用较低的锡林速度，适当放大隔距，减少工作辊、剥毛辊的配置数量，以减少对纤维的损伤。

（二）加油应注意的问题

加和毛油可使羊毛柔软，减少纤维间的摩擦力和静电的发生，有助于减少梳理过程中纤维的损伤，但是用量要适当，喷洒要均匀。喷洒过多或不均匀，都会引起羊毛与梳理针布的纠缠，妨碍正常梳理，增加毛粒含量，并造成纤维损伤。

和毛油的喷洒量及油水比应根据原料类别、气候条件以及加工工艺的不同而有所区别。通常所说加油量指乳化液，与纯加油量有区别，最后要求羊毛的总含油率不大于 1.2%。精梳毛纺梳毛条的加油率及上机回潮率见表 3-2。当洗净毛含残脂率<0.6%时，加纯油率为 0.7%；洗净毛含残脂率>0.6%时，加纯油率为 0.5%；油水比掌握在（1:4）~（1:5）。化学纤维加纯油率为 0.5%~0.8%，油水比在（1:2）~（1:3）。干燥地区或干燥季节，要多增加水分。加工羊毛比加工化纤时油水多加一些；羊毛与化学纤维混合时，和毛油应先喷洒在羊毛上，然后再与化纤混合；梳毛机使用弹性针布时比使用金属针布时的水分大些。

表 3-2 精梳毛纺梳毛条的加油率及上机回潮率

原料	加纯油率/%	梳毛上机回潮率/%	
		弹性针布	金属针布
西宁毛	1~1.5	19~24	16~20
新疆改良毛	0.5~1	19~24	16~20
粗支澳毛（48~56品质支数）	1~1.5	19~24	16~20
细支澳毛（60~70品质支数）	0.2~1	19~24	18~22
细支毛/黏胶纤维	0.5~1	14~19	—
粗支毛/黏胶纤维	1~1.5	14~19	—

续表

原料	加纯油率/%	梳毛上机回潮率/%	
		弹性针布	金属针布
黏胶纤维/锦纶	0.5~0.8	—	13~16
毛/涤纶或毛/涤纶/黏胶纤维	0.5	—	13~16

化纤用和毛油要加抗静电剂，抗静电剂多为具有吸湿和导电特性的表面活性剂。抗静电剂附着在纤维表面，与空气中的水分结合，既能减少静电荷的聚集，又能使纤维柔软平滑，可有效调节纤维的摩擦因数和梳理状态。不同化纤使用不同的抗静电剂，一般用量为0.25%~0.3%。

（三）加油量工艺计算实例

例：设生产投料为1000kg，该批羊毛的实际回潮率为15%，含油脂率为0.6%，要求和毛后羊毛的回潮率达到25%、含油率达到2%，求需要加的油水量。

当回潮率为15%时，羊毛的含水率为：$\dfrac{15\%}{1+15\%}\times100\%=13\%$

即1000kg羊毛中含水量为：$1000\times13\%=130kg$

除去水分后羊毛干重为：$1000-130=870kg$

当回潮率为25%时，870kg羊毛应含水量为：$870\times25\%=217.5kg$

故羊毛需要加水量为：$217.5-130=87.5kg$

羊毛需加油量为：$1000\times（2\%-0.6\%）=14kg$

假设油水比为1：4，则14kg的油需水量为：$14\times4=56kg$

乳化液质量为：$56+14=70kg$

还需要补充水量为：$87.5-56=31.5kg$

七、和毛加油质量控制

和毛加油工序的质量指标主要有两个：回潮率和均匀度。均匀度包括混料成分均匀、色泽均匀、加油均匀。为保证和毛质量，应注意以下几点。

（1）要求混料中各种纤维的松散程度基本一致，染色纤维应预先开松一次。

（2）严格控制混料加油水量的均匀度。

（3）控制梳毛上机回潮率。在已混各包混料中任意抽样，用红外烘干称重法测定各包回潮率，要求同一批混料各包回潮率的极差在10%以内。

第四节　梳毛

码3-2　梳毛

梳理是现代纺纱生产中的核心工序之一，是松解纤维集合体的主要工艺手段。纤维原料在加工成纱的流程中，虽经过开松可使纤维间横向联系获得一定程度减弱，但须通过梳理才能将纤维间的横向联系基本解除，并逐步建立纤维首尾相接的纵向联系。梳理是通过大量梳针与纤维集合体间的相互作用完成的，梳理效果对成纱质量至关重要。

一、精纺梳毛的任务

和毛后的原料仍是分散的小块、小束，混和作用也只是毛块间的混合。原料还须通过精纺梳毛机进行进一步的梳理与混和。精纺梳毛的任务具体如下。

（1）将呈块状、束状的混料，通过反复的开松梳理作用，使之逐渐分解为单根纤维。

（2）尽可能地清除混料中残存的植物性杂质、矿物质（如沙土）、粗腔毛和羊粪等，60%~70%的草杂在梳毛工序被去除。

（3）通过混料在梳理机件之间的梳理及分配，使不同品质与长度、不同种类与色泽的原料得到充分混和，并在毛网内均匀分布，同时使纤维初步伸直，并沿纵向趋于平行排列。

（4）形成结构均匀、具有一定单位重量的连续毛条，并制成一定的卷装（入筒或成球）。

二、梳理的基本原理

（一）梳理过程中纤维受力

纤维在梳理机上的运动是其受力的结果，通过分析，纤维集合体在梳理过程中的受力情况如图3-6所示。

纤维在梳理过程中所受的力主要包括以下几种。

1. 梳理力 R

当两个针面对一束纤维进行梳理时，纤维受到针齿对其的梳理力。梳理力大，则对纤维的梳理、分解效果好，但梳理力过大，会造成纤维损伤或针布损坏。梳理力的方向沿纤维轴向，与针齿的相对运动方向相反。影响梳理力大小的因素有两针面的相对速度、纤维与针齿的摩擦系数等。梳理力对梳理效果的影响最大。

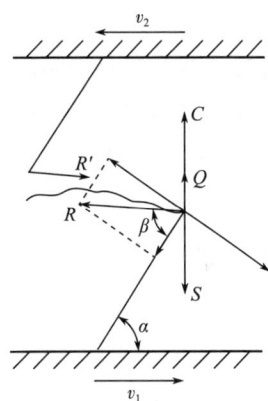

图3-6 纤维集合体在梳理过程中的受力情况

2. 离心力 C

梳理机上多数工艺部件作回转运动，转速越高，纤维受到的离心力越大。其值可由经典力学公式计算：

$$C = M\omega^2 r$$

式中：M 为纤维质量；ω 为工作机件转速；r 为工作机件回转半径。

在梳理开始阶段，纤维多为束状，质量较大，离心力较大。离心力虽有使被梳理的纤维及其间的杂质脱离针齿的趋势，但由于纤维间、纤维与针齿间的摩擦力存在，正常条件下可抵消离心力的作用，纤维不易脱离针齿。而杂质在纤维开松的情况下，很容易被甩掉。

3. 挤压力 S

梳理是在两针齿间进行的，而且隔距很小。当纤维层有一定厚度时，纤维间便产生较大

的挤压力 S，方向指向针根，使纤维进入针隙，增加针齿对纤维的握持力。

4. 弹性反作用力 Q

当纤维层受到挤压时，下层纤维会对上层纤维产生弹性反作用力 Q，该力方向指向针尖，阻止纤维深入针隙。

5. 空气阻力

在工作件回转时，被其握持的纤维总会受到空气的阻力，其方向与机件运动方向相反，数量级极小，可忽略不计。

6. 摩擦力 F

当纤维在隔距很小的两回转针面间受以上力的作用时，有运动的趋势，此时纤维会受到针齿阻碍其运动的摩擦力 F 的作用。最大静摩擦力的大小直接影响纤维与针齿的相对运动。

纤维受到上述的离心力 C、挤压力 S、弹性反作用力 Q 的合力（法向力）U、梳理力 R（切向力）及摩擦力 F 共同作用时，纤维相对于针齿的运动有三种情况：沿针齿向针尖移动；沿针齿向针根移动；纤维在针齿上既不向针齿移动，也不向针尖移动，发生所谓的"自制现象"。前两种情况称纤维的沿针运动，第三种情况中，纤维可能环绕钢针作相对运动，称纤维的绕针运动，钢针能将纤维束分劈开，形成更小的纤维束，最后成为单纤维，并使纤维伸直。

（二）相邻两针面间的基本作用

梳理机上有相互作用的机件基本上都是外层包有针布作回转运动的工艺元件。当两针面的距离小到能对纤维起作用的情况下，纤维在两针面间所受到的作用力的种类，是由两机件的回转方向、针面相对速度和针齿倾斜方向所决定的。两针面间的基本作用实质上有以下三种。

1. 分梳作用

产生分梳作用时，两针面上的针尖相对，针齿倾斜方向相互平行，且两针面间相距很近，如图3-7所示。

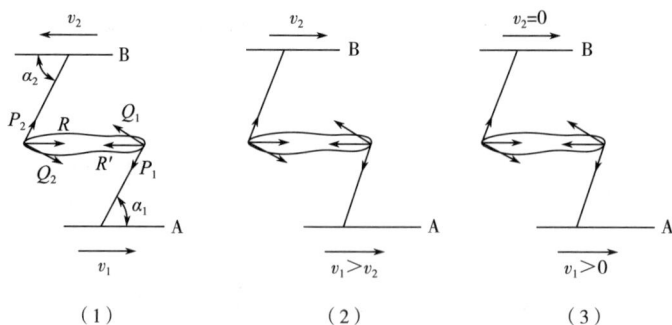

图 3-7 分梳作用

图3-7（1）中 A 针面与 B 针面运动方向相反，所以使处于两针面间的纤维束受到张力，产生梳理力 R。R 可分解为两个力：作用力 Q，垂直于针齿方向，使纤维压向针齿；作用力 P，沿着（平行于）针齿方向，指向针根方向，使针齿有抓住纤维和握持纤维束的作用。两

个针面两分力的大小可以近似表示为：

$$Q_1 = R\sin\alpha_1, \quad Q_2 = R\sin\alpha_2$$
$$P_1 = R\cos\alpha_1, \quad P_2 = R\cos\alpha_2$$

式中：α 为工作角，近似等于针齿的倾斜角（植针角度）。

当两针面以逆对针间运动时，A 针面握持的纤维尾部被 B 针面梳理伸直；反之，B 针面握持的纤维尾部被 A 针面梳理伸直。纤维束被 A、B 针面均握持时，若梳理力大于纤维束强力，则纤维束被一分为二，A、B 针面各得一部分纤维，这种作用称为分梳。图 3-7（2）、（3）所示的情况，同样可发生分梳作用。因此，产生分梳作用的两针面配置条件为：①针尖方向平行配置；②两针面都具有一定的针齿密度，且作相对运动，任一针面对另一针面的相对运动方向是逆对着针尖的（针尖对针尖）；③两针面间的隔距很小。

分梳作用的特点是不管两个作用针面中一个或两个带有纤维，分梳结果必然使两个针面都带有纤维。因此，原来没有纤维的针面必将抓取部分纤维。利用此点，可通过分梳作用来实现纤维由一个针面向另一个针面的部分转移。

2. 剥取作用

产生剥取作用时，两针面的针齿配置如图 3-8 所示。梳理力 R 在 A 针面的分力，$P_1 = R\cos\alpha_1$，方向是指向针根的；在 B 针面的分力，$P_2 = R\cos\alpha_2$，方向是指向针尖的。因此，纤维脱离一个针面，被另一个针面抓取。

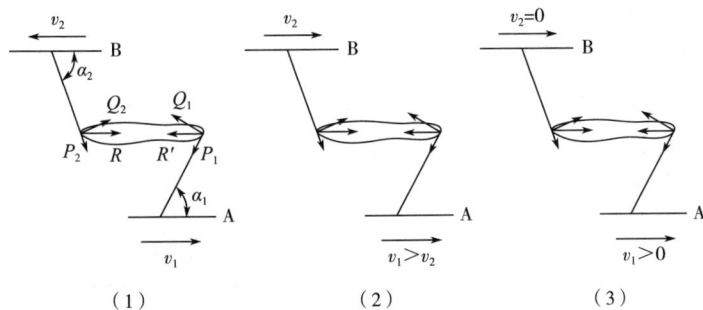

图 3-8　产生剥取作用时两针面的针齿配置

图 3-8（1）中，A、B 两针面运动方向相反，A 针面剥取 B 针面的纤维，这种剥取方式称反向剥取。图 3-8（2）中，A、B 两针面运动方向相同，当 $v_1 > v_2$ 时，发生 A 针面剥取 B 针面上的纤维。图 3-8（3）中，$v_2 = 0$，$v_1 > 0$，同样发生 A 针面剥取 B 针面纤维。两个针面产生剥取作用的配置条件为：①针尖方向相互交叉配置；②两针面都具有一定的针齿密度，且作相对运动，其中一个针面对另一个针面相对运动的方向是顺着针尖方向的（针尖对针背）；③两针面间的隔距很小。

3. 提升作用

产生提升作用时，两针面配置如图 3-9 所示，梳理力 R 在两个针面上的沿针分力 P_1、P_2 均指向针尖，两个针面都不能抓取纤维，仅能将纤维从针根隙间提起并处于针尖上。

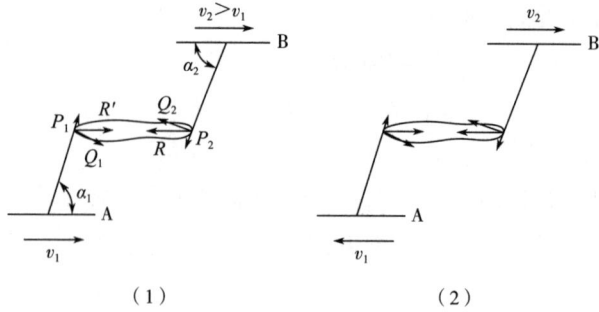

图3-9 产生提升作用时两针面的针齿配置

图3-9（1）中，A、B两针面运动方向相同，只有当$v_2>v_1$时，方能发生提升作用。图3-9（2）中，两针面运动方向相反，则不论v_1、v_2多大，均会发生提升作用。两针面产生提升作用的配置条件为：①针尖方向平行配置；②两针面都具有一定的针齿密度，且作相对运动，任何一个针面对另一个针面的相对运动方向是顺着针尖方向的（针背对针背）；③两针面间的隔距很小（可以为负隔距，如图3-10所示）。

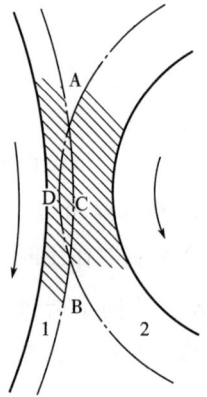

图3-10 梳毛机上的提升作用

三、精纺梳毛机

（一）梳毛机的组成

国产精纺梳毛机的型号有 B271 型、B272 型、B272A 型、FB213 型等，其作用原理是相同的，以 B272A 型精纺梳毛机为例进行分析，如图3-11所示，实物图如图3-12所示。

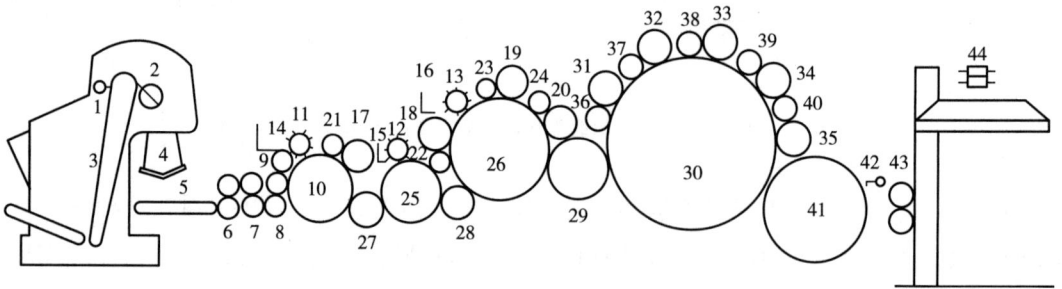

图3-11 B272A 型精纺梳毛机

1—均毛辊 2—剥毛辊 3—带毛斜帘 4—称毛斗 5—喂毛帘 6—后喂入罗拉 7—沟槽罗拉 8—前喂毛罗拉 9—毛刷辊 10—第一胸锡林 11，12，13—打草辊 14，15，16—接杂盘 17，18，19，20—胸锡林工作辊 21，22，23，24—胸锡林剥毛辊 25—除草辊（莫雷尔辊） 26—第二胸锡林 27，28，29—转移辊 30—大锡林 31，32，33，34，35—大锡林工作辊 36，37，38，39，40—大锡林剥毛辊 41—道夫 42—斩刀 43—出条罗拉 44—圈条器

图 3-12　精纺梳毛机实物图

B272A 型精纺梳毛机是典型的罗拉梳理机，由喂入、预梳、主梳及输出等四个部分组成。全机包括两个胸锡林、一个大锡林、九个梳理工作区、一个除草辊和三个打草辊，梳理及除草的效果较好。

1. 喂入部分

喂入部分主要由斜帘、底帘、称毛斗、均毛辊、剥毛辊和喂毛帘等机件组成。混料经称毛斗定时定量地喂入，均匀地落在喂毛帘上，由喂毛帘送入喂毛辊内，尽可能地确保单位时间内的喂毛量是相等的。

2. 预梳部分

预梳部分主要由喂毛辊、胸锡林、工作辊、剥毛辊、莫雷尔除草辊、打草辊及转移辊等机件组成。该部分担负着开松与除杂的主要任务，即将大块的原料扯松成束状，并把纤维中的草屑、杂质、硬块等尽可能多地除去。第一胸锡林运动速度较快，对喂入混料有强烈的开松作用，其上的一对工作辊和剥毛辊对混料进行初步梳理，打草辊对混料进行除杂后由转移辊交给除草辊进行较彻底的除杂，然后由转移辊移交给第二胸锡林，进行进一步分梳除杂，再经过转移辊交给大锡林。

3. 主梳部分

主梳部分主要由锡林、道夫和五对工作辊、剥毛辊等机件组成，如图 3-13 所示。该部分的作用是将胸锡林开松后的束状纤维进行充分的梳理，进一步分梳成单根纤维，然后经道夫的凝聚作用形成毛网。

图 3-13　主梳部分

4. 输出部分

输出部分主要由斩刀、出条罗拉和圈条器等机件组成。该部分的作用是将梳理好的纤维由高速斩刀斩下，并凝聚成条（图3-14），最后由圈条器均匀地摆放在毛条筒中，供后道工序使用。

图3-14 斩刀斩下毛网并凝聚成条

码3-3 梳毛机中主要梳理部件之间的相互作用

（二）梳理单元

梳毛机上锡林与一对工作辊和剥毛辊构成的区域称为一个梳理单元，如图3-15所示。速度配置为：$v_{锡林} > v_{剥毛辊} > v_{工作辊}$。锡林与工作辊上的针齿平行配置，产生分梳作用；锡林与剥毛辊上的针齿交叉配置，产生剥取作用；剥毛辊与工作辊上的针齿交叉配置，产生剥取作用。锡林上的一部分纤维会被工作辊抓取，剥毛辊会将工作辊上的纤维剥下，然后重新交还给锡林。

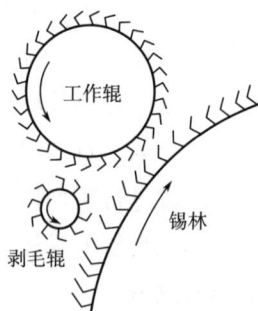

图3-15 梳理单元

四、精纺梳毛机工作过程分析

在梳毛机中，混料从喂入时的块状结构加工成单根纤维，是个很长的过程，可分三个阶段：第一阶段：喂入开毛部分，将混料由块状加工成小块状。第二阶段：胸锡林预梳部分，将混料由小块状加工成纤维束和部分单纤维，见表3-3。第三阶段：大锡林主梳部分，将混料由纤维束加工成单根纤维，见表3-4。各工作辊及道夫上纤维块的平均质量变化如图3-16所示。

表3-3 胸锡林预梳部分

质量指标	取毛层的部位		
	开毛辊	第一工作辊	第二工作辊
纤维块数/（块·g⁻¹）	44.5	202	283
纤维块平均质量/mg	22.47	3.81	2.48

质量指标	取毛层的部位		
	开毛辊	第一工作辊	第二工作辊
块纤维含量/%	100	77.35	70.3
单纤维含量/%	0	22.65	29.7

表 3-4 大锡林主梳部分

质量指标	取毛层的部位					
	第一工作辊	第二工作辊	第三工作辊	第四工作辊	第五工作辊	道夫
纤维块数/（块·g⁻¹）	273	413	416	451	428	325
纤维块平均质量/mg	1.38	0.71	0.56	0.51	0.46	0.32
块纤维含量/%	37.50	29.5	23.3	22.9	20	10.3
单纤维含量/%	62.5	70.5	76.7	77.1	80	89.65

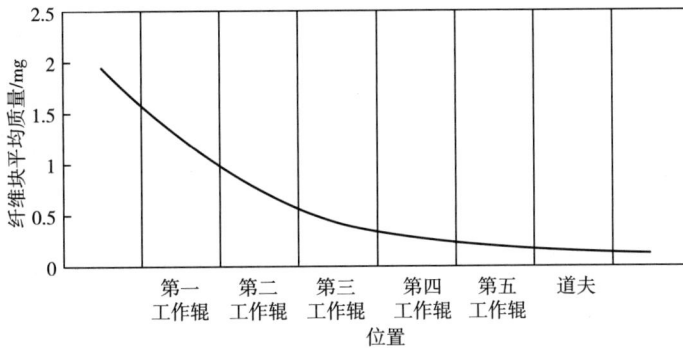

图 3-16 大锡林的各工作辊及道夫上纤维块的平均质量

五、梳毛机的针布

梳理机上对纤维作用的机件基本上为圆筒（弧）形，其外表均包覆有钢针或锯齿，称为针布。通过针齿的作用，使纤维得到伸直、混和均匀，因此，针布是梳理机的核心。针布的型号、规格、工艺性能和制造质量，直接影响分梳、转移、混和的效果。

（一）针布的要求

梳理工序对针布的要求为：①具有良好的分梳作用，如穿刺、握持能力。分梳作用时，能使纤维处于针尖顶端，从而易受到两个针面的积极分梳作用；②具有良好的转移作用，剥取时，使纤维易从一个滚筒的针面转移到另一针面；③具有良好的吸放作用，有一定的针隙容量，提高均匀混合的能力；④针齿要锋利、光洁、耐磨、平整。

（二）针布的分类

针布主要分弹性针布和金属针布两大类。

1. 弹性针布

弹性针布由钢针与底布组成，一般为条状。

底布：由硫化橡胶、棉、毛、麻织物等多层织物用混炼胶合而成。

钢针：材料一般为中碳钢丝，针尖经压磨和侧磨后，再进行淬火处理，硬度可达 HRC58~62。横截面有圆形、三角形、扁圆形、矩形等多种。钢针被弯成 U 形，按一定角度和分布规律植于底布上。钢针分弯角、直角两种。

弹性针布的结构及主要参数如图 3-17 所示，其中 γ 为植针角，H 为总针高，B 为钢针下部高度，A 为钢针上部高度，S 为侧磨长度。实物图如图 3-18 所示。

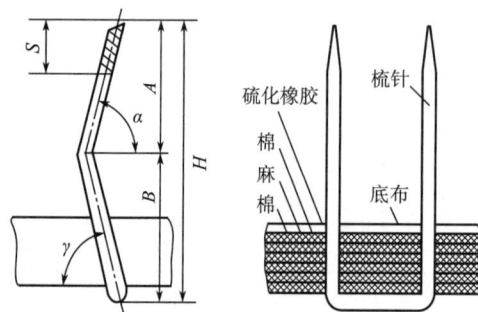

图 3-17　弹性针布的结构及主要参数

图 3-18　弹性针布实物图

弹性针布容易变形，梳理缓和，可减少对纤维的损伤。针齿高度高，因此容纤量高，混和效果好，但是纤维较难转移。

2. 金属针布

金属针布为全金属梳理专件，一般由中碳钢丝冲击轧制淬火制成，形如锯条，具有宽大的基部，能承受较大的力，使用中不变形。齿形根据不同用途而异。金属针布的结构及主要参数如图 3-19 所示。α 为齿面工作角，β 为齿背角，γ 为齿顶角（$\alpha-\beta=\gamma$），P 为齿距，a 为齿顶长，H 为齿总高，h 为齿深，c 为齿顶长，b 为齿顶厚，D 为齿根高，W 为齿根厚度。实物图如图 3-20 所示。

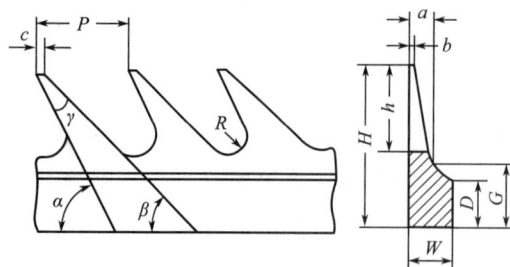

图 3-19　金属针布的结构及主要参数

图 3-20　金属针布实物图

金属针布具有如下特点。

（1）针齿强度高，能承受较大的梳理力，能保持隔距稳定，在梳理中不易变形，这为必要时采用小隔距创造了条件。

（2）金属针布的齿形及其主要尺寸根据工艺要求进行设计，应尽可能选用最优参数，如目前使用的锡林针布的齿面曲线、道夫与工作辊针布的齿面工作角等，都应对加强梳理效能有利。

（3）采用金属针布的梳毛机可不使用风轮。由于金属针布的齿面工作角大于 77°，加上采用合理的齿形，纤维在梳理过程中基本上处于齿隙的上半部，不会沉入齿隙底部而形成抄针毛层。这不但避免频繁的抄针工作，提高机器的运转率，而且能简化设备的结构。

（4）梳毛机使用金属针布有利于提高梳理效能，提高产品质量，梳毛毛网结构清晰，毛粒含量减少，同时降低了由于抄针和磨针次数过多而造成的条干不匀。

（5）使用金属针布也会给生产带来一些问题，如运转过程中易产生气流，飞毛现象严重，机件易缠毛，而且对毛网破坏作用较大。金属针布对原料要求较高，含草杂率不能太高，回潮率不能太大。此外，金属针布对机械制造精度以及维护保养、使用方面都有较高要求。

金属针布有细齿条针布和大齿条针布两种，前者用于锡林和道夫，后者主要用于预梳部分。

（三）针布的选用

选用针布时，需要考虑以下因素：

（1）被加工纤维的种类、长度、细度、强力、摩擦性能等。

（2）梳理机的产量、出条定量、滚筒直径、速度等工艺参数。

（3）滚筒规格及相互配置。

（4）纺纱品种和纱线的线密度数。

（四）针布针齿密度对梳毛效率的影响

精纺梳毛机中，工作辊针布上的针齿密度会影响梳毛机的效率。澳大利亚有学者运用 $19.2\mu m$ 的羊毛进行了实验，结果如图 3-21、图 3-22 所示。

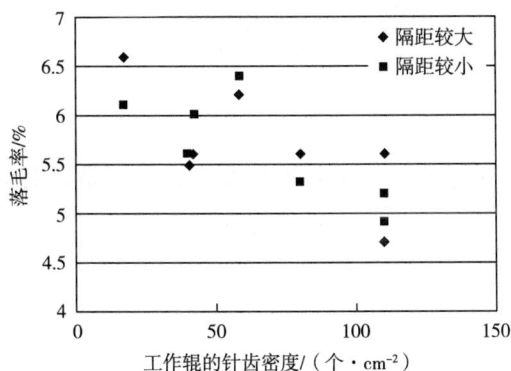

图 3-21　工作辊的针齿密度对落毛率的影响

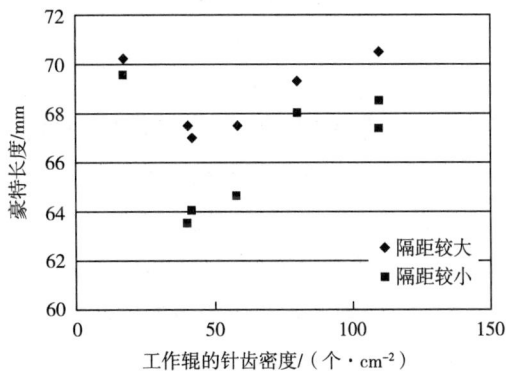

图 3-22　工作辊的针齿密度对豪特长度的影响

实验结果表明：

（1）随着针齿密度的增加（即针齿更细），落毛率降低。

（2）梳毛条中毛粒含量的变化与落毛率的变化类似，随着针齿密度的增加，毛粒减少。

（3）隔距较小时，毛条中纤维的豪特长度减短2~3mm。

（五）针布使用的注意事项

目前，精纺梳毛机中一般采用金属针布。使用金属针布还需要注意以下事项。

（1）梳毛机部件结构。要求机框墙板稳固，减少振动，对锡林及其他滚筒的材料、结构、传动等方面有更高要求。锡林径向同心度应小于0.02mm，横向不直度也应小于0.02mm。包卷针布要按照操作规程在专用的包卷器上进行，做到包卷针布平整。

（2）金属针布的抄针。对梳毛机实行定期抄针，清除废毛层或油毛层，否则毛网毛粒和草屑会增多，而且会影响制成率。由于金属针布锯齿间隙的容积比弹性针布小，纤维容易转移，短纤维和油垢积成的油垢层，形成时间亦较长。因此，抄针周期比弹性针布长，可在9~12轮班或更长一些时间内抄针一次。

（3）日常保养。由于在生产中，机械作用力强、速度快、机件容易磨损变形，故必须加强巡回检查，以确保机器正常运转。要经常检查防轧装置、吸铁装置是否有效，以防止铁器硬物进机内损坏针布。在运转过程中，如发现有异响或反常现象，应立即进行检查。由于隔距变动而发生碰针或滚筒绕毛时，应及时停车校正。

六、精纺梳毛机的除草装置

（一）除草的目的

国毛洗净毛的含杂量仍相当高。如东北改良毛为5.98%~7.30%，新疆改良毛为4.47%~6.40%，内蒙古改良毛为5.84%，河南改良毛为2.13%~2.27%，山东改良毛为1.60%~1.78%。羊毛中含有过多的草屑、麻丝等杂质不仅严重影响成品的外观质量，而且还会给生产带来困难。羊毛虽经初步加工，但草杂不易去除，影响纺纱和织造过程。因此，在纺纱前一定要去除羊毛中的植物性杂质。

（二）去除草杂的方法

去除草杂的方法有机械法和化学法（即炭化）两种。因为炭化处理会使羊毛的强力、弹性、光泽等均受到一定程度的破坏，而且会对后续的染色和后整理带来一定影响，因此，精纺用羊毛一般不用炭化法去除草杂，常用机械法。

精纺用羊毛常用梳毛机、精梳机等设备来除去羊毛中混有的植物性杂质，特别是梳毛机担负着除杂的主要任务。梳毛机上安装有一些除草装置，当梳毛机梳理松解纤维时，这些装置可以除去羊毛中绝大部分植物性杂质。梳毛机车肚落杂如图3-23所示。

（三）精纺梳毛机中除草方式及其作用分析

草杂的体积较大，在纤维松解后容易露出针齿表面，受到打草辊的打击后被排出。一般大草杂比细小草杂容易除去，块状草质比丝状草质和螺旋草质容易除去，坚硬的草质比易碎的草质容易除去。粗死毛由于纤维粗、刚性大、卷曲少、抱合力小，在纤维块或纤维束松解之后，也较易露出，在离心力和机械力的作用下，易从漏底掉落除去。

1. 漏底的除杂作用

漏底是梳毛机普遍采用的一种除杂方法。梳毛机的胸锡林、大锡林及各转移辊下方均配

图 3-23 梳毛机车肚落杂

置漏底。在梳理过程中，当草杂与羊毛联系力较弱时，沙土和部分植物性杂质可经漏底排出，形成车肚落杂。落杂量随原料类型与含杂情况变化，对含草杂较低的外毛而言可低至 3%~4%，而大部分国毛由于沙土与草杂含量较高，车肚落杂一般为 8%~10%。

2. 打草辊

在梳毛机的开毛辊、胸锡林和除草辊表面配置有打草辊，利用打草辊上高速回转的刀片将浮在滚筒表面的草杂进行打击排除。实验证明，梳毛机原料中约 50% 的草杂是通过配置在各部位的打草辊除去的。

3. 落杂盘

一般在梳毛机大锡林第一对工作辊、剥毛辊下方设一落杂盘。因为第一对工作辊、剥毛辊中心连线接近铅垂线，加之剥毛辊速度较高，所以工作辊上的毛层向剥毛辊表面转移时受到牵伸而急剧变薄，草杂极易甩出，并在剥毛辊离心力作用下，进入落杂盘中。

4. 海默尔压草装置

斩刀剥下道夫毛网后，通过海默尔（Harmel）压草装置将植物性杂质压碎成较小的草屑，或使螺旋状草刺断裂为较短的草屑。压草辊前装有吸铁装置用以吸除毛网中可能带进的钢针铁屑，防止损伤压辊平整光滑的表面。

5. 刮草刀

在梳毛机胸锡林或大锡林最末一对工作辊和剥毛辊至锡林、道夫梳理作用区之间一段弧面上装刮草刀，可去除部分细小草屑。

6. 其他部位的落杂

斩刀剥取毛网过程中，因高速振动会使部分草屑从毛网脱落，在托毛漏斗上可开孔或开槽，以便使杂质下落。

7. 莫雷尔除草装置

如图 3-24 所示，莫雷尔（Morel）除草装置的特点是将打草辊装在莫雷尔除草辊上，除草辊上包有特制的、有利于纤维进入齿条的除草辊齿条，此种齿条可使草质浮于除草辊表面，以便由打草辊打出机外，落入接草盘。

除草辊是莫雷尔除草装置的关键部件，其表面由特殊的长平顶齿条包卷，齿面工作角较

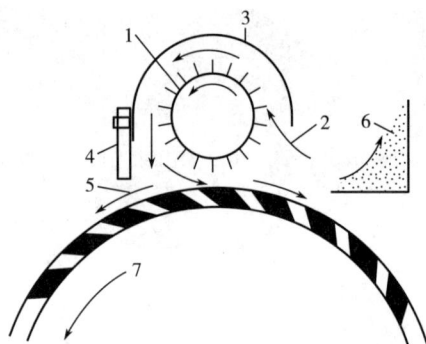

图 3-24 莫雷尔除草装置

1—打草辊 2—罩壳后端开口 3—罩壳 4—罩壳后端毛毡 5—毛毡处开口 6—接草盘 7—莫雷尔除草辊

小，齿根较薄，齿密相当大，齿隙很小。进口梳毛机除草辊上采用不同规格的齿条并列包卷，国产针布是用一种规格的不等距齿条包卷，以使齿顶基本保持均匀交错。

打草辊是将草杂从羊毛中分离出去的关键部件，它的圆形滚筒表面装有许多刀片。B272A 型精纺梳毛机采用整体结构，周围挖有 30 个沟槽，凸出部分为刀片状。

七、精纺梳毛机的针面负荷及分配

(一) 针面负荷的意义及种类

针面负荷是指梳理机各滚筒单位面积针面上纤维层的平均重量，一般以 g/m^2 表示。各滚筒负荷的大小，实质上反映了纤维层的厚度变化，它不仅与喂入量有关，也与梳理机各项工艺参数及针布规格等有关。

合理控制各滚筒的负荷，不仅有利于高产、优质、低消耗，而且能延长针布的寿命。负荷过小，不利于纤维的均匀混和；而负荷过大，则易梳理不充分，并可能造成对纤维和针布等的损伤。

梳理机的负荷主要包括两大类：一类为参与梳理作用的，如喂入负荷 α_f、返回负荷 α_b、出机负荷 α_0、交工作辊负荷 β、剥取负荷 β_1 等；另一类为不参与梳理作用的，如在使用弹性针布的梳理机上，由于针布的梳针高且有弯膝，纤维一经沉入针隙不易上浮，形成的抄针层负荷为 α_s。

(二) 各种负荷的形成及作用

1. 精纺梳毛机中锡林针面负荷

精纺梳毛机，特别是包有弹性针布的梳毛机，大锡林上各种负荷的形成比较复杂。首先考察运转正常，即梳毛机单位时间内喂入量与输出量相等时，大锡林上各种负荷的生成情况。

设原料经运输辊 T 喂入大锡林 C (图 3-25) 后，依次通过各工作辊 W_1、W_2、W_3 和 W_4 的工作区时，一部分纤维将分别被各工作辊抓取，形成交工作辊负荷 β。同时，各剥取辊 S_1、S_2、S_3、S_4 又将工作辊上的纤维剥下后交还锡林。未被最后一只工作辊抓取的剩余纤维，由锡林带向道夫 D 处，又分配给道夫一部分。而仍留在锡林上的部分纤维形成返回负荷 α_b。这就是锡林与工作辊、道夫间的分配现象。当大锡林带着返回负荷 α_b 再次通过由它与运输辊 T 组成的工作区时，不仅与新喂入的原料叠合，而且还与被工作辊抓取经运输辊 T 剥取回到锡林上的纤维层叠合。随后，三部分纤维以上面述及的方式经各工作辊工作区、道夫 D 后，除部分由道夫以负荷 α_0 输出外，剩余在锡林针面（道夫 D 与运输辊 S_1 之间）上的纤维将参与新一轮的循环。

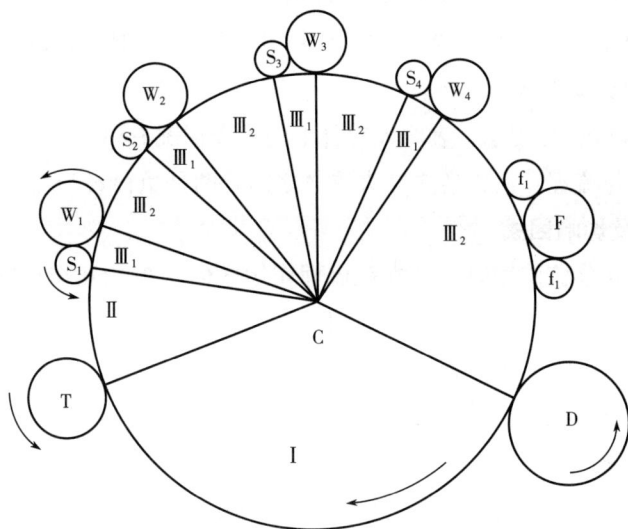

图 3-25　罗拉梳理机上大锡林的负荷分布

（1）喂入负荷。原料由喂入罗拉进入梳毛机后，经若干滚筒到达大锡林上，分布在锡林上每平方米的纤维量称为大锡林的喂入负荷，以 α_f 表示，单位为 g/m^2。

（2）交工作辊负荷与剥取负荷。在正常运转时，锡林每平方米针面交给工作辊的纤维量叫作交工作辊负荷，以 β 表示，单位为 g/m^2。工作辊上的纤维转移给剥取辊后又交回大锡林每平方米的纤维量称为剥取负荷 β_1，其值也等于 β。

（3）返回负荷与出机负荷。返回负荷是大锡林所特有的，形成的原因是锡林与道夫间针面的作用实质上为分梳作用。纤维分配给道夫一部分后，锡林针面上仍留有纤维。这部分纤维分布在大锡林上，其每平方米针面上的纤维量叫作返回负荷，以 α_b 表示，单位为 g/m^2。而锡林每平方米针面分配给道夫的纤维量则叫做出机负荷，以 α_0 表示，其在数值上与喂入负荷 α_f 相同。

返回负荷 α_b 和出机负荷 α_0 的组成相同，都是由若干次喂入负荷的部分纤维组成的，这是喂入原料在梳理机内运动方式决定的。由此可见，返回负荷对纤维的混和与出机负荷的均匀有很大影响。

（4）抄针层负荷。在采用弹性针布的锡林上，由于钢针的倾斜度小于"自制"的下限，在梳理力的作用下，纤维向针根移动，加上针隙深而大，纤维易进入深处，失去了参与梳理的能力，经较长时间的积累，便形成了抄针层负荷 α_s。因为抄针层占据了一定的针隙，妨碍钢针对纤维的握持和分梳作用，影响输出纤维网的质量，故在运转一定时间后要进行停车抄针，清除抄针层。

2. 锡林针面上负荷分布

根据以上分析可知，大锡林各部分的负荷组成是不同的。如图3-25所示，将整个锡林分为 I、II、III 三种类型的若干区域。

①I——在道夫和运输辊 T 之间，锡林负荷由 α_b、α_s 两种负荷组成。②II——在运输辊 T 与工作辊 W_1 之间，锡林负荷由 α_b、α_f 和 α_s 三种负荷组成。③III——在工作辊 W_1 和下一个剥取辊 S_2 之间，因大锡林分配给工作辊 W_1 部分纤维，所以此处锡林负荷减少了交工作辊负荷 β，而由 α_f、α_b、α_s 三种负荷组成。

III_1、III_2、III_3 区域和 III 相同，表明大锡林上的负荷情况有以上三种。在工作辊与大锡林之间总有三种负荷参与梳理，而在道夫与大锡林之间有两种负荷参与梳理。

(三) 分配系数及影响因素

当两针面的配置为分梳作用时，纤维在梳理作用区内，被相互作用的两针面分成两部分的现象称为分配。相关负荷的比例关系一般用分配系数表示。分配系数主要有两种：一种是工作辊分配系数，表示纤维在工作辊与锡林之间的分配关系；另一种是道夫分配系数（也称道夫转移率），表示纤维在道夫与锡林之间的分配关系。

1. 工作辊分配系数

在梳毛机上，锡林与工作辊对纤维进行分梳后，锡林每平方米针面转移给工作辊针面的纤维量与锡林每平方米针面参与分梳作用的纤维量的比值叫作工作辊分配系数。

(1) 预梳锡林（胸锡林）工作辊分配系数。在预梳锡林上没有返回负荷 α_b，参与梳理作用的只有喂入负荷 α_f 与剥取负荷 β 两种。故预梳理锡林的工作辊分配系数为 K_1。

$$K_1 = \frac{\beta}{\alpha_f + \beta_1} = \frac{\beta}{\alpha_f + \beta}$$

(2) 大锡林工作辊分配系数。在大锡林上，参与梳理作用的负荷，除了 α_f、β 外还有喂入负荷 α_b，所以，大锡林工作辊分配系数 K_2 用下式表示：

$$K_2 = \frac{\beta}{\alpha_f + \beta_1 + \alpha_b} = \frac{\beta}{\alpha_f + \beta + \alpha_b}$$

但事实上，返回负荷 α_b 比喂入负荷 α_f 大得多，且多由单纤维组成易沉于针根，参与梳理和转移的量较小，而 α_f 的纤维多呈块、束状浮在针尖，易被工作辊针齿抓取，较多地参与梳理分配。为了能较好地反映纤维负荷分配量的波动，工作辊分配系数 K_2 则应以下式表示：

$$K_2 = \frac{\beta}{\alpha_f + \beta}$$

这样在实际应用中，预梳锡林和大锡林工作辊分配系数可用同一公式计算。

(3) 影响工作辊分配系数的因素。分配系数的选择通常取决于针面的种类、规格和机台的产量以及各机件的速比、隔距等条件。

一般情况下，提高分配系数意味着锡林每平方米针面交给工作辊的纤维增多，有利于加强锡林针齿梳理纤维的作用及纤维间的混合作用，提高纤维网质量。

工作辊分配系数主要与下列因素有关。①随着梳理作用的逐渐完善（纤维松散），锡林上各工作辊的分配系数是逐只下降的。②当锡林负荷较低时，增加喂入负荷，工作辊的分配系数值会增大，但其增量远小于喂入负荷的增量。③适当增加工作辊表面速度，会提高分配系数。④适当减小工作辊梳针工作角，有利于提高分配系数。

2. 道夫转移率及影响因素

锡林与道夫发生分梳作用时，转移给道夫的纤维量占锡林带向道夫的纤维总量的百分比叫做道夫转移率。在锡林与道夫间只有相当于喂入负荷 α_f 及返回负荷 α_b 的纤维量各以不同程度参与梳理，在正常运转时，出机负荷 α_0 与喂入负荷 α_f 基本相等（忽略纤维损耗）。若道夫转移率以 r 表示，则：

$$r = \frac{\alpha_0}{\alpha_f + \alpha_b} = \frac{\alpha_f}{\alpha_f + \alpha_b}$$

采取下列措施，均有利于纤维向道夫的转移，提高道夫转移率。①减小道夫针齿的工作角。②减小道夫与锡林的隔距。③减小速比。④减小锡林直径。

道夫转移率高，表明纤维在梳理机中停留时间短，一方面可以减少由于过度梳理而产生的棉结和纤维损伤问题；但另一方面，也会在一定程度上影响纤维梳理的充分程度，以及纤维间的相互混和、均匀。

八、梳毛机中的混和与均匀作用

梳毛机的混和作用表现为输出产品同喂入原料相比，在其成分和色泽上更为均匀一致。而均匀作用则表现为输出产品的片段重量比喂入时更加均匀一致。这两种作用是同一现象的两个方面，它是通过针面对纤维的储存、释放、凝聚、减薄等方式达到的。这实质上是各梳理部件上负荷变化的结果。

（一）混和作用

纤维在梳毛机的锡林与工作辊间的反复梳理和转移，促使在这些部件上的纤维不断变换，从而产生纤维层间以致单纤维间的细致混和。同时，由于道夫从锡林上转移纤维的随机性，造成纤维在梳理机内停留时间的差异，使同一时间喂入的纤维，分布在不同时间输出的纤维网内，而不同时间喂入的纤维，却凝聚在同时输出的纤维网内，使纤维之间得到混和。

在梳毛机中，当锡林上一部分纤维转移到工作辊上时，由于工作辊表面速度比锡林慢，先前分布在锡林较大面积上的纤维，转移、凝聚到工作辊针面上，因而起到混和纤维的作用。而当工作辊上纤维层通过剥取辊的作用返回锡林时，又与锡林带到此处的纤维发生混和。影响这种混和作用的因素是工作辊抓取纤维的能力，抓取得越多，则混和作用越好。此外，为了使前后喂入的纤维混和得更好，同一锡林上各工作辊的速度要有差异。这是因为，如图 3-26 所示，当锡林带着纤维进入工作辊的作用区时，其上的一部分纤维 A 被工作辊 W_1 带走，余下的纤维通过工作辊 W_2 时，其中一部分纤维 C 被工作辊 W_2 带走，若锡林上各工作辊直径及各剥取辊直径和速度相同，而各工作辊的速度也相同，那么，纤维 A 和 C 回到锡林上时，正好重合，从而降低了均匀混和的效果。因此，一般由后到前的第一个工作辊转速较高，随后逐个降低。这样，未被充分梳理的纤维在第一工作辊针面上的负荷减小，有利于分梳工作做得更完善。

（二）均匀作用

若将正常运转的梳毛机突然停喂，可以发现输出的纤维网并不立即中断，而是逐渐变细。一般金属针布梳理时，这种现象将持续几秒，弹性针布则更长

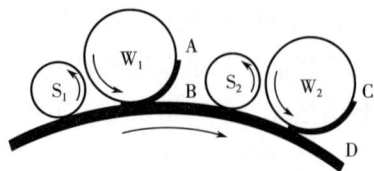

图 3-26　纤维在工作辊上的分布

些。将变细的条子切断称重，便可得到如图 3-27 所示的曲线 2—7—8。如在条子变细的过程中恢复喂给，条子也不会立即恢复到正常重量，而是逐渐变重，如图 3-27 的曲线 7—6 所示。可见在机台停止喂给和恢复喂给过程中，条子并不按图 3-27 中曲线 1—2—3—4—5—6 那样变化，而是按曲线 1—2—7—6 变化。这表明在停止喂给时，针齿放出纤维，放出量为闭合曲线 2—3—4—7 所围的面积。在恢复喂给后，针齿吸收纤维，吸收量为闭合曲线 5—7—6 所围的面积。这种针齿吸放纤维，缓和喂入量波动对输出量不匀影响的作用，称为梳毛机的均匀作用。

从前面分析可知，当喂入量波动较小，而波动的片段较短时，梳毛机有着良好的均匀作用。同时，当纤维由锡林向工作辊或道夫转移时，具有几十倍的并合机会，又使纤维得到进一步的混和、均匀，出条的短片段不匀率较小。但当喂入纤维量的不匀片段较长，足以引起锡林负荷等发生较大变化时，出条的重量还是会发生波动的，梳毛机的均匀作用只是使其波动缓和一些而已。

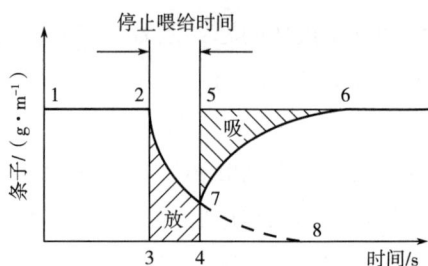

图 3-27　均匀作用实验

以上所述的梳毛机的混和、均匀作用，只能在机器的纵向（原料在机内前进的方向）实现，不能在横向实施。若要实现原料的横向混和，必须安装专门的机构，如粗纺梳毛机上的过桥机等才能达到。

（三）影响混和均匀作用的因素

梳毛机中混和、均匀作用取决于工作辊的分配系数、工作辊的回转系数、道夫分配系数。

工作辊的回转系数是指大锡林的纤维分配到工作辊之后，经剥毛辊又返回到大锡林表面的时间内，锡林所转过的转数，以 M 表示。

$$M = \frac{3}{4} n_c \left(\frac{1}{n_w} + \frac{1}{n_s} \right)$$

式中：n_c 为锡林转速（r/min）；n_w 为工作辊转速（r/min）；n_s 为剥取辊转速（r/min）；$\frac{3}{4}$ 为工作辊和剥取辊上覆盖有纤维的弧长相比圆周长的近似值。

工作辊分配系数较大，表明有较多的纤维进行反复混和。工作辊的回转系数 M 较大，说明纤维层在工作辊和剥取辊上停留的时间较长。这两种情况都有利于加大纤维在机内的储存

量、完善混和均匀作用。道夫分配系数正好相反，分配系数小时，锡林上的返回负荷大，有利于加大在机内的储存量，也有利于改善混和均匀作用。

若适当减小工作辊与锡林间的隔距或减小工作辊速比（即锡林表面线速与工作辊表面线速之比），则能加大工作辊的分配系数，改善混和均匀作用，但减小工作辊速比又会降低工作辊回转系数，缩短停留时间，这又影响混和均匀作用；若加大道夫与锡林间的隔距，可使锡林的返回负荷增加，以增强混和均匀作用，但这又与加强分梳有矛盾。因此，在实际生产中必须根据产品要求，加以适当掌握。

九、梳毛工艺设计及实例

（一）隔距

梳毛机各滚筒针齿间的隔距设计是否合理，对发挥梳毛机的梳理作用和提高梳毛机的生产质量，都有着十分密切的关系。梳毛机的隔距是指相互作用的两针面间的最小距离。隔距越小，针面梳理作用区的范围就越大，分梳就越充分。梳毛机上的隔距分为分梳作用区隔距和剥取作用区隔距。

1. 分梳作用区隔距的选择

梳毛机松解混料的任务，主要在分梳作用区完成。采用较小的分梳隔距，有利于加强分梳作用，并能达到降低毛粒含量的目的。但随着分梳隔距的减小，纤维在梳理过程中的断裂损伤有可能加剧。所以确定分梳作用区隔距时，既要充分发挥松解混料的能力，又要使纤维损伤控制在允许范围之内。

隔距与原料的种类和性质有关。纤维细长或缠结较紧时，梳理比较困难，宜采用较小隔距，以加强梳理作用；纤维粗长、松散时，可采用大隔距。隔距还与原料的松解程度有关。羊毛在机内逐步被分梳，由大块变为小块再到纤维束，开始变化较快，之后变化逐渐减慢，应使其按照羊毛在梳毛机内前进的方向逐渐变小（且开始时变化较大，以后变化较小），以保证逐步加强梳理作用。

锡林和道夫之间的隔距，应小于靠近输出的工作辊与锡林之间的隔距，以利于更充分地梳理纤维，并可促使更多的纤维由锡林向道夫转移。

第一胸锡林与前上喂毛罗拉针齿间的作用区，是混料进机后遇到的第一个分梳作用区。这里喂入的毛层很厚，毛块也最大，隔距应是全机最大的地方，它对开松效果及纤维断裂损伤影响极大。只有调整得足够小，才能保证混料得到充分开松，但隔距过小时，纤维断裂损伤严重。故应根据混料中纤维的长度、松散度、喂入量等因素加以确定。

梳毛隔距从开始喂入到生产结束，各辊之间的隔距由大及小，最大的有 9.0mm，最小的只有 0.2~0.3mm，在大锡林工作区，大锡林与各个工作辊之间的隔距为 0.5~2.5mm。隔距大小对梳理及纤维损伤有着重要作用，隔距过大梳理不充分，毛粒增加；隔距过小梳理充分，纤维损伤严重，毛粒减少。所以必须综合原料情况，合理制订各梳理区隔距。

2. 剥取作用区隔距的选择

剥取作用区的隔距应能使被剥取针面上的纤维全部干净地剥下，并使之转移到另一针面上去，但应防止因剥取不当造成缠毛和增加毛粒现象。

　　剥毛辊与工作辊之间的剥取作用，并不是在它们的中心连线附近发生的，而是沿其外切线进行的。因此，其间的隔距可以适当大些，以能顺利剥取为原则。由机后向机前各剥毛辊的隔距可以由大逐渐变小，在同一锡林上也可以采用统一大小，最小应不小于0.38mm（15/1000英寸），最大应不超过0.81mm（32/1000英寸）。

　　斩刀和道夫之间的隔距，一般在0.25~0.38mm（10/1000~15/1000英寸）之间选用，采用金属针布时可更小些。

　　B272A型精纺梳毛机使用不同原料时，各主要梳理部件间的隔距配置实例见表3-5。

表3-5　B272A型精纺梳毛机各主要梳理部件间的隔距配置

梳理部件	60品质支数以下粗支毛及6.67dtex化学纤维		60品质支数以上细支毛及3.33dtex化学纤维	
	公制/mm	英制/（1/1000英寸）	公制/mm	英制/（1/1000英寸）
第一胸锡林与前喂毛辊	3.28	129	2.18	86
第一胸锡林与第一工作辊	2.18	86	1.217	48
第一胸锡林与第一剥毛辊	1.09	43	1.09	43
第一胸锡林与第一打草辊	0.85	33	0.85	33
第一转移辊与第一胸锡林及除草辊	0.533	21	0.483	19
除草辊与第二打草辊	0.737	29	0.737	29
第二转移辊与除草辊及第二胸锡林	0.533	21	0.483	19
第二胸锡林与第二工作辊	1.704	67	1.09	43
第二胸锡林与第三工作辊	1.39	55	0.965	38
第二锡林与第四工作辊	1.09	43	0.92	36
第二剥毛辊与第二胸锡林及第二工作辊	0.965	38	0.92	36
第三剥毛辊与第二胸锡林及第三工作辊	0.92	36	0.85	33
第四剥毛辊与第二胸锡林及第四工作辊	0.85	33	0.787	31
第二胸锡林与第三打草辊	0.61	24	0.61	24
第三转移辊与第二胸锡林及大锡林	0.483	19	0.483	19
大锡林与第五工作辊	0.92	36	0.737	29
大锡林与第六工作辊	0.787	31	0.66	26
大锡林与第七工作辊	0.66	26	0.559	22
大锡林与第八工作辊	0.559	22	0.483	19
大锡林与第九工作辊	0.483	19	0.381	15
第五剥毛辊与大锡林及第五工作辊	0.66	26	0.559	22
第六剥毛辊与大锡林及第六工作辊	0.61	24	0.533	21
第七剥毛辊与大锡林及第七工作辊	0.559	22	0.483	19
第八剥毛辊与大锡林及第八工作辊	0.533	21	0.432	17

续表

梳理部件	60 品质支数以下粗支毛及 6.67dtex 化学纤维		60 品质支数以上细支毛及 3.33dtex 化学纤维	
	公制/mm	英制/ (1/1000 英寸)	公制/mm	英制/ (1/1000 英寸)
第九剥毛辊与大锡林及第九工作辊	0.533	21	0.432	17
大锡林与道夫	0.254	10	0.229	9
道夫与斩刀	0.254	10	0.229	9

（二）速比

梳毛机的速比表示各工艺部件的速度要求及其相互配合的关系，它对梳毛机的产量和质量有着决定性的影响。大锡林的速度是梳毛机的基本速度（一般是不变的），其他机件的速度都以此为基准而变化。

为了提高梳毛机的分梳效能，除了选择适当的隔距外，还要通过改变工作辊速度来获得适当的工作辊速比。在梳毛机喂入量不变的情况下，工作辊速度愈小，上面凝聚的毛层愈厚，也就是工作辊速比越大时，分梳越强；工作辊上的毛层越厚。相反，工作辊速度越大即速比越小时，工作辊上的毛层则越薄。因此，工作辊速比也称为凝聚倍数。在实际生产中，道夫变换齿轮和工作辊变换齿轮常根据以下原则进行选择。

（1）当梳理细羊毛时，应采用较小的道夫和工作辊变换齿轮，以加大速比，增加纤维受锡林钢针梳理的机会；当梳理粗羊毛时，可用较大的道夫和工作辊变换齿轮。

（2）当梳理化纤等较长纤维时，可用较大的道夫和工作辊变换齿轮，以减小速比，保护纤维长度少受损伤。

（3）当要求提高梳毛机产量以满足后工序需要时，可适当加大道夫和工作辊变换齿轮，以减小速比，减少毛层厚度。

（4）在毛条中的毛粒数量不超过规定时，应尽量减小速比，以减少纤维损伤，可采用较大的道夫和工作辊变换齿轮。

（5）对于抱合力较差的纤维，可采用较小的道夫和工作辊变换齿轮，以加大速比，避免工作辊上有毛网剥落的现象。

在生产中，速比的确定要结合原料细度及设备情况通过调试来确定。B272A 型精纺梳毛机主要速比的变换齿轮可参照表 3-6 选用。梳毛机速比实例如表 3-7 所示。

表 3-6 变换齿轮的可选齿数

变换齿轮名称	变换齿轮齿数/T		
	细支毛及 3.33dtex 化学纤维	粗支毛及 6.67dtex 化学纤维	6.67dtex 腈纶
喂毛辊变换齿轮 B	48	52	54
工作辊变换齿轮 F	38	42	44
道夫变换齿轮 C	46	54	58

表 3-7 梳毛机速比实例

羊毛细度/μm	大锡林速度/（m·min⁻¹）	工作辊速度/（m·min⁻¹）	道夫速度/（m·min⁻¹）
16.5	680	44	46
18.5	730	46	48

（三）出条重量的选择

不同类型的梳毛机，其出条重量不同。一般来说，细羊毛的条重可轻些，粗羊毛较重些；化纤条易梳的可重些，难梳的则轻些；使用金属针布时可重些，使用弹性针布时可轻些。B272A 型精纺梳毛机的出条重量一般为 15~20g/m。

此外，梳毛机的出条重量还应视毛网质量而定。降低喂入重量和出条重量，可使纤维获得充分梳理，毛粒减少，提高毛网质量。梳毛机加工不同原料时的出条重量见表 3-8。

表 3-8 梳毛机加工不同原料时的出条重量

原料	细支毛	三、四级毛	黏胶纤维 0.33tex（3 旦）	腈纶 0.33~ 0.67tex（3~6 旦）	涤纶 0.33tex （3 旦）
出条重量/（g·m⁻¹）	12~15	14~18	9~13	12~17	7~10

十、梳毛质量控制

（一）梳毛条质量指标

精纺梳毛条质量指标主要有：毛网状态、毛粒含量、下机条单重偏差和回潮率，具体如下。

（1）毛网清晰，纤维分布均匀，没有破洞、破边及云斑。

（2）毛网中的毛粒含量不得超出允许范围。64 品质支数以上细支毛条不得超过 30 只/g，60 品质支数毛条不超过 20 只/g。3.33dtex 的黏胶纤维条不得超过 10 只/g，5.55dtex 的黏胶纤维条不超过 5 只/g。

（3）梳毛机下机毛条单重要符合设计要求。集体成球时，条重差异要小于±1g；单独成条时，条重差异不大于±0.5g。

（4）梳毛下机毛条的回潮率要符合设计要求。

（二）疵点成因及解决措施

精纺梳毛条的疵点主要有毛粒、草屑、毛片以及下机条重不匀等。

1. 疵点成因

（1）洗净毛开松程度不够，有毡并现象，加油水不均匀；梳毛机针布选择不合适；梳毛机的隔距和速比等工艺参数配置不当。

（2）羊毛原料中的草屑、污片等杂质，在梳毛加工过程中容易与短毛纠结，形成毛粒、毛结。

（3）梳毛机锡林、道夫的针布倒伏及缺针或锡林与工作辊之间隔距过大，均能导致毛片的形成。

（4）梳毛上机混料的油水不匀或梳毛机喂入机构运转失常，都会造成出机毛条的重量波动。

2. 解决措施

应根据具体情况，针对性地采取以下措施。保证机台完好率及梳理质量；掌握好上机混料的开松程度、油水的均匀度、回潮率及车间的温湿度；选择合理的上机工艺参数；注意设备的维修保养，保证梳理部件和除杂机构的运转效能。

十一、国外精纺梳毛机

（一）法国提博系列梳毛机

法国提博（Thibeau）公司生产的23MM4型精纺梳毛机如图3-28所示。其主要工艺特点有如下几点。

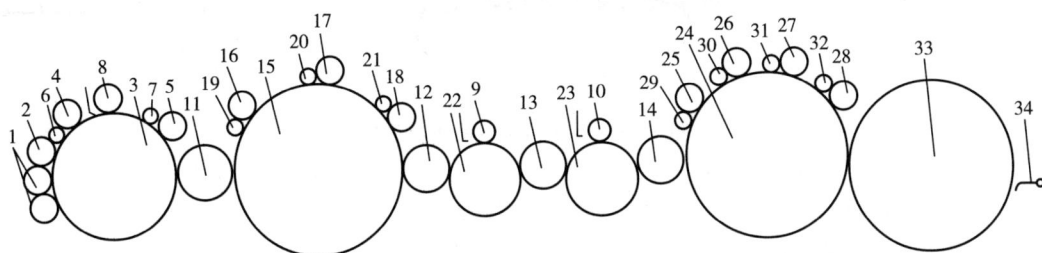

图3-28　23MM4型精纺梳毛机

1—喂毛辊　2—清洁辊　3—开毛辊　4，5—开毛工作辊　6，7—开毛剥毛辊　8，9，10—打草辊
11，12，13，14—转移辊　15—胸锡林　16，17，18—胸锡林工作辊　19，20，21—胸锡林剥毛辊
22，23—除草辊　24—大锡林　25，26，27，28—大锡林工作辊　29，30，31，32—大锡林剥毛辊　33—道夫　34—斩刀

1. 喂毛部分

喂毛形式是容积式喂毛漏斗喂毛，漏斗内原料的高度由超声传感装置控制。有时采用双喂毛箱，毛箱容量较大（4.5m³）。容积式喂毛机结构比称重式简单，使用和维修均较方便，能适应高速高产需要。

2. 梳理部分

预梳部分由开毛辊和胸锡林等组成，其上共配置5对工作辊和剥毛辊及1只打草辊，后接双莫雷尔除草辊。全机共3个除草点，适合加工含草杂为8%左右的原料。道夫、锡林及其上4只工作辊包裹金属针布，4只剥毛辊则用弹性针布。开毛辊、胸锡林和除草辊采用两种不同齿距的等齿距齿条包卷。该部分采用电磁斩刀，剥取次数可达2500~3200次/min。

3. 毛条输出

毛条输出采用高速圈条器大条筒尺寸为φ700mm×1000mm。圈条器是通过周转轮系将圈条与条筒底盘的两种回转运动结合起来实现圈条。

为了加强除草效果，提高毛网质量，提博公司在23MM4型精纺梳毛机基础上设计了3M2M5型精纺梳毛机。该机将23MM4型精纺梳毛机的胸锡林与开毛辊位置互换，把两个除草辊分设于开毛辊的前后，并且将原开毛辊上的打草辊移至胸锡林上，大锡林上工作辊改为5对。该机可加工含草杂10%的原料，纤维损伤比23MM4型精纺梳毛机减少2%，而生产率是23MM4型精纺梳毛机的1.59倍。

（二）意大利澳克脱GLS/GR型精纺梳毛机

意大利澳克脱（Qctir）公司生产的GLS/GR型精纺梳毛机如图3-29所示。其主要工艺特点如下。

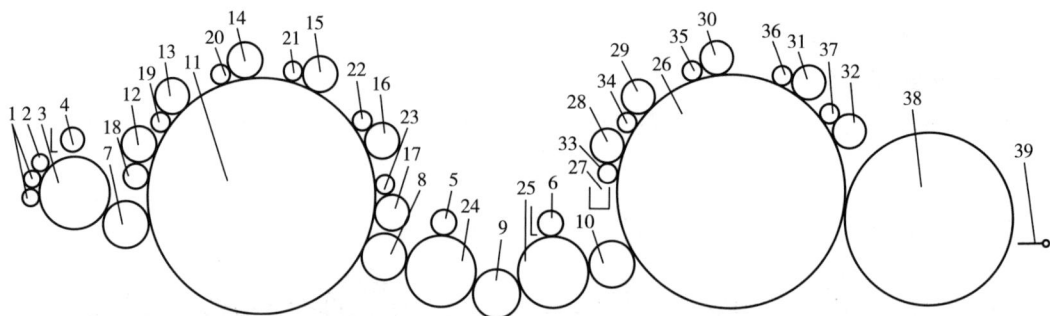

图3-29 GLS/GR型精纺梳毛机

1—喂毛辊 2—清洁辊 3—开毛辊 4，5，6—打草辊 7，8，9，10—转移辊 11—胸锡林
12，13，14，15，16，17—胸锡林工作辊 18—毛刷辊 19，20，21，22，23—胸锡林剥毛辊
24，25—除草辊（莫雷尔辊）26—大锡林 27—接草槽 28，29，30，31，32—大锡林工作辊
33，34，35，36，37—大锡林剥毛辊 38—道夫 39—斩刀

（1）喂入部分采用微处理机控制的称重式自动喂毛机，各机件的制造精度高。

（2）预梳部分由开毛辊和胸锡林等组成。胸锡林上配置6对工作辊和剥毛辊，前4对包卷金属针布（第一剥毛辊为毛刷），后2对包卷弹性针布，后接双除草辊，全机共3个除草点。

（3）梳理部分属于单锡林梳理，共5个梳理单元。大锡林（φ1650mm）和道夫包卷金属针布，而5对工作辊和剥毛辊均用弹性针布。此机型采用高速机械斩刀。

第五节　针梳

针梳是毛精纺纱线生产过程中非常重要的工序，反复应用于制条与前纺。其主要作用为：①并合：改善、提高毛条的均匀度；②牵伸：消除弯钩，提高纤维伸直度，调整毛条重量；③梳理：梳针梳理使得毛条中的纤维平行顺直。

在毛条制造过程中，针梳根据其所处的位置不同，其主要作用也有所侧重。一般在精梳前设置2~3道针梳工序进行理条。因为经梳毛机生产出来的毛条，结构松散，纤维排列紊乱，呈弯曲状态，理条针梳可使纤维伸直平行，提高毛条品质，充分利用纤维的长度，减少纤维在精梳机上的损伤和不必要的落毛。而在精梳之后，毛条也要经过2~3道针梳工序进行整条，主要由于精梳下机毛条是由须丛叠合搭接而形成的，形成了周期性不匀，经整条针梳后，可使毛条的均匀度提高，同时提高纤维的伸直平行度。理条针梳和整条针梳所用针梳机的结构基本相同，整条部分随着半制品的变细，梳箱规格有所变化，针排更为细密。

一、牵伸的基本原理

牵伸是把纤维集合体（如条子、粗纱等）有规律地抽长拉细的过程。其实质是纤维沿集合体的轴向做相对位移，使其分布在更长的片段上。其目的是使集合体单位长度的重量减轻、截面内的纤维根数减少，同时纤维进一步伸直平行。

（一）牵伸的实施

牵伸的形式主要有两种：一种是气流牵伸，指借助于气流而实施的牵伸，多用于非传统纺纱中；另一种是罗拉牵伸，指借助于表面速度不同的罗拉实施的牵伸，广泛应用于传统纺纱的各道工序中。针梳机中的牵伸是罗拉牵伸。

要实现罗拉牵伸，必须具备下列条件。①至少有两个积极握持须条的钳口（加压）。②每两个钳口之间要有一定的距离（隔距）。③每两个钳口之间需要有相对运动（速度差）。

图3-30为两对罗拉组成的一个牵伸区。上下罗拉构成一个钳口，在上罗拉上施加一定的压力，才能使上下罗拉对须条构成强有力的握持，其输出罗拉表面速度大于喂入罗拉表面速度才能形成牵伸，两钳口间的距离一般大于纤维的品质长度，以避免纤维被两钳口同时握持而被拉断或牵伸不开。因此，罗拉的加压、隔距和表面速比构成了罗拉牵伸的三要素。在生产上，因喂入半制品或输出半制品质量的变化，常需调节这三个基本参数。

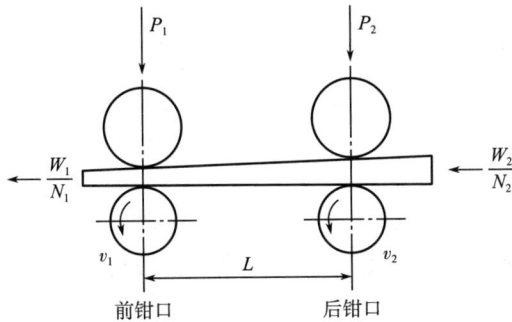

图 3-30 罗拉牵伸区

（二）牵伸倍数

纤维集合体被抽长拉细的程度即被牵伸的程度，用牵伸倍数 E 表示。在实际罗拉牵伸过程中，又有实际牵伸倍数和机械牵伸倍数之分。

1. 实际牵伸倍数

$$E_{实} = \frac{L_2}{L_1} = \frac{W_1}{W_2}$$

式中：L_1、L_2 分别为牵伸前、后纤维集合体的长度；W_1、W_2 分别为牵伸前、后纤维集合体的线密度（定量）。

2. 机械牵伸倍数（又称理论牵伸倍数）

$$E_{机} = \frac{V_2}{V_1}$$

式中：V_1、V_2 分别为喂入、输出罗拉的表面速度。

根据牵伸倍数的大小，牵伸可分为张力牵伸和位移牵伸。张力牵伸：牵伸倍数小，须条中的纤维之间未发生轴向的相对位移，其作用是使纤维伸直、须条张紧，用于须条的输送和卷绕，防止须条松坠；位移牵伸：牵伸倍数大，须条中的纤维之间产生相对位移，须条被抽长拉细。

3. 总牵伸倍数与部分牵伸倍数

一个牵伸装置常由几对牵伸罗拉组成，相邻两对罗拉间的牵伸倍数为部分牵伸倍数，而最后一对（喂入）罗拉与最前一对（输出）罗拉间的牵伸倍数称为总牵伸倍数，总牵伸倍数等于各部分牵伸倍数的乘积。根据工艺要求，需要将总牵伸倍数合理地分配至各个牵伸区域中，称为牵伸分配。同时，也需要将纺纱过程中的总牵伸倍数合理地分配至各道工序中。

例：已知针梳机有前、后两个牵伸区，喂入的毛条根数为 8 根，单根毛条的重量为 20g/m，输出毛条的重量为 18g/m，牵伸配合率为 1.05，试计算：

（1）针梳机的机械牵伸倍数。

（2）若针梳机的后区牵伸倍数为 1.1，求前区的牵伸倍数。

$$E_{实} = \frac{W_1}{W_2} = \frac{8 \times 20}{18} \approx 8.9$$

$$E_{机} = E_{实} \times 牵伸配合率 = 8.9 \times 1.05 \approx 9.3$$

$$E_{前} = \frac{E_{机}}{E_{后}} = \frac{9.3}{1.1} \approx 8.5$$

（三）牵伸效率

须条在实际牵伸时，由于纤维散失、罗拉光滑、化纤须条的回弹收缩及捻缩等因素影响，使实际牵伸倍数与机械牵伸倍数常不相等，实际牵伸倍数与机械牵伸倍数之比称为牵伸效率。

$$牵伸效率 = \frac{实际牵伸倍数}{机械牵伸倍数} \times 100\%$$

在纺纱工艺中，牵伸效率常小于 1，当纤维散失是主要影响因素时，牵伸效率也会大于 1。为了控制纺出须条的定量，降低须条重量不匀率，必须根据实际情况调整机械牵伸倍数。在实际生产中，常使用一个经验数值即牵伸配合率（牵伸效率的倒数）来进行调整。生产上，根据同类机台、同类产品的长期实践积累，找出牵伸配合率的变化规律，在工艺设计时，需根据牵伸配合率及实际牵伸倍数计算出机械牵伸倍数，才可纺出符合定量要求的须条。

（四）纤维变速点分布与须条不匀

牵伸过程中，纤维头端变速的位置称为变速点。由于纤维在牵伸区中的受力和运动状态不同，它们的变速位置也会不同，因而，变速点距离前钳口会形成一种分布，即为变速点分布，如图3-31中的曲线1所示。

纤维变速点的分布与牵伸区中摩擦力界的分布及纤维的长度均匀度等因素有关。纤维的长度均匀度高，则变速点位置比较集中，如图3-31中的曲线2所示；反之，则变速点位置比较分散，如图3-31的曲线3所示。变速点的分布越集中、越靠近前钳口，则牵伸后须条的不匀率就越小。

1. 理想牵伸

理想牵伸是指假设须条中纤维都是平行、伸直、等长的，且设每根纤维都是头端到达前罗拉钳口线时变速，即所有纤维都在同一截面变速。

设在牵伸区须条中的两根纤维A、B，图3-32所示为其在原须条中的排列位置，若两者之间的头端距离为a_0，这个距离称为这两纤维的头端移距，当纤维A的头端到达前钳口线时则纤维A变速，即以前罗拉速度（快速）V_1运动，而此时纤维B仍然以后罗拉速度（慢速）V_2运动，于是，A、B两根纤维发生相对运动，移距开始变化。而当纤维B在t时间到达前钳口线时，也以V_1速度运动，两纤维间不再有相对运动，此时，A、B两根纤维的头端移距为a，可计算如下。

$$t = \frac{a_0}{V_2}$$

则：

$$a = V_1 t = a_0 \times \frac{V_1}{V_2} = a_0 E$$

式中：a_0、a分别为牵伸前、后两根纤维间的头端距离；E为牵伸倍数。

可见，在理想牵伸条件下，须条中任意两根纤维中的距离都是按照牵伸倍数放大了E倍，须条的条干不匀率没有因牵伸而变化，只是按牵伸倍数被抽长拉细。

2. 移距偏差

在实际牵伸中，喂入须条并非理想状态，须条并非都在同一个变速截面变速，变速点也不在前罗拉钳口线，则须条经牵伸后，须条中任意两根纤维的距离并非都是按照牵伸倍数放大了E倍，而是产生了一定的移距偏差，所以，须条经牵伸后不匀率总是增加的。

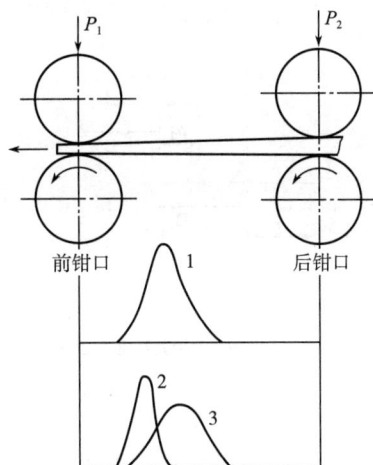

图3-31　罗拉牵伸区内纤维的变速点分布

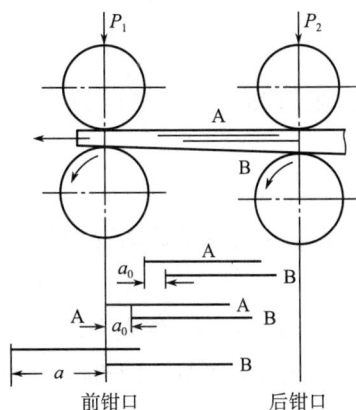

图3-32　理想牵伸时纤维的头端移距

如图 3-33 所示，可得两根原始头端距离为 a_0 的纤维 A、B，分别在牵伸区中相距 X 的不同截面 X_1—X_1'和 X_2—X_2'处变速。

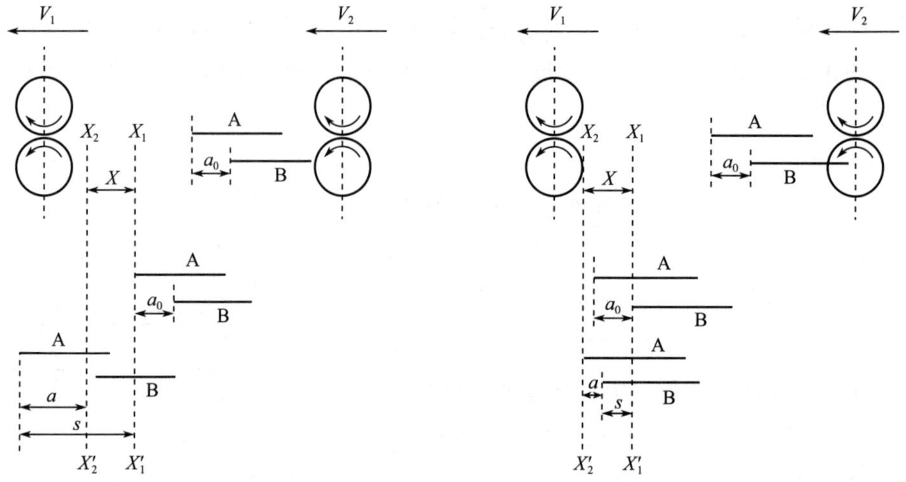

（1）领先纤维先变速   （2）落后纤维先变速

图 3-33 纤维头端在不同位置上变速时的移距

（1）当领先的纤维先变速。即 A 在 X_1—X_1'处由原来的慢速 V_2 变成快速 V_1 运动，B 纤维经过 t 时间后，到达 X_2—X_2'处才由慢速 V_2 变成快速 V_1。则，牵伸后，A 与 B 的头端距离为 a 可计算如下：

A 到达变速点后，B 到达其变速点（X_2—X_2'）所需的时间为：

$$t = \frac{a_0 + X}{V_2}$$

而在 t 时间内，A 又由 X_1—X_1'向前运动了 s 距离：

$$s = V_1 t = V_1 \frac{a_0 + X}{V_2} = E(a_0 + X)$$

因此，A 与 B 的距离变为：

$$a = s - X = E(a_0 + X) - X = Ea_0 + (E - 1)X$$

（2）当落后的纤维先变速。即 B 在 X_1—X_1'处由慢速 V_2 变成快速 V_1，而 A 纤维经过 t 时间后，到达 X_2—X_2'处，即也由慢速变为快速。此时，两者的头端距离可以计算如下：

B 到达变速点后，A 到达其变速点（X_2—X_2'）所需的时间为：

$$t = \frac{X - a_0}{V_2}$$

而在 t 时间内，B 又由 X_1—X_1'向前运动了 s 距离：

$$s = V_1 t = V_1 \frac{X - a_0}{V_2} = E(X - a_0)$$

因此，A 与 B 的距离变为：

$$a = X - s = X - E(X - a_0) = Ea_0 - (E - 1)X$$

因此，任意两根初始头端距离为 a_0 的纤维在牵伸后，形成的新的头端移距可归纳为：

$$a = a_0 E \pm X(E - 1)$$

式中：$a_0 E$ 为须条经 E 倍牵伸后纤维头端的正常移距，$\pm X$（$E-1$）为牵伸过程中纤维头端在牵伸区中不同截面变速而引起的移距偏差，X 为不同变速截面间的距离。

当移距偏差为"正"时，表示领先的纤维先变速，则牵伸后纤维的头端移距进一步拉大（比理想牵伸时大），则牵伸后的须条比正常值细；反之，当移距偏差为"负"时，表示落后的纤维先变速，则牵伸后纤维的头端移距有所缩小（比理想牵伸时小），则牵伸后的须条比正常值粗。

在实际牵伸中，各纤维的变速是波动的，有时是领先纤维先变速，有时是落后纤维先变速。此外，变速点间的距离 X 也是变动的。因此，纤维牵伸后，其排列比原来有所恶化，条子的不匀率增加。由上式可以看出，牵伸后条子不匀程度与变速点的波动和牵伸倍数的大小是正相关的。

（五）牵伸过程中纤维的伸直

1. 伸直系数和弯钩

纤维的弯钩及其伸直系数如图 3-34（1）所示。纤维的弯曲程度可由伸直系数 η 表示如下：

$$\eta = \frac{l}{L}$$

式中：L 为纤维的实际长度（伸直但不伸长的长度）；l 为纤维的投影长度。η 的数值大则表明该纤维伸直程度高。显然，$1 \geqslant \eta \geqslant 0.5$。

通常，将弯钩纤维中长的部分称为主体，短的部分则称为弯钩，弯钩与主体相连接点称为弯曲点。根据纤维的运动方向分为前弯钩纤维和后弯钩纤维，如图 3-34（2）、（3）所示。

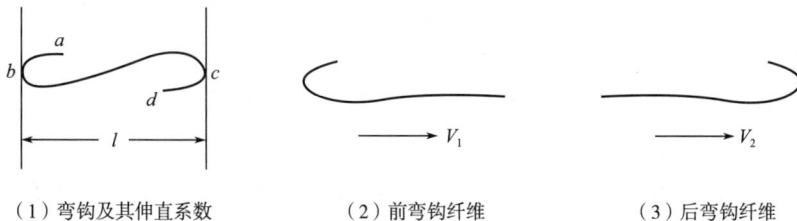

（1）弯钩及其伸直系数　　　　　（2）前弯钩纤维　　　　　（3）后弯钩纤维

图 3-34　纤维的弯钩及伸直系数

2. 牵伸过程中纤维伸直的基本条件

在牵伸过程中，纤维的伸直就是纤维自身各部分间发生相对运动的过程。

在须条中纤维的形态一般分为三类，即无弯钩的卷曲纤维、前弯钩纤维和后弯钩纤维。

纤维伸直，必须具备三个条件，即速度差、延续时间及作用力。主体与弯钩之间产生速度差，根本原因是作用在主体与弯钩上的作用力不同，其速度差还必须具有一定的延续时间，才能使纤维完全伸直。后弯钩纤维的伸直过程如图 3-35 所示。

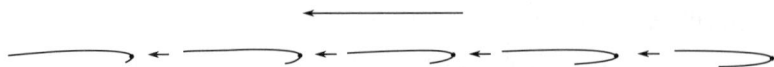

图 3-35 后弯钩纤维的伸直过程

无弯钩的卷曲纤维的伸直过程容易实现，当纤维的前端进入变速点后，前端与其他部分便产生相对运动，纤维即开始伸直；但是有弯钩纤维的伸直过程较为复杂。如图 3-36 所示，R 表示纤维理论变速点 M 与前钳口的距离。纤维理论变速点就是指在该点处，由于纤维受到的引导力和控制力是相等的，从而该点是最有可能开始变速的点。弯钩的消除过程，即弯钩纤维的伸直过程，应看作是主体与弯钩产生相对运动的过程。主体与弯钩如同时以快速或慢速运动，都不能使弯钩消除。

3. 牵伸对弯钩纤维伸直的效果

由于牵伸区中后部慢速纤维数量多，前部快速纤维数量少，变速点靠近前钳口，故一般来说，后弯钩易被伸直，而前弯钩不易被伸直。

牵伸倍数不同，其变速点位置不同，如图 3-36 所示，M 为牵伸倍数小时的变速点，其距前钳口的距离 R 远，而 M' 为牵伸倍数大时的变速点。

对于前弯钩纤维，如图 3-36（1）所示，当牵伸倍数较小，弯钩部分的中点到达变速点 M 时，弯钩部分则开始变速，从而与仍保持慢速运动的主体部分产生相对速度，实现弯钩的伸直。如图 3-36（2）所示，当牵伸倍数较大时，弯钩部分的中点还未到达变速点 M'，但弯钩的头端（弯曲点）已经到达前钳口，此时弯钩和主体部分一起被前钳口握持而同时变成快速运动，伸直过程提前结束，伸直的延续时间缩短，不利于弯钩的伸直。这表明前钳口对前弯钩纤维伸直具有消极的干扰作用，而且牵伸倍数增大，对消除前弯钩是不利的。

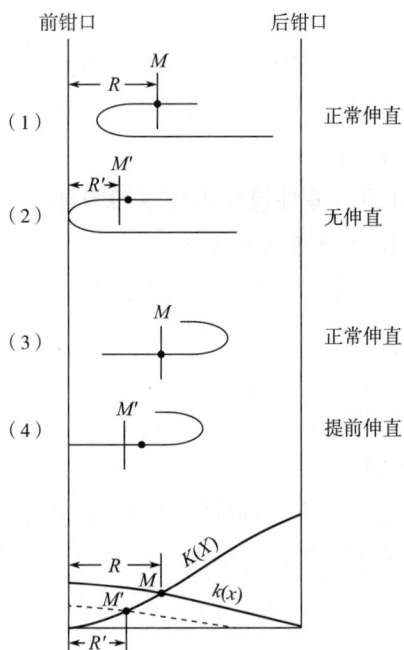

图 3-36 牵伸过程中纤维的伸直

对于后弯钩纤维，如图 3-36（3）所示，牵伸倍数较小时，变速点为 M，距前钳口的距离较远，当主体部分的中点到达变速点 M 时，主体部分则开始以快速运动，此时弯钩部分仍以慢速运动，伸直开始，直至弯钩的中点到达变速点变成与主体部分同速时，伸直结束。如图 3-36（4）所示，牵伸倍数较大时，变速点为 M'，距离前钳口较近，此时，主体部分的中点还未到达变速点 M'，但其头端已经到达前钳口，使主体部分提前变为快速运动，即弯钩伸直提前开始，伸直的延续时间加长，从而有利于弯钩的彻底消除。这表明前钳口对后弯钩纤维伸直具有积极的干扰作用，而且牵伸倍数增加，对消除后弯钩是有利的。

牵伸倍数对弯钩纤维伸直效果的影响如图 3-37 所示，其中横坐标为牵伸倍数 E，纵坐标为牵伸后的伸直系数 η'，曲线上的 η 为牵伸前的伸直系数。由于前钳口对后弯钩纤维伸直的积极干扰作用，牵伸对后弯钩纤维的伸直效果比较明显，随着牵伸倍数的增大，后弯钩纤维的伸直系数总是随之增大。对于前弯钩纤维，当牵伸倍数较小时，随着牵伸倍数的增大，前弯钩纤维的伸直系数也增大，如图 3-37 中区域①所示；但是当牵伸倍数较大时，由于前钳口对前弯钩纤维伸直的消极干扰作用，前弯钩纤维的伸直效果反而随着牵伸倍数的增大而减小，如图 3-37 中区域②所示；当牵伸倍数更大时，前弯钩纤维几乎没有伸直，如图 3-37 中区域③所示。因此牵伸对前弯钩纤维的伸直作用是十分有限的，仅在牵伸倍数较小（$E < 3$）时，才有一定的伸直作用。

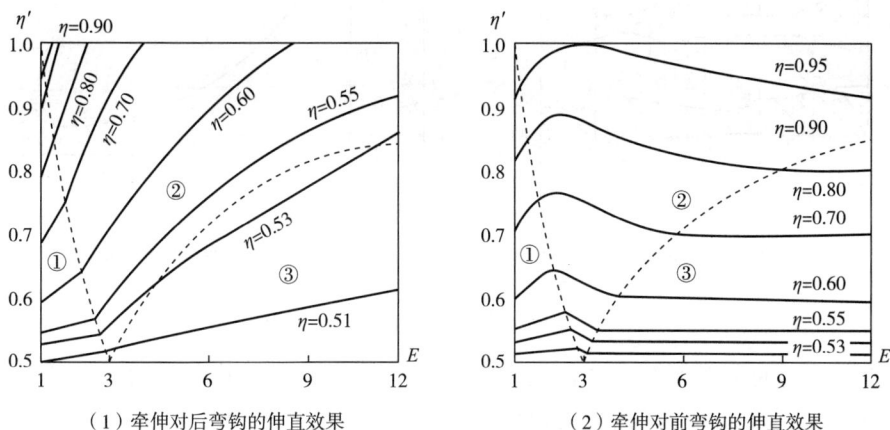

（1）牵伸对后弯钩的伸直效果   （2）牵伸对前弯钩的伸直效果

图 3-37　牵伸倍数对弯钩纤维伸直效果的影响

从直观上来分析，弯钩的伸直主要是靠纤维之间的相互摩擦作用完成的。牵伸过程中，快速纤维从慢速纤维中抽出，纤维后端受慢速纤维的摩擦而伸直；慢速纤维的前端受快速纤维的摩擦也有伸直机会，但慢速纤维的数量比快速纤维多，所以纤维后端受到的摩擦力更大，后弯钩更易于消除。

二、并合的基本原理

并合是将两根或两根以上的须条，沿其轴向平行地叠合起来成一整体的过程。并合后须条集合体的均匀度不论是短片段还是长片段均会得到改善。同时也使须条中的不同种纤维得到混和。在毛精纺系统中，并合作用主要在针梳机上完成。

（一）并合与须条不匀的关系

现以最简单的两根条子并合为例加以说明。如图 3-38（1）所示为最简单的两根条子 a、b 并合成为条子 c。把每根条子划为 6 个有粗有细，也有粗细适中的片段。当 a、b 两根条子并合时，当粗段同细段并合（如片段 5 和片段 6）时，有着明显的均匀作用；当粗段同粗段（如片段 1）或细段同细段（片段 3）相并合，不匀虽没有改善，但也没有恶化。然而这两种情况是小概率情况，因为并合是随机性的，多数情况是粗段与较细段或粗细适中的条子（片段 2 和片段 4）相并合，致使并合后条子的单位长度重量或粗细的差异有所减小。这种差异减少的程度与并合数有关。根据数理统计原理，n 根条子随机并合时，若它们的不匀率相等，都为 C_0，则条子并合前后不匀率的关系可用下式表达：

$$C = \frac{C_0}{\sqrt{n}}$$

式中：C 为并合后的条子不匀率；C_0 为并合前的条子不匀率；n 为并合根数。

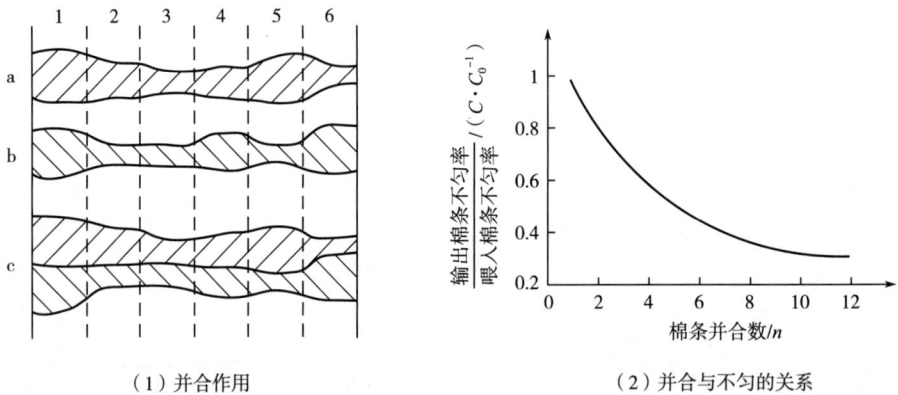

（1）并合作用　　　　　　　　　　（2）并合与不匀的关系

图 3-38　并合

并合数与不匀的关系如图 3-38（2）所示，图中曲线表示并合后的不匀率随着并合倍数的增加而降低，但从曲线的斜率可以看出，当并合数 n 较小时，增加 n 可显著地减少不匀，而当 n 增加到一定值时，不匀的减少就不显著了。另外，并合数越多，以后的牵伸负担越重，而牵伸倍数的增加又会使纤维条均匀度变差，故并合数不宜过多，一般选 6~8 根。

（二）并合与牵伸的关系

并合在一定程度上会改善须条不匀的效果，但并合后纱条变粗，又必须施加一定的牵伸使之变细，从而又附加了不匀。牵伸与并合对纱条不匀来说是彼此联系而又相互制约的。

在纺纱过程中，对某台设备而言，牵伸与并合不是同时进行的。可以先牵伸后并合，也可以先并合后牵伸。例如，并条机的喂入方式，大多采用平行喂入，从表面上看纱条在进入牵伸机构前就已经并合在一起，但从实际上看，由于喂入的各根条子是平行的，而不是叠合成一束喂入的，故这种牵伸对各根纱条是单独起作用的，属于先牵伸后并合。牵伸与并合的次序对纱条均匀度的影响可推导如下。

设：将 n 根不匀率为 C_0 的须条分别经过并合与牵伸，牵伸中产生的附加不匀率为 $C_{附}$。

先牵伸后并合时，最终须条的不匀率为：

$$C^2 = \frac{C_0^2 + C_{附}^2}{n}$$

先并合后牵伸时，最终须条的不匀率为：

$$C^2 = \frac{C_0^2}{n} + C_{附}^2$$

可见，采用先牵伸后并合所纺出纱条的不匀率要小于先并合后牵伸所纺出纱条的不匀率。即采用先牵伸后并合的工艺可以得到不匀率更小的产品。

三、针梳机

（一）针梳机的分类

针梳机按照驱动方式可分为螺杆式针梳机、链条式针梳机和回转式针梳机。

1. 螺杆式针梳机

如国产 B423 型针梳机和法国 NSC. GN6 型针梳机等。

螺杆式针梳机又分为开式、交叉式和半交叉式三种。

（1）开式针梳机（图 3-39）。梳理工作区内控制纤维的针排只有下针排（如国产 B452 型针梳机）。

（2）交叉式针梳机（图 3-40）。梳理工作区内控制纤维的针排由上下两排针排交叉组成（如国产 B303 型针梳机和法国 NSC. GN6 型针梳机等）。

（3）半交叉式针梳机（图 3-41）。梳理作用区有一副下针排以及在下针排接近前罗拉附近一段长度上配置有上针排，这种针梳机使用较少。

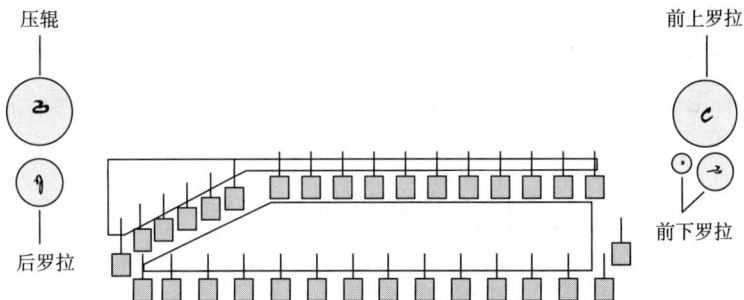

图 3-39　开式针梳机

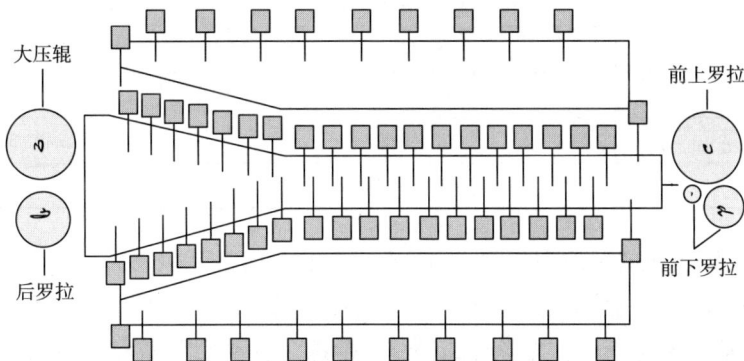

图 3-40　交叉式针梳机

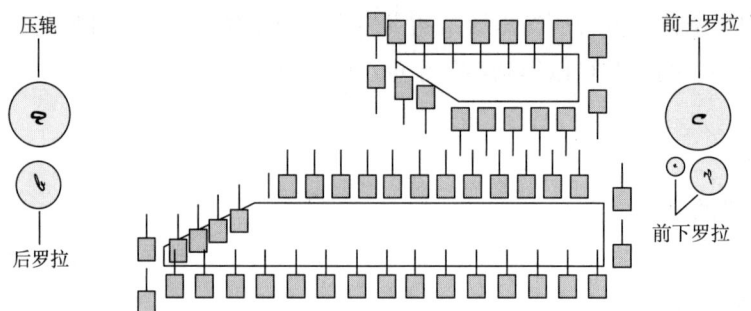

图 3-41　半交叉式针梳机

2. 链条式针梳机

如意大利圣安德烈公司 SN 型针梳机。

3. 回转式针梳机

如意大利萨维奥公司 SC400 型针梳机。

以上三种针梳机中，链条式和回转式针梳机的优点是速度快、产量高，但梳针退出毛条时易把纤维弄乱，不适宜加工短纤维。螺杆式针梳机因其针梳作用区长，梳针插入和离开毛层为直上直下式，对各种纤维的适应性强，对毛条的梳理与均匀作用较好，故目前针梳机以螺杆式较为普遍。

（二）针梳机的组成

目前，国内各毛条厂主要使用国产 68 型和法国 NSC 公司的交叉式螺杆针梳机。其主要技术特征见表 3-9。

表 3-9　典型的交叉式螺杆针梳机的主要技术特征

项目	国产 68 型针梳机	法国 NSC. GN6 型针梳机
牵伸形式	单区针板牵伸	单区针板牵伸
工作螺杆直径/mm	50	35
针板击落次数/（次·min⁻¹）	800~1000	2000
每头针板数/块	88（18—26—26—18）	72（17—19—19—17）
牵伸倍数	5~12	4.5~13.0
前罗拉出条速度/（m·min⁻¹）	40~80	80~120
最大喂入重量/（g·m⁻¹）	240~300	240~300
出条形式	条筒或成球	条筒或成球

国产 B305 型针梳机的示意图如图 3-42 所示。毛条由条筒引出后经导条叉、导条棒，再经导条辊和导条压辊（一般同时充当断条自停装置）后进入后罗拉，毛条经交叉针板梳理和前后罗拉牵伸后从前罗拉输出，靠卷绕滚筒绕成毛球（或靠圈条器导入毛条筒内）。

针梳机一般由喂入部分、牵伸部分和出条部分组成。

1. 喂入部分

根据喂入卷装形式的不同，有毛球喂入与条筒喂入（图 3-43）两种。

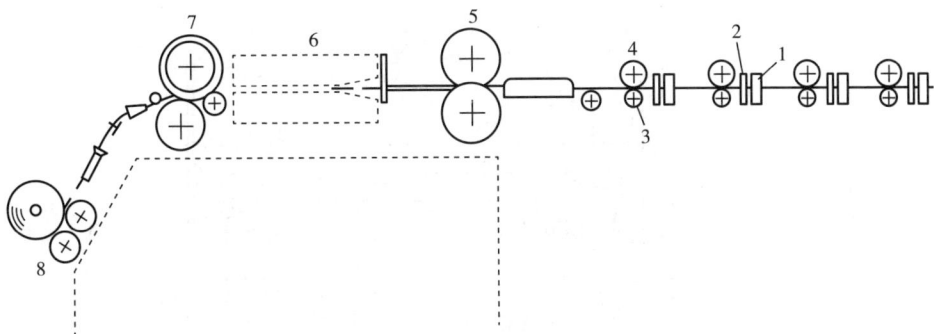

图 3-42 B305 型针梳机

1—导条棒 2—导条叉 3—导条辊 4—导条压辊 5—后罗拉 6—梳箱 7—前罗拉 8—卷线辊筒

图 3-43 针梳机条筒喂入

2. 牵伸部分

该部分是针梳机实现牵伸、梳理作用的主要机构，由梳箱与针板及前后罗拉等组成。针梳机梳箱结构图如图 3-44 所示。当毛条由后胶辊和后罗拉送向梳箱时，由上下两个工作螺杆传动的上下两层针板刺入毛层，以接近后罗拉的速度，将毛层送向前罗拉组成的钳口。前罗拉以高于后罗拉 5~12 倍的速度将握持的纤维从针板中拉出。被前钳口握持的纤维由于受到针板钢针的梳理阻力，尾部被拉直，出机毛条也被抽长拉细，从而完成了对毛条的牵伸和梳理作用。

码 3-4
梳箱

（1）梳箱与针板。交叉式针梳机的梳箱由上下两组针排组成，梳箱如图 3-45 所示。上针排区称为上梳箱，下针排区称为下梳箱，上下梳箱用铰链联结。上梳箱可通过脚踏油泵装置开启，以便调试或装卸针板。

B305 型交叉式针梳机有 88 块针板，分别安装在上下梳箱里。上梳箱有两层针板（第一层 18 块，第二层 26 块），下梳箱也有两层针板（第一层 26 块，第二层 18 块）。针板由 20 铬钼合金结构的钢薄板制成，钢板上面植有圆截面或扁截面钢针，针齿可焊植或用塑料针片整体插入针床，针板两端呈斜形榫头，并各配有一个直径为 16mm 的小孔，以减轻针板重量，针板如图 3-46 所示。

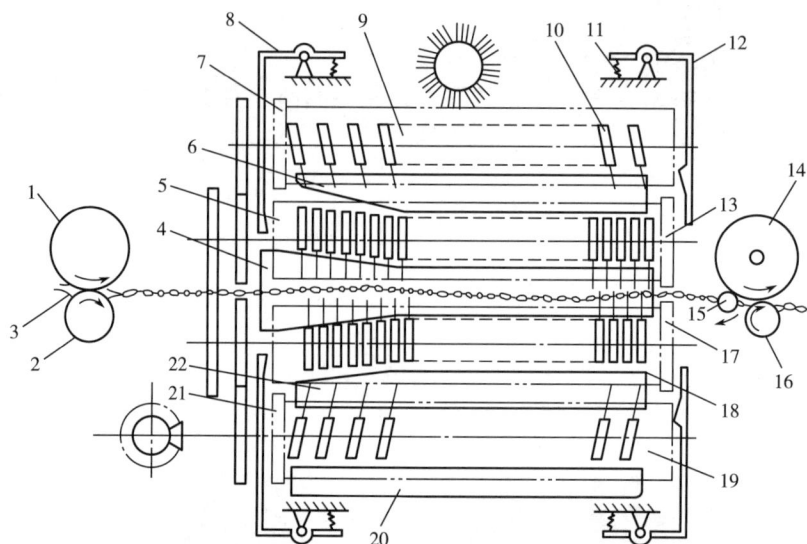

图 3-44 针梳机梳箱结构图

1—后胶辊 2—后罗拉 3—毛条 4, 6, 20, 22—导轨 5, 18—工作螺杆 7, 13, 17, 21—打手
8—后挡板 9, 19—回程螺杆 10—针板 11—弹簧 12—前挡板 14—前上罗拉 15, 16—前下罗拉

图 3-45 梳箱

图 3-46 针板

控制毛层运动的针排称为工作针排，其螺杆称为工作螺杆；返回针排称为回程针排，其螺杆称为回程螺杆。工作螺杆的导程较小，安置针板 26 块，既可以保证纵向的针密，又能使针板尽量垂直插入纤维中，从而有利于控制纤维的运动。回程螺杆仅使针板连续运动，导程较大，安置 18 块针板，以减少梳箱的针板块数。

在牵伸过程中，当前罗拉握持纤维高速行进时，纤维不仅受到邻近纤维的摩擦作用，也受到针排的控制及理直作用。在前后罗拉之间的牵伸区域中，上下两层针排的针板连续地交叉刺入毛层，而且随着毛层的减薄，针板交叉刺入的深度逐渐增加，对纤维的控制作用不断加强。在距前罗拉不远的地方，针板脱离毛层返回至后罗拉附近，以便重新刺入毛层。针板的这种往复循环运动，是依靠上下螺杆与凸轮机构实现的。

（2）前罗拉。前罗拉采用一上二下的品字形排列，前上胶辊为直径 78mm 的丁腈胶辊，前下罗拉由直径为 67mm 及 24mm 的两根罗拉所组成。这样，既可加宽前罗拉对纤维的控制面，又能使小罗拉尽量靠近针板，减小无控制区的长度，以利于控制短纤维。

针梳机的主牵伸发生在前罗拉和针板之间。前罗拉要从针板中顺利地拔取纤维，其钳口应有足够的握持力。68 型针梳机用脚踏两用油泵给前罗拉加压，两用油泵还可用来抬起上梳箱。使用油泵时要注意，当需要抬起上梳箱时，一定要将通往前罗拉的分配阀关闭；反之，当开车需要给前罗拉加压时，一定要把抬起上梳箱的分配阀关闭。两个系统不能同时工作。

在前上罗拉两轴端，各有一个加压装置，当前罗拉加压时，油进入前罗拉油管。由于油压将活塞向下压，活塞体上的凸端即顶住前上罗拉的轴端，对前罗拉进行加压。当需要释压时，可拨动卸压手柄，使油流回油缸内，弹簧即回复原状，活塞向上抬起。

3. 出条成形部分

68 型针梳机的出条成形有两种形式，一种是毛球卷绕成形，如 B305 型、B305A 型、B306 型和 B306A 型针梳机；另一种是圈条成形，如 B302 型、B303 型和 B304 型针梳机。

（1）毛球卷绕成形。如图 3-47 所示，毛球卷绕成形是通过毛球与卷绕辊筒接触摩擦产生的回转运动和假捻器的往复运动而实现的，可形成交叉卷绕的毛球。此成形装置主要由滑盘、喇叭口和卷绕滚筒等机件组成。

（2）圈条成形。圈条成形通过圈条器和毛条筒之间的相对回转运动，将毛条铺叠到毛条筒内。其装置主要由圈条盘、小压辊、条筒底盘以及毛条筒等组成。

图 3-47　毛球卷绕成形

四、针梳工艺设计

针梳工艺是毛条制造工艺设计中的重要组成部分。其工艺设计包括以下内容。①根据不同的原料确定其加工流程。②确定各道针梳机的牵伸倍数、出条重量和并合根数。③为了保证产品质量，还必须考虑各道针梳机的隔距、前后张力牵伸、罗拉加压和针板规格等工艺技术条件。

（一）理条针梳工艺设计

1. 工艺道数

理条针梳除了通过并合、牵伸来改善梳毛下机毛条的横、纵向混和均匀程度以及改变毛条单重以符合精梳机喂入需求之外，还有消除梳毛下机毛条中纤维弯钩的作用。所谓弯钩是指纤维两端沿其轴向（长度方向）没有伸直而呈现的折回状态。若以纤维运动的方向为前，纤维弯钩又分为前弯钩、后弯钩和前后双弯钩。由于梳毛机梳理方式的局限和梳针抓取转移纤维的必然结果，梳毛机下机毛条中不可避免地存在大量弯钩状纤维，其中以后弯钩纤维居多。为了充分发挥精梳机去短留长和平行顺直的梳理作用，避免弯钩状纤维被当作短纤维去除，必须在精梳前将毛条中的弯钩纤维尽量梳理顺直。

一般加工细支毛条时，采用头针、二针、三针三道理条；加工纤维弯钩少的粗支毛条或化纤条时，则采用头针、三针即可。

2. 牵伸倍数

理条针梳的牵伸倍数，由头针到三针是逐渐加大的。因为梳毛机刚下机的毛条结构松散、强力低、纤维排列紊乱、平行伸直度差，故头针应采用较小的牵伸倍数（一般在 6 倍以下），否则，条干均匀度会很差。二针是在头针对纤维梳理顺直的基础上进行工作的，这时毛条结构和纤维状态已得到改善，故可提高牵伸倍数（一般为 6~7 倍）。三针下机毛条是供应精梳机的，要求纤维有较好的平行顺直程度，故牵伸倍数可以再大些（一般在 8 倍左右），但要注意条干均匀，否则，精梳机上拉毛现象较为严重。

3. 并合根数

并合根数通常依据梳箱的最大喂入负荷及设备的最多并合根数而定，同时兼顾条子的均匀度和设备的牵伸能力以及前后工序的供给衔接。增加针梳机的并合根数，有助于改善毛条条干及结构的均匀度。但并合根数受针箱喂入负荷与机器最大并合根数的限制，而且过多的并合根数又会增加牵伸负担，牵伸倍数过大反过来又会影响毛条条干。68 型针梳机中最大并合根数为 8~10 根。

4. 出条重量

理条针梳主要是控制三针的出条重量，一般为 7~12g/m。因为精梳机的喂入毛条不能太厚，所以要考虑钳板的夹持能力，避免拉毛现象的产生。

5. 隔距

针梳机的隔距有总隔距和前隔距两种。总隔距是指前后罗拉握持线之间的距离，要大于最长纤维的长度，一般不变动；前隔距是指前罗拉握持线到第一块针板之间的距离，依据所加工纤维长度不同进行调整。前隔距大，无控制区就大，不受控的浮游纤维多，会降低毛条的条干均匀度，条子表面发毛；前隔距小，会造成牵伸不开或纤维拉断损伤现象。加工较长纤维或喂入负荷较大时，采用较大前隔距；加工较短纤维或喂入负荷较轻时，采用较小前隔距。头针喂入的毛条中纤维伸直度差，三针出条重量较轻，前隔距应偏小掌握。一般前隔距根据毛条中纤维平均长度 L 而定，具体可为 $L/2\pm$（5~10）mm。68 型针梳机的前隔距配置见表 3-10。

表 3-10　68 型针梳机的前隔距配置

原料种类	前隔距/mm				
	B302	B303	B304	B305	B306
一至四级改良毛	35	35	35	40	40
西宁毛	45	45	45	50	50
新西兰毛	50	50	50	55	55
腈纶	45	45	45	35	—

（二）整条针梳工艺设计

整条针梳的工艺，主要是针对精梳机下机毛条的结构特点和精梳毛条的产品要求设置的。

1. 工艺道数

整条针梳主要以并合、牵伸来改善精梳下机毛条的结构均匀度和条干均匀度，一般需要四针和末针两道针梳。

2. 牵伸倍数

四针的牵伸倍数不宜过大，因为精梳下机毛条结构松散、周期不匀、强力很低，通常控制在约 7 倍；在末针中加大牵伸，可达到约 8 倍。

3. 出条重量

由于整条针梳的产品是成品毛条，因此主要掌握末针的出条重量，以符合产品规定为准。

4. 隔距

精梳后毛条的纤维伸直度较好，平均长度得到提高，整条针梳的前隔距可适当放大，这样有利于减少纤维损伤。

5. 张力牵伸

张力牵伸包括前张力牵伸和后张力牵伸两部分。前张力牵伸是指出条罗拉与前罗拉之间的牵伸，其变化主要影响下机毛条条干的均匀；后张力牵伸是指后罗拉到针板间的牵伸，它既影响条子的条干均匀，又关系到针板的负荷。生产中要根据原料的品种和性能状态，选择适当的牵伸及张力变换齿轮，确定合适的张力。针梳机后速比通常控制在 0.85~1，使纤维以松弛状态进入针板梳理区，有利于钢针的刺入，可减少纤维损伤。但是，不能过于松弛，否则会使纤维浮于针面，得不到有效梳理。

6. 罗拉加压

前罗拉具备足够的压力是完成牵伸握持的先决条件之一，压力不足，会影响牵伸的正常进行，使出机毛条粗细不匀。应根据原料种类选择压力，加工羊毛时，选择 79~98N/cm^2；加工化纤时，则增加到 98~118N/cm^2。低速针梳机采用杠杆加压机构，压力的大小可由重锤在加压杠杆上的位置和个数来调节；高速针梳机采用油泵加压，压力大小可由油压阀门来调节。

7. 针板规格

针板是针梳机控制纤维运动和梳理纤维的重要部件。针板钢针的粗细疏密，应随原料不同以及加工流程而变化。细支毛条和较轻负荷用较细密的针板。较粗纤维和重负荷用较粗稀的针板。随着加工流程进展,针板的细密程度也要逐渐增加。高速针梳机采用扁针,以加强对纤维的控制作用。各道高速针梳机采用的针板规格见表3-11。

表 3-11 各道高速针梳机的针板规格

机型	针板规格			
	扁针针号/(B. W. G.)	针幅/mm	针密/(针·25.4mm^{-1})	梳箱针板数
头针(B302)	16/20	193	7	104
二针(B303)	16/20	193	7	104
三针(B304)	16/20	193	10	104
四针(B305)	16/20	193	10	104
末针(B306A)	17/23	193	13	104

注 针板的号数是指每2.54cm(英寸)针板上的针数,应随原料品种和加工流程而变化。

五、针梳质量控制

(一)针梳毛条需要控制的质量指标

(1)条干均匀,无明显粗细节。

(2)出条重量符合要求,不能有过大差异。如支数毛条精梳前的重量公差为±1g/m,精梳后的重量公差为±0.5g/m,级数毛条的重量公差为±1.5g/m。

(3)重量不匀率,支数毛条不大于3%,级数毛条不大于4%。

(4)毛条表面光洁。

(5)毛粒、毛片、草屑含量要少,符合国家标准规定。

(二)疵点成因及解决措施

1. 条干不匀

产生原因:针梳机牵伸倍数或前隔距设置过大,接头不良,前罗拉加压不稳,针板和罗拉绕毛或缺损。

解决措施:调整牵伸工艺,规范接头,加强设备维护保养。

2. 毛条重量不匀

产生原因:喂入毛条搭配不当或断条缺根,罗拉加压不均衡。

解决措施:调整喂入根数,加强巡回,调整罗拉加压。

3. 毛粒增加

产生原因:针板钢针弯曲带钩、钢针缺损等,头针、二针牵伸倍数过大,毛条通道不清洁、不光滑等。

解决措施:加强检修,调整牵伸倍数,认真执行清洁工作。

4. 毛条表面发毛

产生原因:毛条油水偏少,回潮率较低,静电大,纤维抱合力差;毛条通道挂毛。

解决措施：增加加油水量及抗静电剂量；清洁毛条通道。

5. 毛条中有牵伸硬头

产生原因：后区张力过大；纤维长度过长，纤维表面摩擦力大；毛条扭曲重叠喂入；罗拉压力不足等。

解决措施：减小后张力牵伸，加大前隔距，规范操作，增加前罗拉压力。

生产中应根据实际情况找出质量问题产生的原因，采取针对性措施加以解决。

六、新型针梳机

先进针梳机的发展目标一般包括：①通过提高速度来提高生产率。②简化设计，减少批量更改期间的停机时间。③使维护更简单。

以下介绍两种新型针梳机。

（1）VSN 单眼交叉式针梳机，如图 3-48 所示，该设备是由 Sant Andrea/Finlane 发明的，出条速度可达 450m/min，前隔距设置较短，改进了气流式清洗装置。

（2）法国 NSC 生产的 GC30 型针梳机，如图 3-49 所示，该设备改进了清洁装置，出条速度最高可达 1000m/min。

图 3-48　VSN 单眼交叉式针梳机

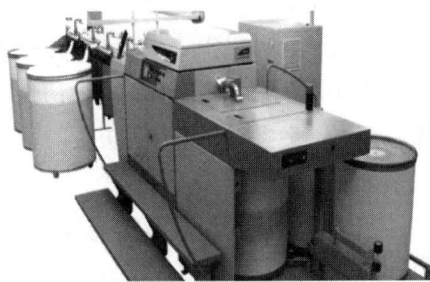

图 3-49　GC30 型针梳机

第六节　精梳

毛精纺系统中所使用的纤维原料长度长且长度整齐度差，需要采用精梳，以去除短纤维，降低毛条的长度不匀率。有时为提高产品质量还采用第二次精梳即复精梳。

一、精梳机的任务及分类

（一）精梳机的任务

（1）排除条子中的短纤维，以提高纤维的平均长度及整齐度，改善成纱条干，减少纱线毛羽，提高成纱强力。精纺毛纱生产中，30mm 以下的短纤维会影响纺纱性能，易使条干不匀，强力下降，细纱断头增加。

（2）排除条子中的毛粒、草屑以及杂质，以减少成纱疵点及细纱断头，提高成纱的外观质量。

（3）使条子中纤维伸直、平行和分离，以利于提高成纱的条干、强力和光泽。

（4）均匀、混和与成条。通过精梳准备、精梳机喂入（及输出）时的并合，精梳机中并合根数多达 20 根，对毛条有较强的混和与均匀作用，可使不同条子中的纤维充分混和与均匀，并制成精梳条，以便后道工序加工。

（二）精梳机的分类

按照精梳机的结构不同，主要可分为圆型精梳机和直型精梳机两种。

圆型精梳机对短纤维、毛粒、草杂的清除能力差，梳理去除的短毛较长，落毛率高，制成率低。

直型精梳机适合加工细而短的纤维，梳理工作是间歇式、周期性进行，去除杂质及毛粒的效果较好，精梳落纤率较低，精梳机的产量也相对较低。

目前主要应用的是直型精梳机，如国产 B311C 型精梳机、典型进口设备意大利圣安德烈公司生产的 P90 型精梳机。直型精梳机的工艺过程是周期性的往复运动，周期性地分别梳理纤维须丛的两端，再将梳理过的纤维丛与已梳理过又由拔取罗拉倒入机内的纤维网接合，从而使新梳理好的纤维丛输出机外。

在直型精梳机中，根据其拔取部分和喂入钳板部分的摆动方式不同，可分为三种，即后摆动式（钳板喂入部分摆动）、前摆动式（拔取部分摆动）及前后摆动式（拔取、钳板喂入部分都作前后摆动）。毛精纺用的精梳机一般属于前摆动式直型精梳机。

二、精梳机的组成及工艺过程

（一）精梳机的组成

以国产 B311C 型精梳机为例，如图 3-50 所示，主要由喂入机构、钳持机构、梳理机构、拔取分离机构、清洁机构和出条机构等组成。其实物图如图 3-51 所示。

（1）喂入机构。由条筒喂入架、导条板、喂毛罗拉、喂毛导条铜板、给进梳和给进盒等组成。

（2）钳持机构。由上、下钳板及铲板等组成。

（3）梳理机构。由圆梳和顶梳等组成。

（4）拔取分离机构。由拔取罗拉、拔取皮板和上、下打断刀等组成。

（5）清洁机构。由圆毛刷、道夫、斩刀和落毛箱等组成。

（6）出条机构。由出条罗拉、喇叭口和紧压罗拉等组成。

（二）精梳机的工艺过程

将 10 只毛条筒中的 20 根毛条，经导条辊导出后，按顺序穿过导条板 1 和 2 的孔眼，移至托毛板 3 上。毛条在托毛板上均匀地排列成毛片，喂给喂毛罗拉 4。喂毛罗拉做间歇性转动，使毛片沿着第二托毛板 5 作周期性的前进。当毛片进入给进盒 6 中时，受给进梳 7 上的梳针控制，喂给时给进盒与给进梳握持毛片，向张开的上、下钳板 8 移动一个距离，每次喂

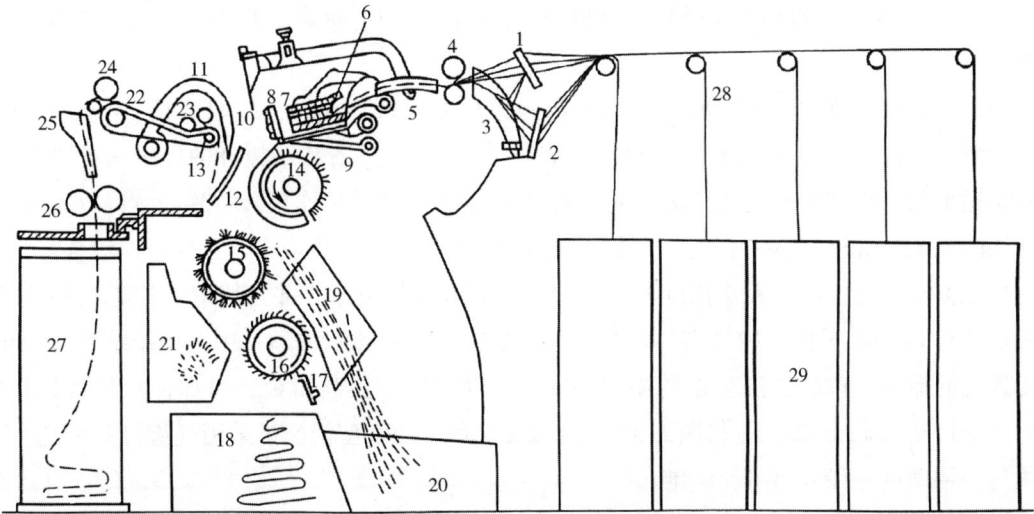

图 3-50 B311C 型精梳机

1，2—导条板 3，5—托毛板 4—喂毛罗拉 6—给进盒 7—给进梳 8—上、下钳板 9—铲板 10—顶梳
11—上打断刀 12—下打断刀 13—拔取罗拉 14—圆梳 15—圆毛刷 16—道夫 17—斩刀 18—短毛箱
19—尘道 20，21—尘杂箱 22—拔取皮板 23—拔取导梳 24—卷取光罗拉 25—集毛斗（喇叭口）
26—出条罗拉 27—毛条筒 28—导条辊 29—毛条筒

图 3-51 精梳机实物图

毛长度为 5.8~10mm。毛片进入钳板后，上、下钳板闭合，把悬垂在圆梳 14 上的毛片须丛牢牢地握持住，并由装在上钳板上的小毛刷，将须丛纤维的头端压向圆梳的针隙内，接受圆梳梳针的梳理，并分离出短纤维及杂质。此时钳板处于最低位置，与圆梳梳针间的距离约 1mm。圆梳上有 19 排针板，从第一排到最后一排，其针的细度和密度逐渐增加，且做不等速回转。这样可以保证圆梳对须丛纤维的头端具有良好的梳理效果，并能保护纤维少受损伤。

码 3-5
精梳机

纤维须丛经圆梳梳理后得以顺直。除去的短纤维及杂质，由圆毛刷 15 从圆梳针板上刷下来。圆毛刷装在圆梳的下方，其表面速度比圆梳快 3.1 倍，以保证清刷的效果。被刷下的短

纤维由道夫 16 聚集，经斩刀 17 剥下，储放在短毛箱 18 中；而草杂等经尘道 19，被抛入尘杂箱 20、21 中。

当圆梳梳理纤维须丛头端时，拔取车便向钳板方向摆。此时，拔取罗拉 13 做反方向转动，把前一次已经梳理过的纤维须丛尾端退出一个长度，以备和新梳理的纤维头端搭接。为了防止退出的纤维被圆梳梳针拉走，下打断刀 12 起挡护须丛的作用。

当圆梳梳理纤维须丛头端完毕，上、下钳板张开并上抬，拔取车向后摆至离钳板最近处，此时拔取罗拉正转，由铲板 9 托持须丛头端送给拔取罗拉拔取，并与拔取罗拉退出的须丛叠合而搭好头。此时，顶梳 10 下降，其梳针插入被拔取罗拉拔取的须丛中，使纤维须丛的尾端接受顶梳的梳理。拔取罗拉在正转拔取的同时，随拔取车摆离钳板，以加快长纤维的拔取。此时，上打断刀 11 下降，下打断刀 12 上升成交叉状（P90 型精梳机采用气流打断须丛），压断须丛，帮助进一步分离出长纤维。

纤维须丛被拔取后，成网状铺放在拔取皮板 22 上，由拔取导辊 23 将其压紧密，再通过卷取光罗拉 24、集毛斗 25 和出条罗拉 26 聚集成毛条后，送入毛条筒 27 中。由于毛网在每一个工作周期内随拔取车前后摆动，拔取罗拉正转前进的长度大于反转退出的长度，因而毛条周期性地进入毛条筒中。

三、精梳机的工作周期

B311C 型精梳机的机构较复杂，各主要部件之间必须紧密配合，才能准确地完成周期性动作，精梳机上圆梳回转一周称为一个运动周期，一个运动周期可以分为圆梳梳理、拔取前准备、拔取叠合与顶梳梳理、梳理前准备四个阶段，如图 3-52 所示。

（一）圆梳梳理阶段

从圆梳第一排钢针刺入须丛到最后一排钢针越过下钳板，此阶段称为圆梳梳理阶段。在这一时期内各主要工艺部件的动作和作用配合如下。①圆梳上的有针弧面从钳口下方转过，梳针插入须丛内，梳理须丛纤维头端，并清除未被钳口钳住的短纤维。②上、下钳板闭合，静止不动，牢固地握持住纤维须丛。③给进盒和给进梳退回到最后位置，处于静止状态，准备喂入。④拔取车向钳口方向摆动，然后处于静止状态。⑤顶梳在最高位置，并处于静止状态。⑥铲板缩回到最后位置，处于静止状态。⑦喂毛罗拉处于静止状态。⑧拔取罗拉反转，倒入一定长度的精梳毛网。⑨上、下打断刀关闭，然后静止。

此时期大部分机构处于静止状态，如图 3-52（1）所示。图中箭头表示机构处于运动状态，未用箭头表示的为静止状态。

（二）拔取前准备阶段

从梳理结束到拔取罗拉开始正转，此阶段称为拔取前准备阶段。在这一时期内各主要工艺部件的动作和作用配合如下。①圆梳继续转动，无梳理作用。②上、下钳板逐渐张开，做好拔取前的准备。③给进盒、给进梳仍在最后位置，处于静止状态。④拔取车继续向钳口方向摆动，准备拔取。⑤顶梳由上向下移动，准备拔取。⑥铲板慢慢向钳口方向伸出，准备托持钳口处的须丛。⑦喂毛罗拉处于静止状态。⑧拔取罗拉静止不动。⑨上、下打断刀张开，

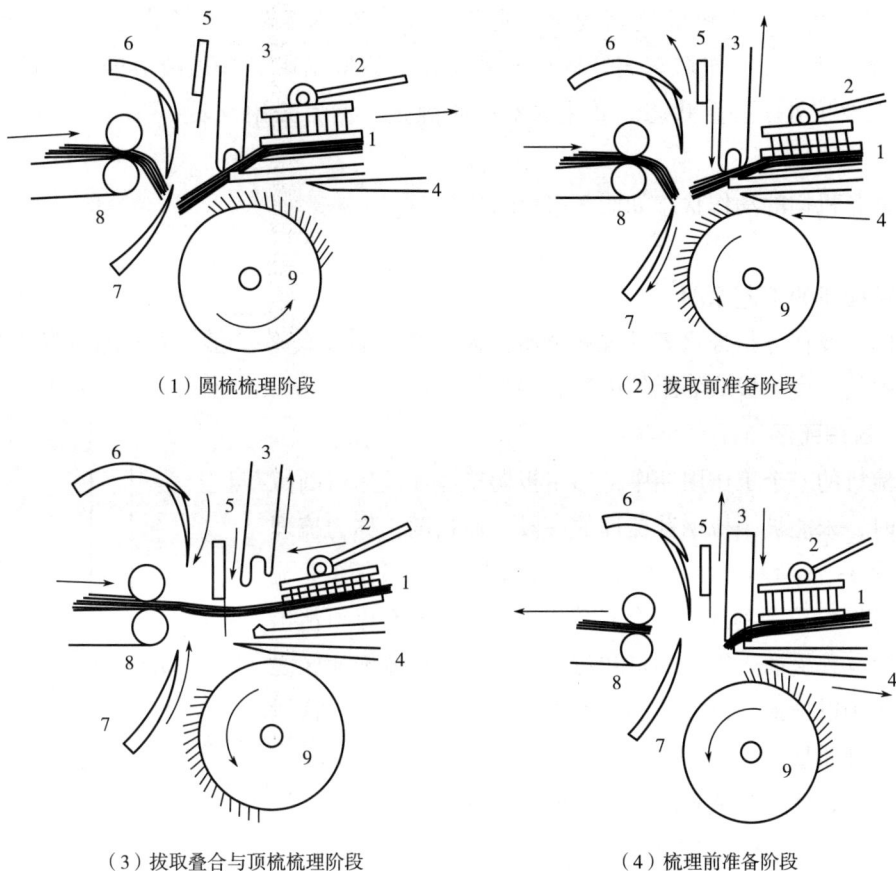

（1）圆梳梳理阶段 （2）拔取前准备阶段

（3）拔取叠合与顶梳梳理阶段 （4）梳理前准备阶段

图3-52 B311C型精梳机的工作周期

1—给进盒 2—给进梳 3—上钳板 4—铲板 5—顶梳 6—上打断刀 7—下打断刀 8—拔取罗拉 9—圆梳

准备拔取。

此时期各机构的动作状态如图3-52（2）所示。

（三）拔取叠合与顶梳梳理阶段

从拔取罗拉开始正转到正转结束，此阶段称为拔取叠合与顶梳梳理阶段。这一时期内各主要工艺部件的动作和作用配合如下。①圆梳继续转动，无梳理作用。②上、下钳板张开到最大限度，然后静止。③给进盒、给进梳向前移动，再次喂入一定长度的毛片，然后静止。④拔取车向钳口方向摆动，使拔取罗拉到达拔取隔距的位置，开始夹持住钳口外的须丛，准备拔取。⑤顶梳下降，刺透须丛并向前移动，做好拔取过程中梳理须丛纤维尾端的工作。⑥铲板向前上方伸出，托持和搭接须丛。⑦喂毛罗拉转过一个齿，喂入一定长度的毛片。⑧拔取罗拉正转，拔取纤维。⑨上、下打断刀由张开、静止到逐渐闭合。

此时期各机构的动作状态如图3-52（3）所示。

（四）梳理前准备阶段

从拔取结束到再一次开始梳理前，此阶段称为梳理前准备阶段。在这一时期内各主要工艺部件的动作和作用配合如下。①圆梳上的有针弧面转向钳板的正下方，准备再一次梳理工作开始。②上、下钳板逐渐闭合，握持须丛，准备梳理。③给进盒、给进梳在最前方，处于静止状态。④拔取车离开钳口向外摆动，拔取结束。⑤顶梳上升。⑥铲板向后缩回。⑦喂毛罗拉处于静止状态。⑧拔取罗拉先静止，然后开始反转。⑨上、下打断刀闭合静止。

此时期各机构的动作状态如图 3-52（4）所示。

四、精梳机的工艺原理

精梳的主要任务是排除短纤维和杂质，提高纤维的伸直平行度。精梳机的落纤率与梳理质量都与喂给长度、拔取隔距等因素有关。

（一）梳理死区

在精梳机的一个工作周期中，当钳板握持毛片须丛由圆梳进行梳理时，未能被圆梳钢针梳理的一段毛片长度，称为梳理死区，如图 3-53 所示。由于在每一个工作周期中都存在着梳理死区（即圆梳梳理不到的毛条长度），为了避免毛片须丛出现漏梳现象，顶梳插入须丛的最初位置，不应落在梳理死区之内。在生产中以顶梳与钳板的隔距为根据，靠前不靠后，这样才能保证梳理质量。

梳理死区长度 a 与梳理隔距 h 之间的关系为：

$$a = \sqrt{(r+h)^2 - r^2} = \sqrt{2rh + h^2}$$

梳理隔距越小，梳理死区长度越短，梳理质量越好。

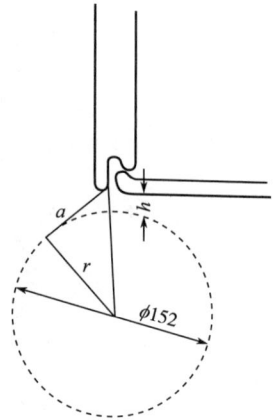

图 3-53 梳理死区

a—梳理死区长度 h—圆梳针尖与钳板之间的最小距离（也称为梳理隔距） r—圆梳的半径

（二）拔取隔距

理论拔取隔距是指在拔取车最靠近钳口时，拔取钳口线至钳板钳口线的最小距离，企业一般使用隔距板测得的名义拔取隔距，用 R' 表示，如图 3-54 所示。其值较理论隔距小，该隔距直接影响落毛率。

（三）喂给系数

毛精梳机的喂给部分主要由喂给罗拉、给进盒及给进梳组成。在喂给罗拉喂给一定长度毛层的同时，给进梳插入给进盒内的毛层中，并一起向前移动相同的距离；另外给进梳对被拔取的纤维的后端进行梳理。拔取结束后，给进盒抬起，并脱离毛层，退至原位。喂给与拔取同时进行，喂给长度与顶梳向前移动的距离相等。喂给系数 K 可用以下公式表示：

$$K = \frac{X}{F}$$

式中：X 为顶梳的动程（mm）；F 为喂毛长度（mm），即给进盒的动程。

一般情况下，拔取结束时顶梳移动的距离等于喂毛长度，$K=1$。

（四）喂给过程分析

毛精梳机的喂给过程如图 3-55 所示。

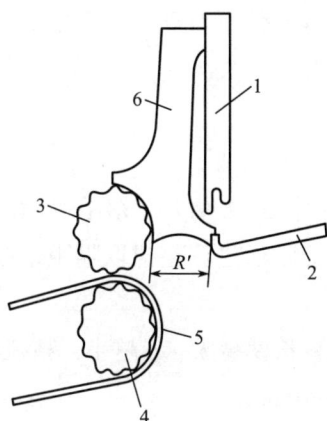

图 3-54 名义拔取隔距
1—上钳板 2—下钳板 3—上拔取罗拉
4—下拔取罗拉 5—拔取皮板 6—隔距板

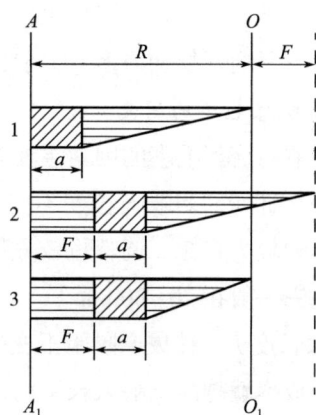

图 3-55 毛精梳机的喂给过程
1—须丛被锡林梳理结束时的状态
2—须丛被梳理后开始拔取的状态
3—须丛被拔取结束的状态
$A—A_1$—钳板钳口线 $O—O_1$—拔取罗拉钳口线
虚线—须丛最前端位置线
R—拔取罗拉钳口线至钳板钳口线的最小距离
（近似于拔取隔距）

锡林梳理结束时，伸出钳板钳口外的须丛长度为 R。未被钳板握持的纤维有可能进入落毛，有可能进入毛网。因此，进入落毛的最大纤维长度为：

$$L_1 = R$$

锡林梳理结束时，钳板钳口开启，开始拔取，向前喂入一定的毛丛长度 F，故进入毛网的最短纤维长度为：

$$L_2 = R - F$$

1. 分界纤维长度与理论落毛率

长度介于 L_1 和 L_2 之间的纤维，有的可能成为精梳纤维进入毛网，有的可能成为精梳落毛。为了计算方便，假设两者的机会相等，并取 L_1 和 L_2 的平均值为落毛长度分界线，分界纤维长度用 L 表示。

即

$$L = \frac{1}{2}(L_1 + L_2) = R - \frac{F}{2}$$

长度短于 L 的纤维进入精梳落毛中，长度长于 L 的纤维进入精梳毛网，因此理论落毛率可用下式表示：

$$Y = \sum_{L=0}^{L} g$$

式中：L 为纤维长度（mm）；g 为各组纤维的重量百分率（%）。

以上是在纤维完全伸直、机械工作状态十分理想等条件下对理论落毛率的分析。生产中实际落毛率所受影响要复杂得多，一般比理论落毛率大。

2. 影响精梳落毛率的因素

生产中影响精梳落毛率的因素主要有以下几个方面。

（1）拔取隔距 R。当喂入长度不变时，拔取隔距增大，L 增长，落毛率增加。拔取隔距对落毛率的影响较为直接，调整也较方便，故生产中经常通过调整拔取隔距来控制落毛率的大小，调整范围一般在 20~30mm。

（2）喂入长度 F。在拔取隔距不变的条件下，喂入长度越大，L 越小，精梳落毛就越少，精梳毛条的制成率就越高。喂入长度的调整范围为 6~10mm。

（3）毛条回潮率和含油率。精梳上机毛条的回潮率和含油率与精梳落毛率有关。实验表明，当上机毛条回潮率控制在 18%~20%、含油率控制在 0.6%~1% 时，纤维损伤较小，精梳落毛率最低。

（4）喂入纤维的伸直状态。喂入精梳机的毛条中纤维的弯钩多，精梳落毛率高。为了减少精梳落毛，必须增强精梳前各道针梳工序对纤维的梳理作用。

（5）机械状态和工艺技术条件。当机械状态不正常、工艺技术参数选择不当，如圆梳钢针缺针、歪针或针尖有毛刺以及各运动机件配合不当时，都会使落毛率增大。

（五）重复梳理次数

圆梳的梳理效果可以用重复梳理次数来表示。重复梳理次数是指喂入的毛条须丛，从接受圆梳梳理至被拔取罗拉拔离这一段时间里所受圆梳梳理的总次数，其计算公式如下。

$$n = \frac{R - a}{F}$$

式中：n 为圆梳的重复梳理次数；R 为拔取隔距（mm）；a 为梳理死区（mm）；F 为喂入长度（mm）。

从上式可以看出，喂入长度 F 越大，圆梳的重复梳理次数越少，梳理效果就越差。

五、精梳工艺设计

1. 毛条的喂入根数与总喂入量

喂入毛条的根数与总喂入量，影响精梳锡林对喂入毛条的梳理效果、精梳后毛条的均匀度及精梳机的产量。在并合数不变时，适当增加毛条的喂入总量可提高精梳机的产量；当总喂入量不变时，增加毛条的并合数，有利于改善精梳后毛条的均匀度。B311C 型精梳机喂入毛条的总根数不大于 20 根，毛条总喂入量不超过 200g/m。

在确定喂入根数和总喂入量时，应全面考虑精梳机的梳理质量、产量和工作能力。当梳理细羊毛和草杂、毛粒多的毛条或涤纶条时，喂入条重可较轻些，一般掌握在 7~8g/m；当梳理粗羊毛和草杂、毛粒少的毛条时，喂入条重可大些，一般掌握在 9~10g/m。

2. 喂入长度

在生产中应根据原料的不同，合理选择喂入长度。例如，当纺粗长毛时喂入长度可加大，纺细短毛时喂入长度可减小。一般精梳机的喂毛长度为 5.8~10mm。

喂入罗拉与导条辊的传动示意图如图 3-56 所示。上下喂入罗拉由弹簧杠杆加压，压力的大小由螺母调节。下喂入罗拉的轴端固定有棘轮，并活套装有掣子的三角形支板，掣子用来推动棘轮 4，弹簧片可使掣子和棘轮保持良好的接触。连杆靠螺钉使三角形支板和支架相连，通过连杆带动掣齿和导条辊传动棘轮 13 相啮合。支架和杠杆以喂给轴 O_1 为支点，由凸轮轴上的 2 号凸轮传动。弹簧使杠杆与 2 号凸轮保持紧密接触。当凸轮由小半径转向大半径时，杠杆抬高，使掣齿推动棘轮 13 转过一齿，喂入罗拉随之转动，喂入相应长度的毛层。B311C型精梳机喂入罗拉的喂入长度与所用原料及棘轮齿数的关系见表 3-12。

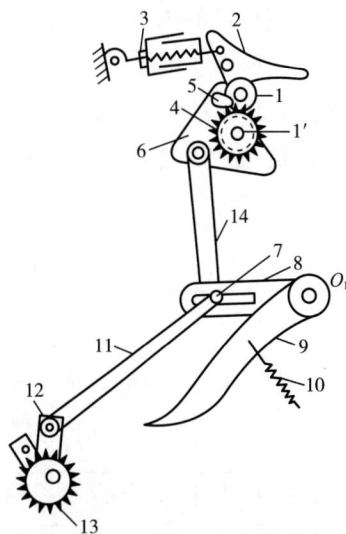

图 3-56 喂入罗拉与导条辊的传动示意图
1—上喂入罗拉 1′—下喂入罗拉 2—弹簧杠杆
3—螺母 4，13—棘轮 5—掣子 6—三角形支板
7—螺钉 8—支架 9—杠杆 10—弹簧
11，14—连杆 12—掣齿

表 3-12 各种原料的喂入长度与棘轮齿数的关系

原料	粗长毛	半细毛	细毛	杂质多或较短的细毛	细短毛	羔羊毛
棘轮齿数	13	15	17	19	20	23
每次理论喂入长度/mm	10.2	8.9	7.8	7	6.4	5.8

3. 拔取隔距

拔取隔距是精梳机中很重要的一个工艺参数，在生产中，改变拔取隔距是调整落毛率及梳理效果的重要手段。当所纺毛纤维长度长时，拔取隔距要大；纺细短毛纤维时，拔取隔距要小。一般所用的拔取隔距有：18mm、20mm、22mm、24mm、26mm、28mm、30mm 等规格，常用的有 26mm、28mm、30mm 三种。梳理粗长毛或黏胶纤维时，多用 28mm、30mm 两种；加工细支毛时常采用 26mm。

4. 出条重量

精梳机的出条重量随着原料的不同而变化，一般为 17~20g/m，加工细羊毛时为 17~18g/m，加工粗长羊毛和黏胶纤维时为 19~20g/m。

5. 梳针规格

精梳机圆梳和顶梳钢针的号数与针密的选择是保证梳理质量的重要条件，一般根据原料状态选用。

（1）圆梳梳针的选用。圆梳第1至第9排梳针的规格一般不随原料变化，但可分为粗毛和细毛两类，其针号和针密见表3-13。圆梳第10至第19排梳针的规格根据原料种类或纤维细度而变化，其针号和针密见表3-14。

（2）顶梳梳针的选用。顶梳梳针应根据原料的品种和细度选用，其针号和针密见表3-15。

表3-13　圆梳前9排梳针规格选用表

排次	植针角度/（°）	露出针长/cm	细毛				粗毛	
			B.W.G线规		S.W.G线规		B.W.G线规	
			针号	针密/（根·cm⁻¹）	针号	针密/（根·cm⁻¹）	针号	针密/（根·cm⁻¹）
1	37	7	16	4	17	5	16	4
2	37	7	17	5	18	6	16	4
3	37	7	18	6	19	8	17	5
4	37	7	19	7	20	9	17	5
5	37	7	19	7	21	10	18	6
6	37	6	20	8	22	12	19	7
7	37	6	20	8	22	12	21	10
8	37	6	23	12	23	14	21	10
9	37	6	23	12	24	14	22	12

表3-14　圆梳第10至第19排梳针规格选用表

排次		10	11	12	13	14	15	16	17	18	19
植针角度/（°）		39	39	39	39	39	39	39	39	39	39
露出针长/mm		5	5	5	5	5	4	4	4	4	4
细毛或3.33~4.44dtex化学纤维	针号（B.W.G）	24	24	25	25	26	27	28	29	29	—
	针密/（根·cm⁻¹）	16	16	18	18	20	22	26	28	28	
	针号（B.W.G）	24	24	25	25	26	27	27	28	28	—
	针密/（根·cm⁻¹）	16	16	18	18	20	22	22	26	26	
58~60品质支数毛或化学纤维	针号（B.W.G）	23	24	24	25	26	26	27	27	27	—
	针密/（根·cm⁻¹）	14	16	16	18	20	20	22	22	22	
三级、四级毛或5.55~6.66dtex化学纤维	针号（B.W.G）	23	24	24	25	25	25	26	26	26	—
	针密/（根·cm⁻¹）	14	16	16	18	18	18	20	20	20	

表 3-15 顶梳梳针规格选用表

种类		针长/cm	锥部长/cm	细毛或 3.33~5.55 dtex 化学纤维		三级、四级毛或 5.55~6.66 dtex 化学纤维			
				针号	针密/(根·cm⁻¹)	针号	针密/(根·cm⁻¹)	针号	针密/(根·cm⁻¹)
圆针(B.W.G)	第一种	16	9	28	27	27	22	26	20
	第二种	16	9	27	26	26	20	—	—
扁针(S.W.G)	第一种	17.5	9	20×27	22	19×26	20	—	—
	第二种	17.5	9	20×27	21	—	—	—	—

6. 搭接长度

如图 3-57 所示，分离纤维丛接合长度影响新、旧纤维丛的叠合，从而影响输出条的均匀度。分离丛长度 L 是指自分离开始至分离结束，分离（拔取）罗拉输出的纤维丛长度；接合长度 G 是指新旧分离丛的搭接长度；有效输出长度 S 是指分离罗拉每钳次输出的棉网长度，也可表示为分离丛长度与接合长度之差。接合长度 G 越大，接合牢固，毛网质量好，不容易破边。一般接合长度的范围为 $G=(2/3~3/5)L$，可根据工艺做进一步调节。

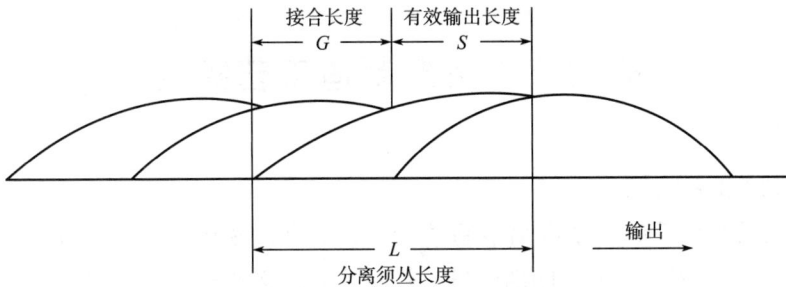

图 3-57 须丛的分离与接合

7. 顶梳位置以及深度

顶梳与拔取机构相配合，在拔取阶段时，顶梳梳理纤维的后端。为了防止漏梳，顶梳插入须丛的位置应稍前于圆梳已梳和未梳部分的分界线。一般在喂入结束时，顶梳应尽量靠近拔取罗拉，但又不能相碰，两者间的距离在生产中掌握在 0.5~1mm。

顶梳插入须丛的深浅以充分插透须丛为宜，防止部分纤维因顶梳未插入而得不到良好的梳理。但如果插入过深，会造成拔取困难，并且易损伤纤维，增加落毛量，损坏顶梳梳针，一般针尖透过须丛 2~3mm 即可。

六、精梳毛条质量控制

在精梳毛纺时，由于工艺参数设计不当及机械状态不良等原因，常产生一些精梳疵点，其原因分析如下。

1. 毛网正面毛粒及杂草多

造成毛网正面毛粒及杂草多的原因包括：①喂入负荷太大或喂入毛条重量不匀、毛层的厚薄不一，都会造成锡林梳理不良。②梳理隔距太大或死区长度太长，部分毛丛无法与锡林梳针接触。③开始梳理时锡林与钳板钳口的位置调整不当，使部分毛丛漏梳；钳板毛刷的位置太高或不平齐，毛丛不能进入针隙；梳针残缺，针隙充塞、不清洁，使毛网梳理不透。④拔取隔距太小或喂给长度过大，使毛丛的重复梳理次数不足等。

2. 毛网反面毛粒及杂草多

产生的原因包括：①顶梳的位置过高，梳针无法刺透毛网。②顶梳抬起过早，毛丛尾部漏梳。③顶梳不清洁，或顶梳梳针损伤。

3. 锡林梳针拉毛

锡林梳针拉毛产生的原因包括：①上、下钳板咬合不严，对毛层握持不牢。②喂入毛层厚薄不匀，使钳板横向握持不匀。③喂入长度过大，锡林负荷太重。④小毛刷位置太低，使纤维过分地深入锡林，增大了被梳纤维的受力。⑤锡林表面有毛刺、伤针、缺针等。

4. 毛条条干不匀

产生的原因包括：①拔取罗拉齿轮磨损，搭接周期调整不当，使毛丛接合不良。②拔取钳板破损挂毛、厚薄不匀、表面太光滑，出条罗拉与拔取罗拉间张力过大。

第七节　毛条制造工艺实例

一、国毛制条工艺实例

国产细羊毛及改良毛的线密度离散系数较大，成品毛条中纤维的线密度离散系数达到23%~29%，并且同一根纤维的不同部位强力差异较大，这种弱节毛在制条过程中容易断裂，形成较高的短毛率。国产细羊毛及改良毛长度偏短，毛丛长度多在55~65mm；还存在含油汗较少，粗腔毛、土杂及草杂较多等弱点，在制定加工工艺时应加以综合考虑。粗腔毛在梳理过程中的去除，也会提高纤维的平均线密度，和毛时要均衡配置，保证成品条符合质量标准。国毛纤维强力低，梳毛上机前的混料要充分开松，以使毛块容易被梳解为单纤维，梳理工艺也要掌握轻负荷、大隔距、小速比的原则，尽量降低纤维的损伤。国毛纤维偏短，针梳和精梳的隔距和牵伸倍数要相应偏小，以加强对纤维运动控制，提高毛条的条干均匀度；国毛的含杂较多，要加强开松去除土杂、调整梳毛和精梳的除草机构、设置严密的除杂工艺，彻底去除草杂。国毛制条工艺实例见表3-16。

表3-16　国毛制条工艺实例

支数/公支	批号	品名	单位重量/（g·m⁻¹）	色泽
66	84JG001	国毛纯梳条	20	白

续表

和毛	原料名称	和毛量/kg	混合率/%	含油率/%	回潮率/%
	66公支新疆细一	44278	51.93	0.54	12.71
	66公支新疆细二	23257	27.28	0.42	11.59
	66公支新疆细三	17730	20.79	0.55	12.70
	合计	85265	100	—	—
	使用SJ-M抗静电成品和毛油，加纯油量为0.53%，油水比为1：12，加油率为8.7%，闷毛时间为8h，和毛回潮为（20±2)%				

梳毛	B272型梳毛机隔距/mm		出条重量/(g·m⁻¹)	道夫齿轮	前	46
	工作辊与锡林	剥毛辊与锡林			后	43
	0.965，0.838，0.737，0.686，0.610，0.533，0.483，0.432，0.305	0.965，0.790，0.610，0.610，0.530，0.480，0.480，0.432，0.305	12	链条齿轮	前	29
					后	27

针梳和精梳	型号	喂入定量/(g·m⁻¹)×根数	牵伸倍数	牵伸齿轮（A/B）	针号/(针·25.4mm⁻¹)	前隔距/mm	出条重量/(g·m⁻¹)
	B302	12×10	5.01	21/63	5	35	23
	B303	23×6	5.29	21/62	7	35	26
	B304	26×4×2	6.93	21/47	7	40	15×2
	B311C	15×12	—	喂毛牙17	顶梳27	30	16
	B305	16×8	6.43	21/51	10	40	20
	B306	20×8	8.0	21/41	13	45	20

二、外毛制条工艺实例

外毛多为支数毛，线密度均匀，长度长而整齐，毛丛长度多在75mm以上，最常可达100mm，油汗含量多达12%~20%，毛中土杂及草杂含量较少。洗净毛色泽洁白，光泽、弹性、强力均较好。外毛的制条工艺应根据纤维的长度、线密度等基本品质特性选择相应的加工工艺参数。如外毛的纤维长度较长，而且较整齐，各工序的梳理隔距和牵伸隔距应相应放大，以免损伤纤维；外毛纤维较疏松，容易梳理，可增加梳毛机喂毛量和各滚筒毛层厚度，提高车速、增加产量。

外毛制条工艺实例见表3-17、表3-18。

表3-17　外毛制条工艺实例

支数/公支	批号	品名	单位重量/(g·m⁻¹)	色泽
48	B31JWD	外毛纯梳条	20	白

和毛	原料名称		和毛量/kg	混合率/%	含油率/%	回潮率/%
	48公支121T		35657.8	65.17	0.50	13.54
	48公支121T		19053.8	34.83	0.49	13.65
	合计		54711.6	100	—	—
	使用SJ-M抗静电成品和毛油，加纯油量为0.43%，油水比为1∶10，加油率为6.5%，闷毛时间为8h，和毛回潮率为（20±2）%					

梳毛	B272型梳毛机隔距/mm		出条重量/（g·m⁻¹）	道夫齿轮	前	49
	工作辊与锡林	剥毛辊与锡林			后	44
	2.180，1.700，1.090，0.965，0.838，0.737，0.660，0.560，0.483	1.090，0.965，0.796，0.610，0.530，0.530，0.480，0.480，0.430	16.5	链条齿轮	前	29
					后	27

针梳和精梳	型号	喂入定量/（g·m⁻¹）×根数	牵伸倍数	牵伸齿轮（A/B）	针号/（针·25.4mm⁻¹）	前隔距/mm	出条重量/（g·m⁻¹）
	B302	16.5×8	5.01	21/66	5	40	26
	B303	26×6	5.96	21/55	7	40	26
	B304	26×4×2	6.93	21/47	7	45	15×2
	B311A	15×12	—	喂毛牙17	顶梳26	30	16
	B305	16×8	6.43	21/51	10	40	20
	B306	20×8	8.0	21/41	13	45	20

表3-18　澳毛制条工艺实例

梳毛	道夫速度/（m·min⁻¹）	48	梳毛下机条重/（g·m⁻¹）	30±2
	大锡林速度/（m·min⁻¹）	700	牵伸机下机条重/（g·m⁻¹）	35±2
	工作辊速度/（m·min⁻¹）	46	除草刀开启	全开

工序名称	喂入根数	出条重量/（g·m⁻¹）	牵伸倍数	前罗拉隔距/mm	车速/（m·min⁻¹）
头针	6×35	42±2	5.0	42	330
二针	3×42	24±1	5.3	45	310
三针	3×2×24	（18-1）~（18+1.5）（17~19.5）	8.0	45	330

续表

工序名称	喂入根数	出条重量/（g·m⁻¹)	牵伸倍数	前罗拉隔距/mm	车速/（m·min⁻¹)
精梳	喂入牙	喂入根数	拔取隔距/mm	顶梳号数	车速/（m·min⁻¹)
	l7	18	35	30#	中速
后头针	2×30g/m				
末针	喂入根数	牵伸倍数	出条重量/（g·m⁻¹)	前罗拉隔距/mm	毛球或毛饼
	4×2×30	9.6	25	50	毛饼

三、羊绒制条工艺实例

毛纺设备为主的工艺流程适宜加工较长的羊绒，选用平均长度在 36mm 以上，含较少 20mm 以下长度的羊绒作原料。制成的成品绒条中，纤维平均长度多在 40mm 以上，可以在精梳毛纺加工系统中纺制细特羊绒纱或绒/毛纱。

羊绒经过分梳工序，纤维疏松无杂质，无须着力开松，可采用多经管道充分混合、少经撕扯部件开松打击的和毛工艺，这样既能减少纤维损伤，又能保证原料混合均匀，油水分布均匀。

羊绒散滑蓬松，加工时容易产生较大静电，因此选用的和毛油要求润滑性好，集束性强，有抗静电效果，必要时另加抗静电剂，以保证加工顺利。梳理机为金属针布时，通常加 1%~1.5%或 1%~1.2%的和毛油和 0.3%的抗静电剂。梳理机的上机回潮率控制在 20%~24%。

羊绒较羊毛细，抗拉强度较低，因此梳理时要定时定量均匀喂入，减少喂入量，低车速、小速比，以减少羊绒的损伤。锡林转速一般不超过梳理羊毛时的 80%为宜。梳毛机的出条重量不超过 10g/m。梳毛机的梳理隔距要缩小，以使纤维梳理平顺透彻，减少绒粒。

由于羊绒条蓬松，纤维长度较短，因此毛纺针梳机要增大牵伸控制压力，减小喂入负荷，设定较小牵伸倍数，尽量缩小前隔距，以使牵伸过程中纤维的运动得到有效控制，从而提高出机绒条条干均匀度。

毛纺精梳机要尽量缩小拔取隔距，减小喂入长度，以适应羊绒较短的特点。缩减喂入重量。降低圆梳速度，缓和梳理强度，减小纤维损伤。

羊绒制条工艺实例见表 3-19。

表 3-19　羊绒制条工艺实例

原料	阿拉善右旗白绒，纤维平均直径为 14.83μm，平均长度为 38.65mm，长度离散系数为 34.72%，含油率为 0.53%，回潮率为 16.23%		
和毛	使用 FX908 和毛油 1.2%，另加抗静电剂 0.2%。油水比为 1∶10；加油率为 10%；堆仓时间为 10~16h；和毛回潮率为（26±2)%		
梳毛	B272 型梳毛机隔距/mm		出条重量/（g·m⁻¹)
	工作辊与锡林	剥毛辊与锡林	
	0.84、0.74、0.69、0.61、0.53、0.48、0.43、0.31、0.28	0.96、0.79、0.61、0.61、0.53、0.48、0.48、0.43、0.31	10

续表

	型号	单重/（g·m⁻¹）× 根数	牵伸倍数	针号/（针·25.4mm⁻¹）	隔距/mm	出条重量/（g·m⁻¹）
针梳和精梳	FD302	10×8	5.01	5	30	16
	FD303	16×4	5.33	7	30	12
	FD304	12×4	5.01	10	30	10
	B311C	10×24	15	顶梳31	24	16
	FD305	16×6	6.0	10	35	16
	FD306	16×6	6.4	13	40	15

思考题

1. 何谓毛条制造？写出典型的工艺流程，并简述各工序的作用。

2. 掺用化学纤维时，为了保证精纺纱线的毛型感，应注意哪些问题？

3. 常用的和毛油有哪几种？配制和毛油时应注意哪些问题？

4. 拟生产纱支为90支的全毛纱，为保证纺纱生产的顺利进行，需选择细度为多少的羊毛原料才能达到工艺要求？

5. 拟纺羊毛/腈纶（80/20）纱，如羊毛和腈纶的实际回潮率分别为14%和2%，则它们的投料比应为多少？

6. 简述梳毛机中的三种运动。哪种运动对纤维的分离最重要？

7. 梳毛机中产生毛粒的主要原因是什么？

8. 纤维的混合在梳毛机上是如何完成的？影响纤维混合程度的因素有哪些？

9. 梳毛机中的除杂方式主要有哪些？简述各种除杂方式的工作原理。

10. 根据针排结构，针梳机可分为哪几种？各有何特点？

11. 已知针梳机有前、后两个牵伸区，喂入的毛条根数为8根，单根毛条的重量为22g/m，针梳机输出毛条的重量为18000tex，求针梳机的总牵伸倍数；若针梳机后区牵伸倍数为1.1，求前区牵伸倍数。

12. 纤维弯钩对针梳过程有什么影响？

13. 简述精梳机的机构组成。

14. 简述影响精梳机中落毛率的因素。

15. 梳毛机、针梳机、精梳机分别采用什么梳理机件？

16. 精梳机的主要工艺参数有哪些？简述其对纺纱质量的影响。

17. 精梳落毛有何用途？

第四章　条染复精梳

第一节　概述

一、条染复精梳工艺的特点

精梳毛纺产品通常的染色方法有匹染、条染、纱染、经轴染、毛条印花及套染等，目前大量应用的是匹染和条染两种。

匹染是在织物形成后对坯布进行染色，可大批量生产本色纱，工艺流程较短，成本低、效率高，但由于是成品染色，因此限制了织物的花色品种，颜色单一，只适合单色产品生产，并且染色产生的某些疵点无法弥补。

条染是对精梳毛条或化学纤维条染色，然后再将不同色泽、不同成分、不同性质的毛条按一定的比例进行搭配，经充分混合后进行纺纱和织造，因此可纺制色彩丰富、品种多样的精纺产品。由于条染是在纤维较松散的状态下进行染色，因此染液容易渗透，染色时间较匹染可缩短2~4h，染色牢度高，吸色也较均匀。毛条在染色后还要经过混条、复精梳、针梳等工序，受到反复的并合、牵伸和梳理。因此，原料的混和均匀度和混色均匀度均较好，不仅可取得各种拼色效果，而且成纱条干均匀、疵点少，制成品混色均匀、光泽柔和、手感以及质量都较高。因此，纺制多色纱或色光要求严格的高档产品时，均采用条染复精梳工艺。为了能适应品种多样化的市场需求，目前条染复精梳工艺已被国内精纺企业广泛采用。但条染复精梳的工艺流程及生产周期长、原料损耗大、设备和人力消耗多，产品成本较高，生产管理也较复杂，部分条染产品已被纱染所取代。

二、条染复精梳的任务及工艺流程

（一）条染复精梳的任务

条染复精梳也称前纺准备，其任务是为前纺工程提供染色毛条，通常包括条染、复洗、混条和复精梳等工序。

条染复精梳首先是将羊毛条或化学纤维条染成所需要的颜色。毛条经染色后，纤维上会留有浮色，而原有的和毛油又被冲掉。因此，复洗的首要任务就是洗去染色毛条上的浮色，同时，在复洗过程中还要加入一定的油剂和防静电剂，以使复洗后毛条松滑，减少后道工序加工对纤维的损伤和静电的产生。另外，复洗还可以消除纤维因长时间蒸煮染色而引起的疲劳，恢复毛条的光泽。由于毛条在染色和复洗加工时，羊毛纤维易毡并、散乱，所以染色后的毛条需再经过一次精梳，以除去毛粒、毡并纤维、短纤维及其他疵点，使纤维进一步平行顺直，故称为复精梳。在复精梳之前，一般要先经过混条和 2~3 道针梳，以使不同颜色、不同品种的条子充分混合，复精梳以后，还要进行 2~3 道针梳的并合梳理，以改善精梳毛条的周期性不匀，提高条染复精梳毛条的质量。

（二）条染复精梳的工艺流程

条染复精梳工艺流程依据工厂设备情况、所加工的原料以及产品品种不同可灵活选择。色号少或混纺成分少的产品可经较短的加工工序，色号多或混纺成分多的产品应选择较长的工艺流程。由于目前尚无配套的定型设备，因此不同企业所采用的条染复精梳工艺流程和机型有差异，但在机器配置时必须考虑前后道的产量平衡和联接形式，才能配套成线。条染复精梳工艺流程选择见表 4-1。

表 4-1　条染复精梳工艺流程

使用设备			加工品种					
名称	卷装形式	配备设施	纯毛、纯黏、毛/黏（含黏胶纤维<30%）		毛/涤、毛/涤/黏、毛/黏（含黏胶纤维>30%）	涤/黏	纯涤	涤/腈
			混色	单色				
松毛团机	球进球出	—	√	√	√	√	√	√
毛球染色机	球进球出	—	√	√	√	√	√	√
脱水机	球进球出	—	√	√	√	√	√	√
复洗机	球进球出	烘干机	√	√	√	√	√	√
混条机	球进球出	加油装置	√	√	√	√	√	√
混条机	球进球出	加油装置	√	—	—	—	—	—
针梳机	球进球出	自调匀整	—	√	√	√	√	√
针梳机	球进球出	—	√	√	√	√	√	√
针梳机	球进筒出	—	√	√	√	√	—	√
精梳机	筒进筒出	—	√	√	√	√	—	√
针梳机	筒进球出	加油装置	√	√	√	√	—	√
针梳机	球进球出	自调匀整	√	√	√	√	√	√

第二节　条染工艺

一、条染设备

（一）松球机

毛条制造工序生产的毛球，卷绕密度较大，在染色以前需要先绕成一定规格的松式毛团，才能套入染缸的孔芯中进行染色，这样有利于染液的均匀渗透，减少染色时间，增加染色的均匀度。我国目前尚无统一定型的松球机，各企业一般用针梳机代替，如图4-1所示。为了生产和管理方便，松球机上由送条机构直接向成球机构输送纤维条，无牵伸无梳理，纤维不受损伤，牵伸倍数等于并合根数，出机毛球重一般为2.5~4.0kg。

图4-1　松球机

(二) 染色机

毛球染色机有常温常压染色机和高温高压染色机两种。

1. 常温常压毛球染色机

常温常压毛球染色机有N461型和N462型两种。N461型的生产能力是N462型的两倍，适用于纯毛条、黏胶纤维条、腈纶条和锦纶条等的染色，一般染色温度不超过100℃。常温常压毛球染色机生产时配有专门的毛球装桶机，供装桶和压紧使用。常温常压毛球染色机示意图如图4-2所示，实物图如图4-3所示。

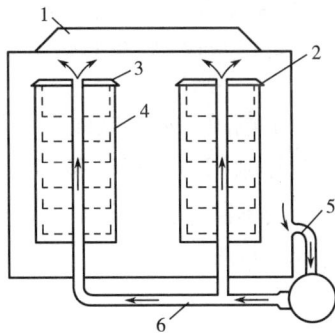

图4-2　常温常压毛球染色机示意图

1—机盖　2—染槽　3—毛球桶盖　4—毛球桶　5—出液管　6—入液管

图 4-3　常温常压毛球染色机实物图

将打松后的毛球分别套在多孔芯轴上，再装入毛球桶中，并将桶盖拧紧。染液由泵打入毛球桶底，由毛球桶壁内侧穿过毛球流入桶芯向上冒出，再从侧管回流，如此反复循环，完成染色。

2. 高温高压毛球染色机

高温高压毛球染色机适用于涤纶条的染色。染色机设有一套封闭系统，能承受 130℃ 以上的温度和 294kPa 左右的蒸汽压力。高温高压毛球染色机的型号很多，常用的有 GR201 型和 GR201A 型两种，GR201 型的生产能力是 GR201A 型的两倍，这两种设备也可用作筒子纱染色。高温高压毛球染色机示意图如图 4-4 所示。

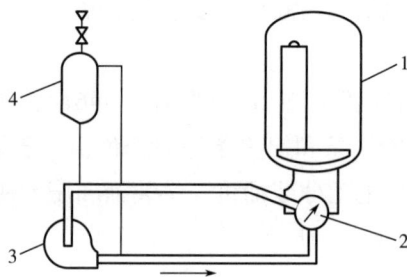

图 4-4　高温高压毛球染色机示意图
1—高温染色罐　2—流向控制阀　3—染液循环泵　4—高温膨胀箱

在常温下，先将松毛球装入高温染色罐 1 内，按照设计浴比，将染料和助剂溶解后加入染色罐，然后封盖、加压，开启流向控制阀 2 和染液循环泵 3，使染液由里向外、由外向里定时交替循环，高温膨胀箱 4 中的染液不断通过循环泵返回到循环液中。染色时按上染曲线进行升温、保温、降温、放空和冲洗等过程。

（三）复洗机

染色后（尤其是染蓝色和黑色时）一般需要进行连续的洗涤，以去除未固着的染料、残余的助剂等，这一工序称为复洗，如图 4-5 所示。复洗中可以加入柔软剂、防静电剂等，提高条子的蓬松和滑爽程度，减少后道加工对纤维的损伤，改善后道工序中毛条的可加工性，提高制成率。

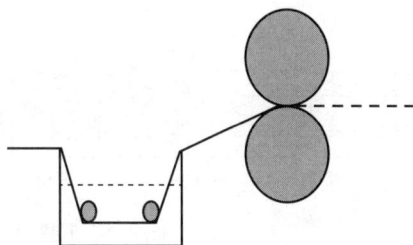

图 4-5　复洗

纤维条经染色和复洗后需要进行机械脱水和烘干，机械脱水系统包括离心力脱水和挤压辊脱水。一般采用挤压辊脱水，如图 4-6 所示。在脱水过程中应尽量减少染色纤维中残留的水分，这可以减少热烘干所需的时间和温度，从而减少烘干过程对纤维的损伤，脱水后纤维条残留含水量一般为 40%~45%。脱水之后再进行热烘干（图 4-7），热烘干时采用的温度不高于 100℃且烘干后应使羊毛纤维的含水量达到 17%，若温度太高会导致纤维的损伤并降低生产效率。

图 4-6　挤压辊脱水

图 4-7　热烘干

烘干设备主要有常用于复洗机烘干部分的连续式热空气烘干机和传送带类型的射频烘干机。某些射频烘干机会使毛条的中心或散纤维的中层产生较高的温度，因此在烘干浅色或亮色产品时需要严格控制温度以减少纤维条中心的泛黄。

复洗机通常是指复洗联合机，一般由进条、洗槽、烘房和成球等部分组成。国产复洗机根据烘房形式的不同可分为两类：一类是热风式，如 LB334 型；另一类是热辊式，如 LB331 型。

1. 热风式复洗机

LB334 型热风式复洗机由进条、洗槽、主传动、烘房、卷绕成球机构和主传动五部分组成，如图 4-8 所示。

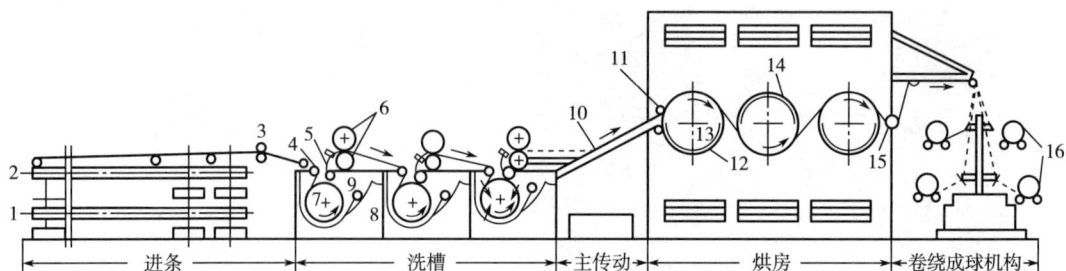

图 4-8　LB334 型热风式复洗机结构示意图

1—托盘　2—导条滚筒　3—进条压辊　4—导条辊　5—压条辊　6—上下轧辊　7—网眼锡林　8—洗槽　9—夹层板
10—导条托板　11—烘房进条辊　12—圆网锡林　13—圆网密封板　14—加热器　15—烘房出条辊　16—卷条滚筒

（1）进条部分。根据喂入毛条情况的不同，复洗机进条形式有两种，一种是适用于本白色干毛条复洗的卧式退卷滚筒喂入架，另一种是适用于染色湿条复洗的托盘式喂入架。

LB334 型热风式复洗机的进条部分采用托盘式双层双排平板喂入架，适用于染色毛条的复洗，喂入品为染色湿条。喂入架上共有 24 只托盘，托盘与活动导条辊均用尖锭支承，回转灵活，毛条的进条靠洗槽中网眼锡林和压辊拖动。LB334A 型复洗机适用于本白色干毛条的复洗，进条部分采用卧式毛球架退卷滚筒，与 LB331 型热辊式复洗机的进条部分相似，喂入量为 24 根干毛条。

（2）洗槽部分。LB334 型热风式复洗机共有三个洗槽，每个洗槽均设有主槽和辅槽，主槽为带有吸入式网眼锡林的抛物线形洗槽，辅槽为圆筒。主槽和辅槽由三通式回转泵相连。回转泵的进水口处装有左右阀门各一个，当左阀门关闭时，洗液由网眼锡林表面吸入，通过回转泵再送进主槽，形成洗液的内循环；当右阀门关闭时，洗液自辅槽下口进入左阀门，通过回转泵送进主槽，当主槽水位升高至超过回水口高度时，洗液即经回水管流回辅槽上口，使洗液形成外循环。主槽中洗液的循环方向如图 4-8 中箭头所示，主槽的出水口在洗槽最前边轧水辊的下方，进入主槽的水流经夹层板被吸入网眼锡林。

网眼锡林的表面有很多小孔，大部分浸入洗液中。毛条由导条辊引至网眼锡林，由于回转泵的吸入作用，毛条被紧紧吸附在锡林表面，并随之向前，水流垂直地穿透毛层进行洗涤，洗涤效率高。

洗液温度采用电接点压力式温度计，与装在辅槽上面的蒸汽管道上的高温电磁阀相连接，可按工艺要求自动调节。

轧辊采用压缩空气加压，在压缩空气的管道控制面板上装有上轧辊加压和释压的控制手柄和压力表。轧辊最大进气压力（表压力）为 589kPa。

洗槽网眼锡林和轧辊速度的调节，由机架右侧的涡轮箱铁炮微调装置控制。

（3）烘房部分。LB334 型热风式复洗机采用 R456Q 型圆网烘燥机，属于热空气吸入式烘燥，烘干原理和工作情况与 LB023 型洗毛联合机的烘干部分基本相同。烘燥室内装有三只圆网滚筒，毛条在三只圆网滚筒表面经过，热空气垂直穿透毛层烘干，毛条由一只滚筒转移到另一只滚筒时，经历正反面交替烘燥，干燥较均匀，且烘干效率高。

（4）卷绕成球部分。LB334型热风式复洗机的输出部分为卷球架，喂入的24根毛条分别卷绕成24只毛球，卷绕辊的线速度为2.5~15m/min，往复动程为400mm。

卷绕成球部分由单独电动机经无级变速器传动，当卷球部分发生超载时，可自动停车。无级变速器上有伺服调速装置，能随主电动机进行自动或手动调速。

LB334型热风式复洗机采用各根毛条单独卷绕成球的工艺，可同时复洗几种不同颜色的染色毛条。由于不考虑与针梳机的连接，复洗机的产量可以提高。但由于无分条装置，经洗烘后的条子往往不易分清，断条较多。

（5）主传动部分。LB334型热风式复洗机的主传动电动机和无级变速器装在洗槽与烘房之间的底座上，主传动无级变速器的出轴转速范围为295~1770r/min。

2. 热辊式复洗机

LB331型热辊式复洗机由进条、洗槽、烘房和复洗针梳四部分组成，如图4-9所示。

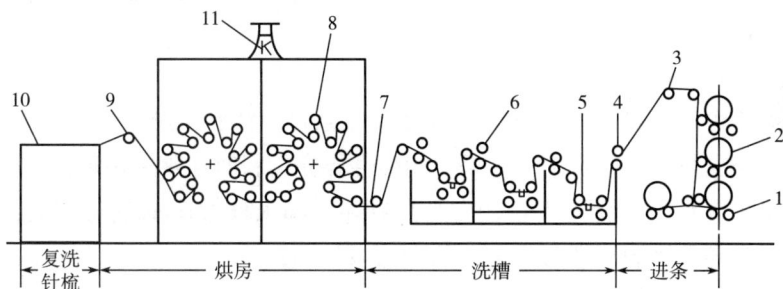

图4-9　LB331型热辊式复洗机结构示意图

1—退卷辊　2—毛团　3, 7, 9—导条辊　4—进条辊　5—浸条辊　6—轧水辊　8—热辊　10—针梳机　11—风扇

（1）进条部分。LB331型热辊式复洗机采用卧式毛球架退卷滚筒，适用于本白色干毛条。

（2）洗槽部分。LB331型热辊式复洗机有三只洗槽，无边槽。洗剂等辅料均由化料桶通过管路直接加入洗槽。一般在第一、第二槽加入洗剂，第三槽为清水漂洗槽。清水由第三槽（最高）补充，再溢流至第一槽（较低），在保持逆流情况下，定时、定量地追加洗剂等辅料。

每只洗槽内有两对浸条辊和一对轧水辊，浸条辊只起导条的作用，因此洗涤效果不如带有吸入式网眼锡林的洗槽。轧水辊为杠杆重锤式加压，比较笨重，且加压量不够稳定均匀。

（3）烘房部分。LB331型热辊式复洗机的烘房部分属于接触式烘燥。烘房分两节，每节各有热辊40个，分别装在两侧的墙板上，墙板中空。铜制的热辊活套在铸铁汽包上，汽包固定在中空墙板上，蒸汽由中空墙板分别进入各铸铁汽包中，由于汽包的热传导，使热辊得到均匀的热量。每个热辊的里端有齿轮，由大齿轮传动而回转，毛条经过热辊表面，受到熨烫而烘干。

由于湿毛条是在一定张力下直接和高温烘筒接触，毛条经熨烫并烘干，因此纤维平顺、伸直且富有光泽，对于细而卷曲多的羊毛效果较为显著。但毛条在热辊表面受热不均匀，与热辊直接接触的表层纤维会比毛条中心的纤维受到更剧烈的烘燥。若烘房温度过高、烘干时间过长，毛条会烘得过干，手感发糙，尤其是表面纤维甚至会发黄变脆；若烘房温度过高、烘干时间过短，则会使毛条外干而内湿，出机毛条的回潮有明显的不匀；若烘房温度过低，则毛条烘不干。毛条过干或过湿，都会给后续针梳机的加工造成困难。

通常进入烘房蒸汽管内的表压力为 294kPa 左右，不宜过低，但也不宜超过 392kPa。烘房的温度应控制在 70~80℃，出机毛条的回潮率掌握在 18% 左右。烘房的输出速度一般为 4~7.2m/min。

（4）复洗针梳。LB331 型热辊式复洗机的输出部分，是将烘干后的毛条直接喂入普通交叉针梳机，经并合、牵伸后，卷绕成四只交叉卷绕的毛球。这样在洗涤、染色或漂白时粘连在一起的纤维，在针梳机上被松解理直，有利于纺部加工时牵伸的顺利进行。但针梳机的速度必须与烘房的出条速度相配合，以保证烘燥质量。另外，采用复洗针梳时，由于针梳部分故障造成的停机，不仅会延长毛条与高温烘筒的接触时间，造成纤维损伤，而且会影响全机的生产效率。

二、条染工艺设计及实例

（一）羊毛条常温染色

用于羊毛条染色的染料有酸性染料、酸性媒介染料、活性染料、金属络合染料等。2016年之前，酸性媒介染料使用较普遍，但是使用酸性媒介染料时通常采用重铬酸钾作为媒染剂，从而使染色后染色废水中会含有大量的 Cr^{6+}，对环境和人体健康的危害较大，因此被禁用。目前使用较多的是活性染料，主要包括兰纳素染料（Lansol）和兰纳洒脱（Lanaset）染料。兰纳素染料是一种毛用活性染料，主要染中深色、艳蓝等。兰纳洒脱染料是亨斯迈公司生产的酸性染料品牌，属于改良型中性染料及活性染料，主要用来染中浅色、浅灰色等。

运用活性染料染色时，必须平衡上染率与反应速率之间的关系以避免染色不均匀。

活性染料的染色过程如图 4-10 所示。

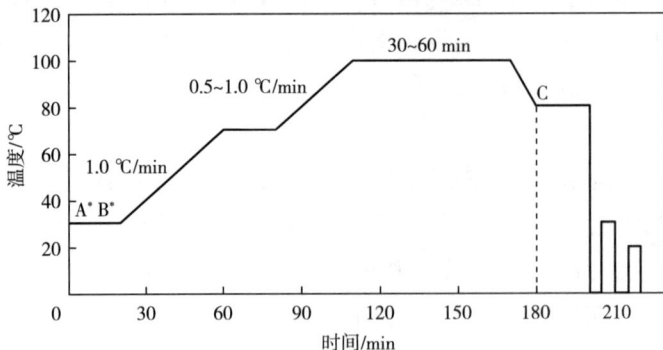

图 4-10 活性染料的染色过程

(A* 处添加助剂　B* 处添加染料　C 处为后处理)

（1）用醋酸铵将染浴的 pH 调节至 7.0。

（2）加热，以 1℃/min 的速率升温至 70℃，并保温 15~20min；在此温度时产生的固色较少、染料的迁移较容易。

（3）加热升温至沸腾，并保温 30~60min。

（4）对染浴进行冷却，然后准备 pH 为 8.0~8.5 的新染浴。

（5）在 80℃时用碱清洗 15~20min 以去除未反应或水解的染料，这一步对于深颜色的羊毛条染色是必要的，可保证最终产品具有较好的水洗牢度。

（6）漂洗，并用 1% 的醋酸在漂洗浴中酸化。

在活性染料染色的过程中需要使用匀染剂，以促进上染、增加纤维及其表面的匀染、增加染料的渗透。对于浅色、中色的纱线和匹染产品，采用 5%~10% 的硫酸钠可减缓上染的速率，促进表面的匀染。

染色时，采用的浴比为（8:1）~（30:1），一般会加入 1%~2% 的阿白格 B（助剂），此助剂的用量取决于所需要的色调。阿白格 B 是一种两性助剂，对染料和纤维都有一定的亲和力，染深色时，需要用较大量的阿白格 B 以改善上染率。

羊毛染色的温度一般不超过 100℃，温度过高会增加对羊毛的损伤，也会使羊毛泛黄从而影响色光。

在羊毛染色的过程中，需要控制的要点如下：

（1）水质。水的硬度需要低于 100mg/kg，最好是低于 50mg/kg。

（2）染浴的 pH。在染色前、染色中、染色后都需要检测控制染浴的 pH，检测时一般用 pH 计而不用 pH 试纸。

（3）添加染料和助剂时的温度。依据所使用的染料和助剂的类型选择不同温度。

（4）加热速率。通常为 1℃/min 左右，但是也与所使用的染料类型有关，在达到一定的温度时需要有一定的保温时间。

（5）染色时间和温度、水洗条件。以上工艺条件依据所使用的染料类型进行控制。

（二）黏胶纤维条常温染色

黏胶纤维条可以用直接染料、活性染料或硫化染料染色。由于直接染料色牢度差，硫化染料色谱不全且不鲜艳，因此一般多选用活性染料。毛型黏胶纤维条的染色，应选择耐煮、耐缩、耐汽蒸、染色牢度好的活性染料，常用的有 X 型、K 型及 KD 型活性染料。染色过程分为染色、固色、皂洗及水洗四步。

黏胶纤维条的染色、固色、皂洗配方实例见表 4-2。

表 4-2　黏胶纤维条的染色、固色、皂洗配方实例

染料和助剂	X 型			K 型			KD 型		
染料/%	1 以下	1~3	3 以上	1 以下	1~3	3 以上	1 以下	1~3	3 以上
氯化钠/（g·L^{-1}）	15~30	30~50	50~60	20~30	30~40	40~60	10	15~20	20~30
碳酸钠/（g·L^{-1}）	3~5	8~12	12~15	3~5	8~12	12~15	4~5	6~8	8~10
工业粉/（g·L^{-1}）	1.5~2			1.5~2			1.5~2		

黏胶纤维条的染色工艺条件实例见表 4-3。

表 4-3　黏胶纤维条的染色工艺条件实例

染色工艺条件	X 型	K 型	KD 型
染色温度/℃	25~35	40~50	80~90
固色温度/℃	40	80~90	90
固色时间/min	30~40	30~40	30~40
皂洗温度/℃	100	100	100
皂洗时间/min	20~30	20~30	20~30

黏胶纤维条染色操作步骤实例见表 4-4。

表 4-4　黏胶纤维条染色操作步骤实例

染料	X 型	K 型	KD 型
操作步骤	①在室温下加入染料溶液，运转 15~20min，加入氯化钠的 1/2，染 15min；再加入另 1/2 氯化钠，续染 15~30min ②15min 升温到 40℃，缓缓加入碳酸钠溶液进行固色，染毕水洗、皂洗	①在 40℃加入染料溶液，染 15min，加入氯化钠的 1/2，染 15min；再加入另 1/2 氯化钠，续染 30min ②50min 升温到 90℃，缓缓加入碳酸钠溶液进行固色，染毕水洗、皂洗	①在 40℃加入染料及氯化钠溶液，20min 升温到 90℃，续染 30~40min ②缓缓加入碳酸钠溶液进行固色，染毕水洗、皂洗

注　染色、固色也可同时进行；残液可以连染。

(三) 涤纶条高温高压染色

由于涤纶纤维结晶度高、结构紧密、吸湿性差，用常温染色方法上染率和染料吸附率很低，而高温染色可提高上染率和染料的吸附量。因此，生产中通常采用高温高压染色机，以 120~130℃的高温对涤纶进行染色加工，使条子吸色均匀、得色深，染后条子手感、光泽及可纺性都较好。染涤纶条通常采用分散染料，分散染料不溶于水但能以足够小的粒子形式分散于水中，从而进入至纤维中进行染色，这类染料分子中含有极性基团（如羟基、氨基等）以促进染料的分散。

涤纶条染色工艺处方实例见表 4-5。

表 4-5　涤纶条染色工艺处方实例

染料与助剂	蓝	绿	藏青	棕	灰
分散红 3B/%	—	—	0.3	1.26	0.014
分散黄 RGFL/%	—	—	—	7.4	0.025
分散灰 N/%	—	—	1.0	2.07	
分散蓝 GFLN/%	1.9	2	—	—	
分散藏青 2GL/%	0.14	1.6	3.5		0.05
分散嫩黄 6GFL/%	—	0.42			
分散青莲 BL/%	0.265		0.55		

续表

染料与助剂	蓝	绿	藏青	棕	灰
分散蓝 2BLN/%	—	—	—	—	0.225
扩散剂 N/（g·L⁻¹）	0.5	0.5	0.5	0.5	0.5
醋酸 98%/（mL·L⁻¹）	0.16	0.16	0.16	0.16	0.16
匀染剂 OP/%	0.2	0.2	0.2	0.2	0.2

涤纶条高温高压染色过程为：

（1）将涤纶条装入高温高压染色机，用 60℃ 清水处理 10min，洗去污杂。

（2）化解染料和助剂，配成溶液注入染缸。

（3）升温至 60℃，加入醋酸调节 pH 至 5~6，盖好染缸。

（4）加蒸汽升温到 130℃，染缸内压力设为 $2.74 \times 10^5 Pa$，续染 45~60min。

（5）关闭蒸汽阀，注入冷水降温至 80℃，打开排气阀，放空蒸汽，排掉残液，取出涤纶条。

（四）复洗工艺设计

复洗工序通常有三个槽，第一槽加入洗剂和助剂（如净洗剂 LS 或工业粉）进行清洗，第二槽为清水槽，第三槽可加入适量的和毛油、防静电剂、柔软剂等。在第三槽中，加工羊毛条时，可加入一定量的皂化溶解油、水化白油和平平加等；加工黏胶纤维条时，可加入柔软剂 SCM、水化白油、平平加 O 及皂洗剂 RS 等；加工涤纶条时，可加入柔软剂 VS 或 EM、平平加 O、皂洗剂 RS 及防静电剂 SN 等；加工锦纶条时，可加柔软剂 SCM、平平加 O、水化白油及防静电剂 SN 等；加工腈纶条时，可加柔软剂 VS、平平加 O、水化白油及防静电剂 SN 等。一般复洗后毛条的含油率要求：纯毛条 0.6%~1%，化学纤维条 0.2%~0.4%。

复洗工艺的各项主要工艺参数，如水温（50~55℃）、洗剂和助剂的浓度、换水周期、烘干时烘房的温度（70~80℃）等，可根据原料的性质、浮色及油污含量和染后毛条状况酌情确定。洗液温度和烘房温度对产品的质量影响极大，一般温度控制：第一槽 40~45℃，第二槽 45~50℃，第三槽 50~55℃，烘房 70~80℃。复洗后毛条的回潮率要求：纯毛条 16%~20%，黏胶纤维条 11%~15%，涤纶条 2% 以内，锦纶条 2%~6%。不同纤维的复洗工艺实例见表 4-6。

表 4-6　不同纤维的复洗工艺实例

机型	热辊烘干式			热风烘干式	
加工品种	羊毛	涤纶	黏胶纤维	腈纶	锦纶
第一槽	外毛：清水 55℃；国毛：净洗剂（LS）1.5g/L，每小时追加 1.5g/L	清水 55℃	净洗剂（LS）2~5g/L，温度 55℃	清水 55℃	清水 55℃
第二槽	清水 50℃	—	—	—	—

续表

机型	热辊烘干式			热风烘干式	
加工品种	羊毛	涤纶	黏胶纤维	腈纶	锦纶
第三槽	清水 55℃	匀染剂（O）5~10g/L，水化白油5~10g/L，每班换水一次，温度60℃	—	—	—
回潮率/%	16±3	<1.2	15±2	1~2	2~6

注　①浅色羊毛条、黏胶纤维条第一槽可不加洗剂，中、深色羊毛条可根据浮色情况适当增减洗剂用量。合成纤维条的第三槽助剂用量可根据加工要求增减。②第三槽助剂应定时追加。追加方法可采用自动计量滴入或每班加3~4次。

第三节　复精梳工艺

一、概述

复精梳工序由混条、变重针梳、精梳、条筒针梳及末道针梳组成。

混条机如图4-11所示，将复洗后的各种不同颜色、不同原料的条子，按产品要求成分和颜色进行充分混合，并加适量的和毛油，制成符合要求的纤维条。复洗后干毛条含油量为0.6%~1%。混条时的加油量一般掌握在：全毛1%~1.3%；毛/涤0.4%~0.6%；毛/黏0.7%~1%；化纤0.2%~0.5%。油水比为（1:5）~（1:6）。

图4-11　混条机

变重针梳机将混条下机毛条梳理，并改变单重和卷装形式，以适应精梳机的喂入和加工。精梳机对混条下机毛条进一步梳理顺直，去除纤维条中的毛粒、毡并、短毛及杂质等。条筒针梳机通过对条子的并合，消除周期性条干不匀，改善毛条结构，变条筒卷装为毛球卷装。末道针梳机对条子进一步并合梳理，并通过自调匀整装置，使毛条达到均匀状态。

二、工艺流程选择

一般工艺流程为：

混条1~4道→变重针梳→精梳→条筒针梳→末道针梳

工艺道数视加工品种和复杂程度选择增减，此外，还需要遵循以下原则：

（1）多色号品种的混和次数大于单色号品种。

（2）多混纺成分品种的混和次数大于单一成分品种或化纤混纺品种。

（3）原料成分或颜色成分差异较大的混纺产品的混和次数大于差异较小的品种。

三、混条设备

我国先后设计生产的混条机有B411型、B412型和B413型三种。B411型混条机由于车速低、占地面积大、自动化程度低，已逐渐被淘汰。B412型混条机与68型前纺设备配套使用，与B411型混条机相比，具有速度高、产量高、占地面积小等优点，被广泛使用。B413型混条机与高速链条针梳机配套使用，采用双区牵伸，牵伸能力强，出条速度高。国产混条机主要技术特征见表4-7。

表4-7　国产混条机主要技术特征

项目	B412型	B413型
喂入方式	双排双层卧式纵列退卷	双排双层卧式纵列退卷
并合根数	10×2	10×2
每头最大喂入重量/（g·m^{-1}）	300	300
针板传动方式	三线螺杆，三头打手	后区：三线螺杆，三头打手 前区：特殊链条传动针棒
工作螺杆导程/mm	27	后区螺杆：27 前区链条节距：9.525
针板数	88（扁针）	后区：88 前区：上下各62根针棒
针板最高击落次数/（次·min^{-1}）	1000	后区：1000 前区：2000~4000
牵伸形式	单区交叉针板牵伸	后区：交叉针板牵伸 前区：交叉链条针棒牵伸
牵伸倍数	5~11	后区：3.5~7.5 前区：3.0~6.0
前罗拉出条速度/（m·min^{-1}）	50~80	80~120
出条形式	双头双球，双头单球	双头单球
最大出条重量/（g·m^{-1}）	30（双头双球），50（双头单球）	15~30
加油方式	喷雾式	喷雾式

（一）B412 型混条机

B412 型混条机由喂入部分、牵伸部分和卷绕部分组成，如图 4-12 所示。

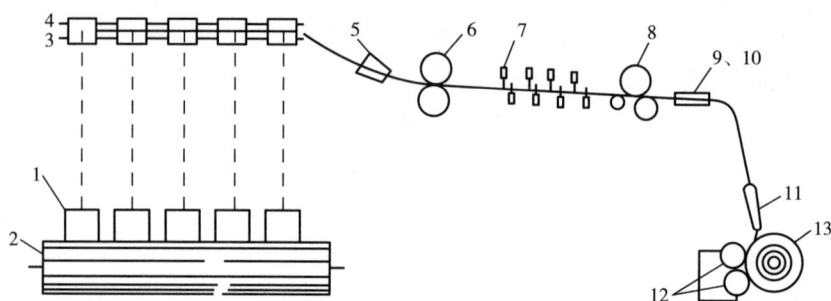

图 4-12 B412 型混条机示意图

1—喂入毛球 2—退绕滚筒 3—导条轴 4—压条辊 5—喇叭口 6—后罗拉
7—交叉针板 8—前罗拉 9—导条板 10—导条器 11—假捻器 12—卷绕滚筒 13—出机毛球

喂入毛球 1 由退绕滚筒 2 摩擦退绕，毛条经导条轴 3、压条辊 4 后在导条平板上排列成宽度一定、厚度均匀的毛层，经喂入喇叭口 5 和后罗拉 6 进入牵伸区，经过牵伸区中交叉针板 7 的控制与梳理，由前罗拉 8 输出，再经导条板 9、导条器 10 到达假捻器 11，最后由卷绕滚筒 12 卷绕成出机毛球 13。

1. 喂入部分

采用双排双层卧式纵列滚筒毛球退绕架，占地面积小，毛球架高度适中，操作方便，最大喂入根数为 10×2 根。喂入部分由后罗拉通过链条两路传动，一路传动导条轴，另一路经开合皮带轮无级变速装置传动退卷滚筒。退卷滚筒与导条轴之间喂入张力的大小可以用无级变速装置调节。

2. 牵伸部分

采用两个交叉式针板牵伸装置，结构与制条针梳机和前纺交叉针梳机基本相同，只有针号和针密不一样。两个梳箱和前罗拉由一个长轴传动，牵伸倍数相同，但液压加压系统相互独立，可按生产要求分别加压。

3. 卷绕部分

采用滚柱滑盘式卷绕成球机构，其结构与 B305 型毛条针梳机和 B306 型毛条针梳机的卷绕部分基本相同。但 B412 型混条机设有三个卷绕成球装置的安装位置，根据工艺要求，可在中间位置安排一个卷绕成球装置构成双头单球形式，也可在两边位置安排两个卷绕成球装置构成双头双球形式。

图 4-13 为采用双头单球形式的 B412 型混条机的示意图。从两个梳箱 1 出来的毛网经导条板 2 转弯、叠合，再经导条器 3，进入假捻器 4 进行假捻，最后卷绕成毛球 5。

（二）B413 型混条机

B413 型混条机为双头角尺转弯双区牵伸，由 B412 型混条机（成球组件除外）和 B424 型高速链条针梳机（圈条和喂入架组件除外）加上混条组件、减速装置、同步传动机构及自

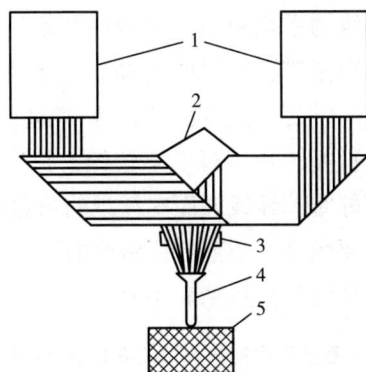

图4-13 B412型混条机双头单球装置示意图

1—梳箱 2—导条板 3—导条器 4—假捻器 5—毛球

动落球装置组成。由两个 B412 型交叉针板梳箱输出的毛网经角尺板转弯、叠合后，再经过 B424 型链条针棒梳箱的牵伸梳理，从而组成双区牵伸，牵伸能力和出条速度均大为提高。

四、混条工艺设计

混条时需要根据产品要求和生产实际，选择各种纤维条进行搭配混合。主要考虑纤维线密度、长度、离散系数、颜色、混合比例等因素，既要满足产品风格要求，又要经济合理、便于加工。如纺纯毛低特纱，应选择较细的羊毛，保证纱线横截面内合理的纤维根数，提高纱线强力，降低细纱断头率。如果几个批号的毛条混配，各批条子间纤维平均直径差异不能超过 1μm；纤维平均长度应在 70mm 以上，各批条子之间纤维平均长度差异应小于 10mm。对低特毛纺产品，粗腔毛（直径大于 52.5μm）含量控制在 0.005% 以内。

（一）纤维选配

加工混纺产品时，化学纤维的线密度应比羊毛平均线密度细，长度应比羊毛平均长度长。这样既可使羊毛纤维大多分布在纱线表面，体现羊毛的手感和风格，又使化学纤维藏而不露地弥补羊毛的长度、线密度缺陷，既保证纺纱顺利，又提高了纱线强力和条干均匀度。羊毛与化学纤维搭配实例见表4-8。

表4-8 羊毛与化学纤维搭配实例

搭配实例	纤维平均细度	纤维平均长度
羊毛/涤纶	羊毛纤维 20μm 涤纶纤维 2.0dtex	羊毛纤维 70mm 涤纶纤维 80mm
羊毛/腈纶	羊毛纤维 35μm 腈纶纤维 3.0dtex	羊毛纤维 100mm 腈纶纤维 90mm
羊毛/锦纶	羊毛纤维 22μm 锦纶纤维 2.2dtex	羊毛纤维 80mm 锦纶纤维 85mm

1. 细度

细度是决定可纺毛纱线密度的重要物理指标之一，也是纯毛条搭配时主要考虑的指标。

纤维细度直接影响成纱截面内纤维的平均根数。当成纱线密度相同时，纤维越细，纱线截面内纤维的根数就越多，纤维间抱合紧密，成纱强力高，条干均匀，纺纱时断头少。一般精纺纯毛纱截面内纤维根数如能达到40根，纺纱就可基本正常进行，细纱的断头率可控制在千锭时100根以下。如果纤维的平均长度较长，短毛率较低，长度离散系数较小，并且细度离散系数、强力及抱合力等指标也较好时，纱线截面内纤维的根数也可控制为接近35根。

因此，选择原料的细度首先要满足所纺毛纱线密度的要求。纱线截面内纤维根数为40根时，毛条品质支数与可纺毛纱线规格的关系见表4-9。

表4-9　毛条品质支数与可纺毛纱线规格的关系

毛条品质支数		70	66	64	60	58
纤维平均直径/μm		18.1~20.5	20.6~21.5	21.6~23.0	23.1~25.0	25.1~28.0
可纺毛纱线规格	tex	14.3~17.9	16.7~19.2	19.2~22.2	22.2~27.8	29.4~31.3
	公支	70~56	60~52	52~45	45~36	34~32

在确定原料细度时，还要考虑产品的风格和实物质量的要求。由于粗纤维具有较好的弹性，而细纤维则较柔软，因此选用不同细度的原料，可得到风格各异的产品。在保证纱线条干均匀的前提下，也可采用不同细度和不同长度的原料搭配，使产品既有弹性，又兼具柔软性。如部分中厚花呢，为使其产品丰糯，尽管纱线线密度较高，仍可选用70支的羊毛；有的哔叽，为使其挺括、有身骨，可混用部分一级国毛或少量58支羊毛；而在生产19.2tex×2华达呢用纱时，可采用66支毛条（30%）和64支毛条（70%）混合。精纺绒线要求手感松软、富有弹性且身骨好，因此原料不能过细，多用46~58支半细毛或二至三级国毛条。其中细绒线一般用一级改良毛或66支同质毛条，针织绒线多用60支以上的同质毛条。几种精纺产品选用的毛条品质支数见表4-10。

表4-10　精纺产品原料选择表

产品名称	纱线规格		选用毛条品质支数
	tex	公支	
哔叽	25×2~22.2×2	40/2~45/2	60支100%或64支100%
华达呢	15.6×2~13.9×2	64/2~72/2	70支100%
	20×2	50/2	64支50%，66支50%
单面花呢	14.3×2	70/2	70支100%
	16.7×2	60/2	70支60%，66支40%
薄花呢	16.7×2	60/2	70支60%，66支40%
中厚花呢	26.3×2~25×2	38/2~40/2	一级毛，60支100%或64支100%
	20×2	50/2	64支50%，66支50%或66支100%
凡立丁	18.2×2	55/2	66支100%

2. 长度

纤维长度与成纱强力关系密切。纤维平均长度长，则成纱强力高；长度差异大，则成纱条干差。精纺毛织品一般要求纤维平均长度在 70mm 以上。若采用几种批号不同的毛条搭配混用时，要求平均长度的差异在 10mm 以下，以保证长度不匀率不致过大。

3. 毛条中杂质的含量

毛条中的草屑、麻丝、丙纶丝、粗腔毛和黑花毛等都会影响呢面的质量，增加修补工作量。因此，在原料选择时要根据产品的要求加以控制。草屑、麻丝和丙纶丝含量多的，不适宜做深素色产品；粗腔毛含量多的，不适宜做细特纱产品或深素色产品；生产浅色或漂白产品时，应选择不含黑花毛、草杂含量少且色泽、光泽均较好的原料；在生产深浅混色产品时，对原料中的草屑、麻丝和黑花毛等的含量要求较低。

4. 化学纤维加入量

内销的纯毛产品在配毛时允许加入 5%~8% 锦纶或涤纶，以减少细纱断头、提高纱线及成品强力。但加入量不宜过大，否则会影响织物手感。对有些不允许含化学纤维的产品和外销产品，应严格按合同要求生产。

（二）混条方法

条染产品的混条要在复精梳之前完成，经复精梳和前纺多道混并梳理，达到色泽均匀、光色纯正的要求；匹染产品的混条主要是原料成分的混合均匀，应在前纺工序完成。混条方法是指将不同原料在混条机上一次或几次梳并、混合，达到既保证混合比例正确，又不留剩余的目的。一般以混配的各种毛条长度、单重、混合比例为依据，经计算和调配，分步骤进行并合。常用混条方法有以下两种。

1. 条重相同的原料混合

按各种原料混纺百分比的个位数，分别提出部分条子混合成占总数 10% 的混料；再按各种原料混纺百分比的十位数为进条根数，加上个位数混合成的 1 根，凑成 10 根进行第二次混合；然后再搭配少量剩余条子，进行第三次混合，制成均匀的混条。

例：条重均为 20g/m 的五种不同颜色的条子混合，其混比为 A 条 52%、B 条 34%、C 条 14%。混条方法如下：

（1）取 A 条的 2%、B 条的 4%、C 条的 4% 进行第一次混合凑成 10%，也就是分别取 2 根、4 根、4 根共 10 根条子混合牵伸，制成 1 根 20g/m 的条子 D。

（2）再按各种原料混纺百分比的十位数为进条根数，加上个位数混成的 1 根，凑成 10 根进行第二次混条。即取 A 条 5 根、B 条 3 根、C 条 1 根、D 条 1 根，共 10 根进行第二次混合。

（3）再次混合第二次混条后的条子，并将前面少量剩余的条子均匀搭入，完成混合。

2. 条重不同的原料混合

（1）按各种原料的混比和条子单重确定喂入根数，进行第一次混合，直到其中一种原料用完；将已混的和未混的（即剩余部分）分别称重，并计算其长度，设已混的总长为 L_1。

（2）将剩余部分重新计算并合数，主要考虑能使它们同时做完。再重新计算牵伸和出条单重，使做出小条的总长度 L_2 能在第二次混合时正好搭配用完，也就是使 L_1 成为 L_2 的整倍数（5~9 倍）。

（3）总长为 L_1 的几种原料混合的条子与总长为 L_2 的 $n-1$ 种原料的小条混合，即第二次混合，小条进条为一根。如两者不能同时用完，将剩余另行放置。

（4）将另行放置的条子牵伸，与二混条进行第三次混合。

例：用下列原料（表4-11）按给定重量比例进行混条，要求最后得到单重为20g/m的混合条子，机器牵伸倍数为5~12。请进行混条设计（写出混条步骤，计算每道混条的牵伸倍数，喂入根数及出条重量）。

表4-11　原料

原料	单重/（g·m^{-1}）	比例/%
白毛条	20	45
蓝毛条	18	20
红毛条	18	13
黑毛条	18	22

第一步：将1号白毛条单重转化为18g/m，8根并合变为1′号：

$$牵伸倍数 = 20×8/18 = 8.9$$

第二步：将1′号白毛条中的5%，3号红毛条中的3%和4号黑毛条中的2%进行预混，各选用5根、3根、2根并合变为5号混合条出条重量为18g/m：

$$牵伸倍数 = （18×5+18×3+18×2）/18 = 10$$

第三步：将剩余的40% 1′号白毛条、20% 2号蓝毛条、10% 3号红毛条、20% 4号黑毛条以及10% 5号混合条进行混合，各选用4、2、1、2、1根混合，出条重量为20g/m：

$$牵伸倍数 = （18×4+18×2+18×1+18×2+18×1）/20 = 9$$

（三）混条加油量计算

混条加油量应根据毛条的含油率及纺纱加工情况而定，一般要求总含油率在1%~1.5%，实际加入量应考虑飞溅分散的损耗。纤维条总加油量及混条每分钟加油量分别按下列公式计算。

$$Q = （C-C_1）×G×F$$
$$Q_1 = （C-C_1）×v×G_1×F$$

式中：Q 为毛条总加油量（kg）；C 为要求的含油率（%）；C_1 为已含油率（%）；G 为毛条总重量（kg）；F 为油水比之和；Q_1 为混条机每分钟加油量（g/min）；v 为出条速度（m/min）；G_1 为混条机出条重量（g/m）。

例1：64品质支数的毛条投料1000kg，原料含油0.8%，要求总含油率为1.2%。计算加油总量和每分钟加油量。

经计算应补加0.4%的油，安排分两次加入。B411型混条机速度为30m/min，B412型混条机速度为50m/min，毛条重量为25g/m。

第一次在B411型混条机上先加0.18%的油，油水比1:6。

$$加入和毛油总量 = 1000×0.18%×（1+6） = 12.6kg$$

每分钟加油量=0.18%×30×25×（1+6）=9.5g

第二次在 B412 型混条机上再加油 0.4%-0.18%=0.22%，油水比仍为 1：6。

加入和毛油总量=1000×0.22%×（1+6）=15.4kg

每分钟加油量=0.22×50×25×（1+6）=19.3g

例2：毛/黏（70/30）混料投料量为 1000kg，原料中羊毛含油为 0.8%，黏纤为 0.4%，要求总含油量 0.8%，在 B412 型混条机上一次加入，油水比 1：6。计算加油总量和每分钟加油量。

加入和毛油总量=1000×［0.8%-（0.8%×70%+0.4%×30%）］×（1+6）=8.4kg

每分钟加油量=［0.8%-（0.8%×70%+0.4%×30%）］×50×25×（1+6）=10.5g

实际加入时，还应将溅出或飞散的损耗估计在内。

五、复精梳工艺设计实例

针梳机的主要工艺参数包括：喂入重量、并合根数、牵伸倍数、出条重量、隔距、前罗拉出条速度、加油量计算、定长等。

精梳机的主要工艺参数包括：喂入根数和总喂入量、喂入长度、拔取隔距、出条重量、针号、针密等。

复精梳工艺实例见表 4-12。

表 4-12　复精梳工艺实例

原料	设备流程	喂入重量/（g·m⁻¹）	并合根数	牵伸倍数	隔距/mm	出条重量/（g·m⁻¹）
毛 100%	混条（加油）	18	10	7.2	50	25
	混条	25	8	8	50	25
	混条	25	8	8	50	25
	变重针梳	25	3	7.5	45	10
	精梳	10	20	8	26	25
	条筒针梳	25	6	7.5	50	20
	末道针梳	20	7	7	50	20
毛 45% 涤 55%	混条（羊毛自混加油）	18	10	7.2	50	25
	混条	毛25，涤12	毛4，涤10	7.3	50	30
	混条	30	7	8.1	50	26
	变重针梳	26	3	7.8	45	10
	精梳	10	18	7.5	28	24
	条筒针梳	24	6	7.2	50	20
	末道针梳	20	7	7	50	20

续表

原料	设备流程	喂入重量/ (g·m⁻¹)	并合根数	牵伸倍数	隔距/mm	出条重量/ (g·m⁻¹)
涤50% 腈50%	混条	涤12，腈12	涤9，腈9	7.7	55	28
	混条	28	7	7.4	55	25
	变重针梳	25	3	7.5	50	10
	精梳	10	18	7.5	28	24
	条筒针梳	24	6	7.2	50	20
	末道针梳	20	7	7	50	20
毛20% 涤35% 黏45%	混条（羊毛自混加油）	18	9	8.1	50	20
	混条（毛，涤①，涤②，黏①，黏②，黏③）	毛20，涤12，黏15	毛2，涤①2，涤②4，黏①1，黏②2，黏③3	8.1	50	25
	混条	25	8	8	50	25
	混条	25	8	8	50	25
	变重针梳	25	3	7.5	45	10
	精梳	10	18	7.5	28	24
	条筒针梳	24	6	7.2	50	20
	末道针梳	20	7	7	50	20
	混条	20	8	8	50	20

注 带圈数字表示纤维的种类，如涤①、涤②表示两种不同的涤纶条。

六、新型混条机

我国近年引进的国外混条机，主要有单头单区链条梳箱式，双头出条，角尺并合，单区牵伸式，双头出条、角尺并合后再经一道牵伸的双区牵伸式和小比例混条等类型。

（一）双区牵伸混条机

1. DPM/SRC 型混条机

意大利圣安德烈公司的 DPM/SRC 型混条机的主牵伸头为螺杆交叉针板式，采用双头螺杆传动针板，针板击落次数为 1300 次/min。其梳箱布置示意图如图 4-14 所示。第一牵伸区的牵伸倍数为 4.4~11.3 倍，第二牵伸区牵伸倍数为 1.36~2.2 倍。与该机类似的有日本 OKK 公司的 HM-C6 型混条机和德国克虏伯公司的 T52 型混条机等。其主要特点是总牵伸大，并合数多，双喷嘴加油灵活方便，牵伸调节方便直观；第二牵伸区的双皮板控制牵伸装置虽然结构简单，但梳理作用差，牵伸倍数也较小，而且调节参数多，不易掌握。

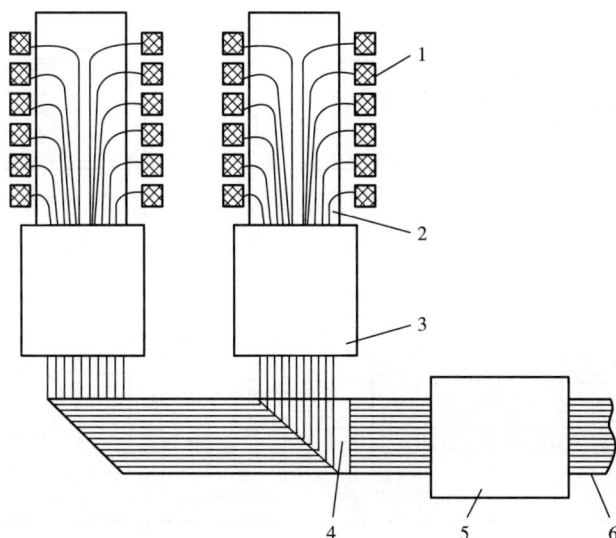

图 4-14 DPM/SRC 型混条机梳箱布置示意图

1—喂入毛球 2—喂入架 3—第一牵伸区 4—角尺板 5—第二牵伸区 6—出机毛网

2. MBC-31 型混条机

意大利康泰克斯公司的 MBC-31 型混条机的牵伸布置与 DPM/SRC 型混条机相似。该机第一牵伸区采用双头螺杆交叉针板式牵伸装置，第二牵伸区采用 PVC 型回转头（也称回转针板）式牵伸装置。其主要特点是总牵伸倍数大（可达 10~30 倍），并合根数多（可达 24 根）；出条速度高（可达 250m/min），自动化程度高；采用压缩泵喷和毛油，雾化效果好，加油均匀，加油量也较大；装有吸尘装置，减少飞毛，延长针板清洁周期，减少挡车工工作量。

意大利康涅泰克斯公司的 MVC-32V 型混条机与 MBC-32 型混条机同属针板牵伸式混条机，两个牵伸区均采用 RVC 型回转头牵伸装置，但针板工作区较短（130mm），梳针离开毛条时有 13° 倾斜，因此对纤维的梳理和控制均不如螺杆式牵伸装置。且当毛条接头不良或有捻度时，易产生毛块。

（二）小比例混条机

法国 NSC 公司的 GN6-24/RMC 型单梳箱比例混条机（图 4-15）即为小比例混条机。其总喂入根数为 16，其中 12 根直接进入梳箱。另有 4 根进入喂入架，喂入架两侧（每边 2 根）的 RMC 预牵伸机构。经牵伸装置用针辊或罗拉牵伸 1~5 倍，能将 5% 以下比例的毛条一次混合完毕，而不必经过"假和"工艺。该机有自动换筒或落球机构、喷和毛油和喷蒸汽加湿机构。出条速度可达 150m/min，并采用低速启动、高速运转的驱动方式。工艺调节方便灵活，非常适合小比例毛条的混条加工。

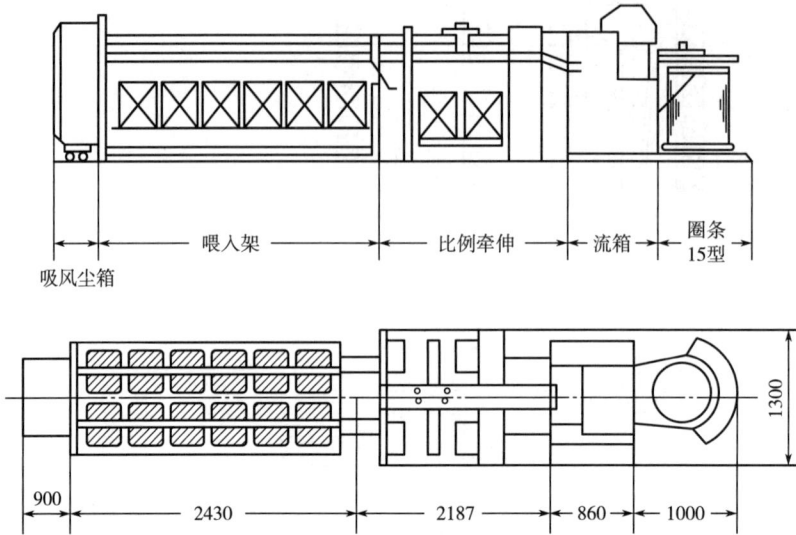

图 4-15 法国 GN6-24/RMC 型单梳箱比例混条机示意图

第四节 条染复精梳工序质量控制

一、条染复精梳条质量指标

条染复精梳条的主要质量指标包括：染色牢度、色差控制、毛粒毛片、重量不匀、含油及回潮率等，由于条染复精梳产品种类众多，目前我国尚无统一的质量标准，各企业的质量标准及考核项目略有差异，指标实例见表4-13、表4-14。

表 4-13 条染复精梳条质量指标实例（一）

品种	物理指标				外观疵点		染色指标			
	单重/ (g·m^{-1})	重量不匀率/%	回潮率/%	含油率/%	毛粒/ (个·g^{-1})	毛片/ (个·g^{-1})	浮色/级	摩擦牢度/级	本身色差/级	混合色差/级
纯毛	20±1	3.5	16±2	约1	2.0	不允许	4~5	4~5	4~5	4~5
黏胶纤维	20±1	3.5	13±2	0.2~0.4	2.5		3	4~5	4~5	4~5
涤纶	20±1	3.5	<2	0.2~0.4	2.5		3.5	4~5	4~5	4~5
锦纶	20±1	3.5	2~6	0.2~0.4	2.5		3.5	4~5	4~5	4~5

表 4-14 条染复精梳条质量指标实例（二）

项目		一等	二等	等外
毛粒/ (只·g^{-1})	纯毛、毛混纺	3.0	4.0	>4.0
	纯化学纤维、化学纤维混纺	4.0	4.5	>4.5
毛片/ (只·g^{-1})		不允许	不允许	不允许

续表

项目		一等	二等	等外
重量不匀率/%		<3.5	3.5~4.5	>4.5
染色指标	浮色/级	4	4~5	>5
	摩擦牢度/级	4	4~5	>5
	本身色差/级	4	4~5	>5
	混合色差/级	4	4~5	>5

二、质量控制方法

（一）条染工序

染色加工是提高质量的基础。各种纤维性能不同，染色所用染料、助剂及工艺参数差别也很大，应根据原料性能和产品要求精心选择、合理配置、规范操作。

（1）用酸性媒介染料染纯毛条时，化料要仔细并充分过滤，必要时要先煮沸后入染缸。

（2）要注意控制媒染时的 pH，以免出现 pH 过高使色牢度差、pH 过低易染花的问题，染液 pH 过高损伤纤维，过低影响色光，一般控制在 5~6 为宜。

（3）操作中严格掌握加料时间，过早或过晚会影响上染。

（4）要根据染料的上染特性相应调整并严格控制上染温度和速率，以保证上染均匀、吸色彻底、固色牢靠。

（5）染色后降温要缓慢，以保证产品手感良好。

（6）染涤纶条时也要注意化料均匀，最好用 40℃ 以下温水冲化，加入扩散剂并过滤后使用。

（7）注意染后清洗，合理选用清洗助剂，尽量去除浮色。

（8）注意控制升温，尤其在 90℃ 附近应缓慢升温，保证染料均匀吸附，色泽深透纯正。

（二）复洗工序

（1）复洗时为了充分利用设备，会将不同颜色的毛条同时进行复洗，但需注意深浅色分开，不能沾色，防止异色毛。

（2）为了防止混色，烘房落毛、复洗水槽落毛、地面落毛、复洗出条口两边缠毛、复洗成球罗拉缠毛、复洗地面洒料等均需要及时清理。

（3）防静电剂、柔软剂等助剂是通过阀门控制流量加入的，需要用温水稀释后再加入，防静电剂和柔软剂不能一起加入，避免发生化学反应。

（4）加工浮色较大、油污较多的原料时，要增加第一槽的洗剂浓度，增加第三槽的油剂添加量；缩短换水周期；在保证条子下机回潮的前提下，烘干温度不宜过高，以免损伤纤维，影响产品手感。

（三）复精梳工序

复精梳主要控制毛条的下机重量及重量不匀，毛粒、毛片含量以及原料、色泽的混合均匀程度。根据产品要求的原料及颜色配比，合理选择复精梳加工工艺流程，合理确定各道机器的并合根数、牵伸倍数、隔距、加压及车速等工艺参数。

加工纯毛条时，只要条染和复洗工艺设计合理，复洗后毛条达到质量标准要求，一般复精梳后的毛条质量也较好。但在加工化学纤维条时，尤其黏胶纤维条在条染时容易结并集束或发涩，复精梳时就要采取一定的技术措施来保证复精梳条的质量。通常的做法是在精梳机上采取轻定量喂入，一般喂入量可比正常减轻 20%~30%，隔距要放大，车速也要适当降低。在针梳机上除减轻喂入定量外，还要放大前隔距，减少针板密度，适当减小加压，牵伸倍数也不宜过大，一般在 6~8 倍范围内。若回潮率太低，还可在混条机上喷洒少量温水，存放24h 后使用。

思考题

1. 条染复精梳的任务是什么？条染复精梳产品有什么特点？

2. 条染复精梳毛条的质量控制指标有哪些？

3. 纺制涤/毛（55/45）纱线，涤纶条和毛条每根条子的重量均为 20g/m，试设计混条方案。

4. 某产品由四种不同批号的原料进行混条，各种原料的混和比例分别为：A 原料 27%、B 原料 32%、C 原料 19%、D 原料 22%。若各毛条单重均为 20g/m，试设计混条方案。

第五章　前纺工程

第一节　概述

一、前纺的任务

精梳毛纺织品的种类很多，根据不同产品的要求，应选用不同种类的精梳毛条作为原料。毛条制造工序和条染复精梳工序生产的纤维条的定量一般为 17～20g/m，而精纺细纱机所使用粗纱的定量一般只有 0.25～1.2g/m，因此精梳毛条不能直接用于细纱机进行纺纱，必须先经

码 5-1
前纺工程

前纺将其抽长拉细成符合细纱机喂入要求的粗纱。同时，精梳毛条中纤维的排列还不够平顺，毛条均匀度较差，不同品质、不同颜色的纤维混合也不够充分，质量上也不能满足细纱加工的要求，为此精梳毛条需经前纺进一步加工。

前纺的任务是将各种精梳毛条或染色毛条，经过多次并合、梳理和牵伸，制成具有一定单位重量和强度、成分准确、混和均匀、纤维排列平顺、条干均匀的符合细纱生产要求的粗纱。

前纺通常包括混条、针梳和粗纱等工序。混条的主要作用是将不同颜色、不同性质的毛条，按照工艺设计的比例混和均匀，使成品中各类纤维所占比例符合产品设计要求。由于混条机的并合根数较多，对改善毛条条干和降低毛条重量不匀率有显著效果。针梳的主要作用是对前道喂入的毛条进行并合、牵伸和梳理，制成条干均匀、纤维平直、结构紧密、定量符合要求的毛条。同时，针梳还可除去少量的细小杂质和短纤维。粗纱的任务是将末道针梳机出来的毛条抽长拉细成粗纱，并经过加捻或搓捻，得到具有较好的抱合力和一定的强力的粗纱，最后卷绕成一定形式的卷装，以利于搬运、储存和细纱机的喂入。

二、前纺加工系统

根据所加工原料的性能不同，前纺加工系统可分为英式、法式和混合式三大类，目前国内大多数毛纺企业所使用的新型前纺设备多为混合式。

英式前纺适用于加工支数较低、长度较长但卷曲度较小的羊毛，工序道数通常为 5～8 道。由于纤维间抱合力差，因此除头道、二道采用针梳机外，其余各道的牵伸都不用针板控制，输出的条子或粗纱要加上一定数量的真捻。英式前纺主要用于生产中高特绒线和针织用纱。

法式前纺适用于加工支数较高、长度较短但卷曲度大的羊毛，工序道数一般为 6～7 道。

由于纤维间抱合力大，因此各道工序均采用针板或针圈来梳理和控制纤维，输出的条子或粗纱不加真捻，而采用假捻或搓捻。法式前纺主要用于生产低特精梳毛纱和针织用纱。

混合式前纺是以法式前纺为基础，末道粗纱既可用有捻（弱捻）粗纱机，也可用无捻（搓捻）粗纱机。适用于加工 58~70 品质支数、长度为 50~200mm 的羊毛和细度为 3.3~5.5dtex、长度为 70~130mm 的化学纤维。混合式前纺用于生产精梳毛纱、绒线和针织用纱。

国产 68 型前纺设备属混合式前纺加工系统，其工艺流程为：

B412 型混条机→B423 型头道针梳机（附自调匀整装置）→B432 型二道针梳机→B442 型三道针梳机→B452 型四道针梳机→B465 型翼锭粗纱机（或 1~2 道 FB441 型搓捻粗纱机）

20 世纪 70 年代，我国还设计制造了高速链条针梳机，与 B471 型搓捻粗纱机配套使用。其工艺流程为：

B413 型混条机→B424 型高速链条针梳机（附自调匀整装置）→B433 型高速链条针梳机→B443 型高速链条针梳机→B471 型搓捻粗纱机

第二节　前纺针梳

一、前纺针梳的任务

针梳机广泛应用于前纺中，其主要任务是对前道工序喂入的精梳毛条进行多次并合、牵伸与梳理，在充分混合的基础上，制成条干均匀、纤维排列平顺、抱合紧密、出条单位重量符合要求的毛条，同时，针梳还可以除去部分细小杂质和短纤维。

二、前纺针梳机

我国先后设计定型的前纺针梳机有 58 型、68 型螺杆针梳机以及高速链条针梳机。前纺使用的螺杆针梳机在结构上与毛条制造使用的针梳机并无显著区别。

58 型螺杆针梳机采用双线螺杆和双头打手控制针排运动，针板最高击落次数为 600 次/min，前罗拉出条速度为 20~35m/min，牵伸倍数 5~8 倍，现已逐渐被淘汰。

68 型螺杆针梳机用于混合式前纺加工系统，其工艺流程为：

B423 型头道针梳机→B432 型二道针梳机→B442 型三道针梳机→B452 型四道针梳机

其中 B452 型四道针梳机采用开式针板结构，其他各道针梳机均采用交叉式针板结构。68 型针梳机采用三线螺杆和三头打手控制针排运动，与 58 型针梳机相比，具有速度高、牵伸倍数大、工艺流程短、占地面积小、卷装容量大等优点，B423 型头道针梳机上还装有自调匀整装置。68 型前纺针梳机的主要技术特征见表 5-1。

表 5-1　68 型前纺针梳机的主要技术特征

项目	B423 型	B432 型	B442 型	B452 型
喂入方式	φ450×380 毛球	φ600×900 条筒	φ400×900 条筒	φ400×900 条筒

续表

项目	B423 型	B432 型	B442 型	B452 型
最大并合根数	8×1 头=8	4×2 头=8	3×4 头=12	2
每头最大喂入重量/（g·m⁻¹）	240	240	156	15
牵伸形式	单区交叉针板	单区交叉针板	单区交叉针板	单区开式针板
牵伸范围	5~11	6~11	6~11	4.16~12.5
前罗拉出条速度/（m·min⁻¹）	60~100	60~100	60~100	30~80
针板打击次数/（次·min⁻¹）	800，1000	800，1000，1200	800，1000，1200	400~1170
最大出条重量/（g·m⁻¹）	30	13	6	0.5~2
出条根数×筒数	1×1	2×2	4×2	4×2

螺杆式针梳机受螺杆转速的限制，出条速度不能很高。高速链条针梳机不用螺杆和针梳，采用特殊链条来传动针棒，并采用双区牵伸，出条速度可达 200 m/min，牵伸倍数可达 5~20 倍。采用链条针梳机前纺针梳可缩短至三道，其工艺流程为：

B424 型头道针梳机（附自调匀整装置）→B433 型二道针梳机→B443 型三道针梳机

高速链条针梳机的主要技术特征见表 5-2。

表 5-2　高速链条针梳机的主要技术特征

项目	B424 型	B433 型	B443 型
喂入方式	φ450×380 毛球	φ600×900 条筒	φ600×900 条筒
最大并合根数	12×1 头=12	6×2 头=12	3×4 头=12
每头最大喂入重量/（g·m⁻¹）	200	200	150
牵伸形式	后区：罗拉牵伸 前区：链条针棒牵伸	后区：罗拉牵伸 前区：链条针棒牵伸	后区：罗拉牵伸 前区：链条针棒牵伸
牵伸范围	后区：1~2 倍 前区：5~9.33	后区：1~2 倍 前区：5~9.33	后区：1~2 倍 前区：5~9.33
前罗拉出条速度/（m·min⁻¹）	120~200	120~200	120~200
出条重量/（g·m⁻¹）	15~30	8~12	4~6
针棒打击次数/（次·min⁻¹）	2300~3250	2300~3250	2300~3250
出条根数×筒数	1×1	2×2	4×2

三、自调匀整装置

并合可以改善纱条的均匀度，但在纺纱过程中并合和牵伸是同时进行的，牵伸又会带来附加牵伸不匀。因此，只依靠增加并合作用来改善纱条的均匀度并不是最佳方法，也不符合缩短工艺道数的原则。为降低纱条的不匀率，又不使并合根数和工艺道数过多，毛纺生产中广泛使用了自调匀整技术，一般在毛条制造的末道针梳机和前纺的头道针梳机上配置自调匀整装置。

自调匀整装置能根据喂入或输出毛条的单位长度重量的变化自动调整牵伸倍数，从而使输出须条的定量保持稳定。自调匀整装置的应用，对提高产品质量、缩短工艺道数及提高劳动生产率有着积极的作用。

（一）自调匀整装置的组成

自调匀整装置的种类很多，按结构形式可分为纯机械式和综合式，综合式又可分为机械电气式和机械液压式等。按调节变速的方法可分为后罗拉变速式和前罗拉变速式两种。按控制系统的不同可分为开环系统、闭环系统和混合环系统三类。但各种自调匀整装置的组成基本相同，一般包括检测机构、放大机构、记忆延迟机构、传导机构和变速机构五部分，其组成示意图如图 5-1 所示。

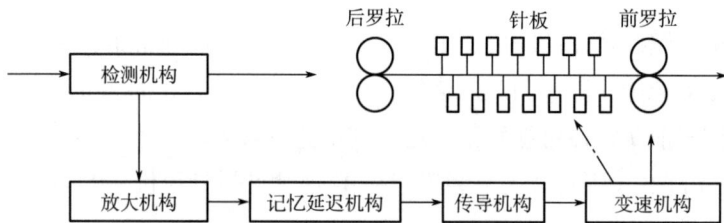

图 5-1　自调匀整装置的组成示意图

（1）检测机构。对喂入或输出毛条的单位重量进行检测。

（2）放大机构。将检测机构检测到的毛条粗细的微小变化放大到所需的程度。

（3）记忆延迟机构。由于从检测点到纤维变速匀整点有一定的距离，因此，检测机构检测到的信号，不能立即传递到匀整点，必须等毛条从受测点到达匀整点时，才能将信号传出，这项工作由记忆延迟机构完成。有些自调匀整装置，由于其检测点不在毛条进入牵伸区之前，或者因机器速度很高而检测点与纤维变速点间的距离又很小，这时可以不用记忆延迟机构。

（4）传导机构。将记忆延迟机构（或不采用记忆延迟机构的检测机构）提供的信号，传递给变速机构。

（5）变速机构。根据检测机构测得的毛条的粗细信号，及时改变喂入或输出速度，自动调整牵伸倍数。

（二）国产毛 C07 型自调匀整装置

毛 C07 型自调匀整装置为纯机械式，用于 B306 型和 B423 型针梳机。

毛 C07 型自调匀整装置由检测机构、记忆延迟机构、传导放大机构和变速机构四部分组成，如图 5-2 所示。

（1）检测机构。由一对测量罗拉组成，下罗拉为主动罗拉，两边带有法兰，直径为40mm，上罗拉由摩擦传动，直径为 90mm。测量罗拉用重锤加压，使喂入毛条紧密，以便用厚度代表毛条粗细。当喂入毛条不匀时，上测量罗拉绕支点摆动，并通过与上罗拉相连的杠杆将摆动位移放大，传给记忆延迟机构。

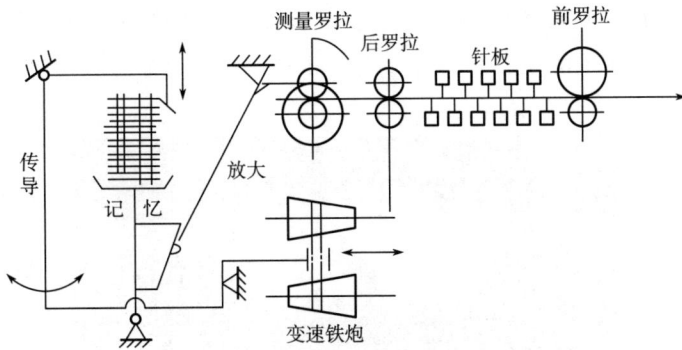

图 5-2　毛 C07 型自调匀整装置示意图

（2）记忆延迟机构。一般为钢辊锡林式。锡林边盘上有小孔，装有钢辊 70 根，其中处于工作状态的钢辊为 34 根，钢辊随锡林做逆时针方向转动。测量罗拉通过杠杆的放大、摆动，由活动瓦形块推动钢辊发生相应的轴向位移，位移量的大小与毛条的粗细变化成比例关系。各根钢辊顶端位置所形成的曲线，就是毛条的不匀率曲线。钢辊随锡林转到楔形块时，传导部分即将信号传出，使变速执行机构发生作用。钢辊从接收信号到楔形块发出信号的时间，应等于毛条从检测点到匀整点所需要的时间，即延迟时间。

（3）传导放大机构。由杠杆和楔形块组成。杠杆的作用是将检测罗拉检测到的毛条粗细微小的变化，放大至所需的程度，并传递给后面的机构。楔形块的作用是把从钢辊处接收到的信号传递给执行机构。钢辊的头端边缘始终与楔形块的斜面相接触，当钢辊位置改变时，楔形块就发生移动，通过杠杆拉动铁炮皮带叉，完成变速。

（4）变速机构（执行机构）。由一对铁炮组成。下铁炮为主动铁炮，恒速转动，通过铁炮皮带传动上铁炮。当喂入毛条不匀时，由于楔形块位置变化而带动铁炮皮带叉在铁炮表面左右移动，使上铁炮速度发生变化，并将所变化的速度传递给后罗拉与针板，从而改变牵伸倍数。

毛 C07 型自调匀整装置可使针梳机上的毛条重量差异率由 ±20% 降低到 ±1% 以下，出条速度为 60~80m/min。该装置机构简单，工作可靠，操作方便，不受外界干扰，有良好的同步性；但机械惯性较大，反应不够灵敏。

（三）国产机械液压式自调匀整装置

国产机械液压式自调匀整装置的检测机构为机械式，变速机构为液压式，配置在 B424 型高速链条针梳机上。

国产机械液压式自调匀整装置主要包括以下机构。

（1）检测机构。机械式检测机构主要由一对卧式沟槽凹凸罗拉（测量罗拉）组成，如图 5-3 所示。测量罗拉的直径为 86mm，宽有 20mm 和 25mm 两种，供不同喂入量使用，当测量罗拉间距在 3.6~7.4mm 时，可以正常工作。测量罗拉采用弹簧加压，实际总压力为 1470N 左右，更适合高速检测。两个测量罗拉均由齿轮积极传动，使毛条截面内所有纤维的速度保持一致，不会分层。上测量罗拉（凹罗拉）的芯轴位置固定，下测量罗拉（凸罗拉）的轴则装在角尺杠杆上。因此，下测量罗拉除了做旋转运动外，还随纤维量的变化绕杠杆支点摆动，将纤维量的变化转换为转子的位移，再经二级杠杆放大（有时缩小）后推动钢辊产生位移。

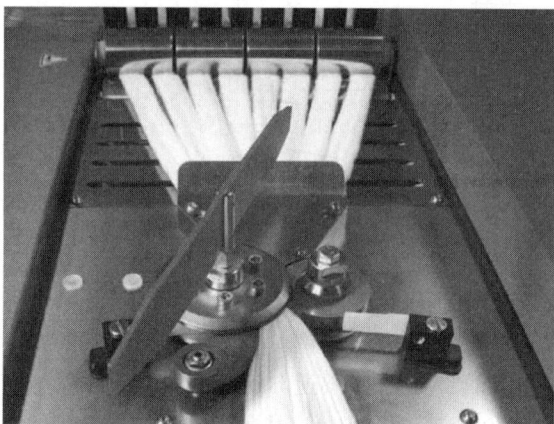

图 5-3　凹凸罗拉

（2）记忆延迟机构。采用钢辊锡林式，总钢辊数为 72 根，延迟角最大可为 290°，最大工作钢辊数为 58 根，每根钢辊代表喂入长度 18~20mm，当喂入毛条变化±20%时，钢辊位移量为 4.8mm。记忆信号由钢辊端面以轴向推顶方式输出，被信号接收器接收，接收器同时可接触 2~3 根钢辊，确保有两根接触，因此运转平稳，能适应高速。

（3）传导变速机构。传导机构采用机械式杠杆，变速机构采用液压变速电动机和差动机构相结合的形式。液压变速电动机和差动装置相结合，可以减轻液压变速电动机的功率负担，使定速部分由主电动机传动。液压变速电动机由变量轴向柱塞油泵和轴向柱塞油电动机组成。当钢辊位移变化时，通过杠杆改变变量轴向柱塞油泵的倾斜盘倾角，进而改变了油电动机的输出速度。

机械液压式自调匀整装置的匀整范围为±20%，出条每米重量不匀率能达到 1% 左右，5m 片段毛条重量不匀率能达到 0.5% 左右。由于采用了液压变速电动机，消除了铁炮皮带的打滑现象，机械延时小，匀整作用及时准确，能匀整更短片段的长度，也能适应高速针梳机 150~200 m/min 的输出速度。该装置使用方便，调节省力，由于采用了差动装置，不使用匀整系统（或匀整系统出故障）时，照样可以开车生产。但变速元件制造精度要求高，成本高，维修复杂。

四、前纺针梳工艺设计及实例

前纺针梳工艺设计的主要内容是确定前纺针梳工艺流程和各道针梳机的工艺参数。

（一）前纺流程的选择

精梳毛纺的前纺流程与所用原料、所纺纱线线密度及产品要求紧密相关。工艺道数通常是：纺纯毛产品多于纺毛混纺产品，纺毛混纺产品多于纺纯化纤产品；纺高特纱产品多于纺中特纱产品；纺混合成分多、混色成分复杂的产品多于纺成分少、混色简单的产品。质量要求高的产品，选择较长的工艺流程；质量要求一般的产品，选择相对较短的工艺流程。前纺流程实例见表5-3。

表5-3　前纺流程实例

工序	精纺面料用纱			粗绒线
	纯毛	毛混纺或涤黏混纺	黏锦混纺或纯涤纶	纯毛、毛混纺、膨体腈纶
混条	√	√	√	√
头针	√	√	√	√
二针	√	√	√	√
三针	√	√	√	√
末针	√	√	—	—
粗纱	√	√	√	—

国内某精纺厂采用国外进口设备生产高支纱的前纺流程为：

1#大混条→2#针梳→3#针梳→4#精梳→5#针梳→6#针梳→7#针梳→8#针梳→9#针梳→10#高速牵伸机（针梳）→11#粗纱机

其中，1#有3个梳箱，牵伸并合的能力比较强，并合根数为20~24根。1#、2#、5#为加油机台，有油箱，通过油嘴喷到纤维条子上，1#、2#加的是和毛油和抗静电剂，保证染色中心送入毛团的可纺性，5#主要加的是抗静电剂，保证前纺的可纺性。4#精梳机的作用是减少梳理负荷，加强梳理效果。喂入条子的根数：纯毛24根，毛/涤22根。7#~10#为前纺头针至末针。6#、7#带自调匀整，作用是使其下机的条子粗细均匀，保证条干。若7#下机条子的条干不好，则后道工序基本无法改善。10#下机的毛条喂入粗纱机，要求毛条光滑、圆润，无刮毛。毛条刮毛后，则该处截面内的纤维根数会减少，再经过粗纱和细纱的牵伸后，易在纱线上形成细节，很容易在布面上显现出来。

（二）工艺参数设计

混条、头针、二针、三针的工艺参数依据所加工纤维的种类、长度指标来选定，并考虑各机台间的前后衔接搭配，主要工艺参数涉及牵伸倍数、并合根数、出条重量和出条速度、隔距、前罗拉加压以及针板密度。

1. 牵伸倍数

牵伸倍数应根据各道机器的牵伸能力、原料性能以及产品质量要求而定。各道针梳的牵伸倍数、并合根数、出条重量以及出条速度是相互关联的，选择时要综合考虑，前后兼顾，合理分配。

前纺各道针梳的牵伸倍数一般在5~11倍，其中交叉式针梳机常用牵伸倍数为6~8倍，开式针梳机常用5~7倍。如果毛条纤维长度长且整齐、抱合力好，牵伸倍数可选大些；反之，要选小些。牵伸倍数要逐道降低，原因是从前到后条子逐道变细，密度变小，梳针控制纤维的能力越来越差，牵伸倍数大会影响条子的均匀度。高速针梳机的牵伸倍数大于普通针梳机。高速链条针梳机采用双区牵伸，其牵伸分配为，纺羊毛时前区为6~8倍，后区为1.5倍以下；纺化学纤维时，前区为6~8倍，后区为1.8~2倍。B433型和B443型高速链条针梳机一般只用单区牵伸。

2. 并合根数

并合根数与牵伸倍数和出条重量有关，同时还应考虑机器的针区负荷量、机器头数及出条速度等因素，以保证前后供应平衡。一般在前几道要尽可能增加并合根数，以使毛条的重量不匀率降到最低，有利于改善条干均匀度，后几道可逐渐减少。

3. 出条重量和出条速度

出条重量和出条速度对产品的生产质量、生产供应情况及机台配备等有着重要影响。出条重量应根据纱线线密度、各道设备的牵伸倍数、工艺道数以及产量要求确定，由前到后，前纺各道针梳的出条重量越来越轻。出条速度主要根据机器性能、出条重量和产量要求确定。

4. 隔距

各道针数机的隔距主要取决于纤维长度、出条重量、原料品种以及工序的前后顺序。通常按工序由前到后逐渐减小，原因是前道喂入负荷大、出条重、牵伸力大，隔距小会牵伸不开。

总隔距的大小主要根据纤维长度的分布情况而定。对于68型高速交叉针梳机，由于梳箱工作区的长度为230mm，从前罗拉到针板后部的距离远远超过纤维的长度，因此总隔距无须调整。开式针梳机的总隔距一般为纤维交叉长度的1.8~2倍，常用的隔距为280~300mm。

针梳机的前隔距是指第一排针板到前上胶辊和小罗拉握持线之间的距离，一般前隔距应偏小掌握，过大会引起牵伸不匀。但在具体确定时，应考虑纤维长度、出条重量和原料品种等因素，须条较重或纤维平行伸直度好、整齐度好的，前隔距可大一些。交叉式针梳机的前隔距，加工羊毛时一般约为40mm；加工化纤时稍大些，为45~55mm；加工较短纤维（如羊绒或兔毛）时，可调整到22~30mm。开式针梳机通常将前隔距定为适用范围较宽的适中尺寸，避免调整的麻烦，B452A型一般定为25mm。针圈式针梳机将针圈表面到前罗拉表面的距离表示为前隔距，通常定为1~3mm。链条针梳机的前隔距纺纯毛时为35~50mm，纺化学纤维时为50~55mm。

5. 前罗拉加压

前罗拉加压一般不调整，但在加工化学纤维和化学纤维混纺纱时，由于纤维整齐度高，造成须条的牵伸力大，故前罗拉加压也应适当加大。加工混纺条或化纤条时的前罗拉压力约为98.2N/cm²，加工纯毛条时前罗拉的压力约为78.4N/cm²。

6. 针板密度

针板密度选择也要根据加工纤维的品种、线密度、长度以及机器道数等因素确定。一般针板密度选择原则是：加工羊毛条比加工化纤条时大，加工细纤维比加工粗纤维时大，加工短纤维比加工长纤维时大，针区负荷小比负荷大时大。针板密度按工序要逐道加大，并与隔距逐渐减小、牵伸倍数逐渐降低相协调，这样安排的原因在于前道喂入负荷大、出条重、牵伸力大、纤维平行度差。隔距大、牵伸倍数大、针密稀有利于牵伸。随着条重逐道减轻，纤维越来越顺直，考虑的重点应逐步转向纤维运动的控制。

（三）前纺针梳工艺实例

前纺针梳的工艺实例见表5-4。

表5-4　前纺针梳工艺实例

机型	牵伸倍数	并合数/根	出条重量/（g·m⁻¹）	前隔距/mm		针密			出条速度/（m·min⁻¹）
				纯毛	化纤	纯毛	混纺	化纤	
B412	7～9	10×2	30（2×2）、50（1×2）	40	45～55	10	10	10	50～80
B423	7～9	8	30	40	45～55	13～16	10～13	10	60～100
B432	8～9	4	13	40	45～55	16～19	13～16	13	60～100
B442	7～9	3	6	40	45～55	19～21	16～19	13	60～100
B452A	6～7.5	2	2	23～27	25～30	12	25	20	30～80

五、前纺针梳质量控制

前纺针梳质量好坏直接影响粗纱的质量。从与粗纱质量的关系看，前纺针梳的质量控制指标主要是重量不匀率和重量偏差，前纺各道针梳的质量控制指标见表5-5。

表5-5　前纺各道针梳的质量控制指标

工序	重量偏差/（g·m⁻¹）	重量不匀率/%
头道针梳机	±0.3	1
二道针梳机	±0.18	1
三道针梳机	±0.10	1
四道针梳机	±0.02	1.5

提高前纺针梳质量，除要求合理的工艺设计、良好的机械状态以及严格的技术管理外，还要切实做好配重和配条工作。

在没有自调匀整的情况下，通常可以安排一次或两次配重。配重就是将上一道针梳机输出的轻重不同的毛条，在下道针梳喂入时，按正偏差组和负偏差组的条子进行适当搭配，使总喂入量等于或接近标准的总喂入量，从而使下道工序出条的不匀率减小。配重一般安排在第二、第三道前纺针梳机上进行，经配重后，喂入下道的总重量的最大差异不超过1.5%。配重时，毛条要求定长、定重，并且必须折合成公定回潮重量。喂入时要注意以重接重，以轻接轻。对于有自调匀整装置的针梳机，经匀整后的毛条不必配重。

若一个牵伸头同时输出两根或两根以上的毛条，由于这些毛条具有相同的不匀分布，在喂入下道针梳机时，应分别喂入不同的牵伸头中，以减少纱条同时出现粗节或细节的可能性，从而降低纱条的重量不匀率，这种方法称为配条。在前纺各道针梳机上，能够实行配条的机台，均应进行配条。

为提高前纺针梳质量，还应控制好前纺车间的温湿度，以使毛条处于放湿状态。通常前纺车间的温度要求在冬季最低为 20~23℃，纺化学纤维略高；夏季最高 30~33℃。相对湿度应控制在 65%~75%。

第三节　粗纱工序

一、粗纱的任务

前纺粗纱机的任务是将从针梳机出来的毛条制成粗纱。毛条经过几道针梳机的牵伸、梳理和并合，已经比较均匀，纤维也已相当平行。但此时的毛条直径仍然较大，不能直接纺成细纱，必须经过粗纱机的牵伸，将毛条抽长拉细到一定程度（一般为 0.25~1.2g/m）以减少细纱机牵伸负担。其具体任务如下：

（1）牵伸。将毛条抽长拉细成规定线密度的粗纱，分担纺成细纱工序的牵伸负荷，并进一步改善纤维的平行伸直度与分离度。

（2）加捻或搓捻。将牵伸出的须条加捻或搓捻，使其中的纤维互相抱合，构成具有一定紧密度和强度的粗纱，用以承受粗纱卷绕和在细纱机上退绕时的张力，防止意外牵伸或拉断。

（3）卷绕与成形。将捻成的粗纱卷绕成具有一定形状和大小的卷装形式，便于储存和搬运，以适应细纱机加工的要求。

二、加捻的基本原理

加捻的对象是松散的纤维须条或纤维集合体以及单纱、单丝的集合体。加捻的目的是给这些纤维须条或纤维集合体的总体或局部加以适量的捻度使之成纱或把纱、丝捻合成股线、缆线。加捻后，纤维、单纱、单丝在纱或线中获得一定的结构形态，使制品具有一定的物理机械性质和外观结构。

加捻有时还用在须条加工过程中的某一时间或某一区域，使须条获得暂时捻度，以利于工艺过程的进行。

（一）加捻的实质

传统的加捻概念是须条一端被握持，另一端绕自身轴线回转，即形成了捻回。如图 5-4（1）所示。设须条近似圆柱体，如图 5-4（2）所示，AB 为加捻前基本平行于纱条轴线的纤维，当 O 端被握持，O' 端绕轴线回转，纤维 AB 就形成螺旋线到 AB' 的位置，在 O' 截面上产生角位移 θ，螺旋线 AB' 和纱轴线间的夹角 β，称为捻回角。当 $\theta=360°$，即须条绕本身轴线回转一周时，这段纱条上便获得一个捻回，如图 5-4（3）的螺旋线 AB'' 所示。可见捻回的获得是由于纱条各截面间产生角位移的结果。

在近代纺纱技术中，出现了众多的新型纺纱技术。为了适应高速高产，它们所用的加捻机件和方法与传统的不同，各具特点，如转杯加捻、涡流加捻、搓捻、假捻，甚至使长丝束产生交缠、网络等，因此，随着纺纱实践的发展，需对加捻的实质给予广泛的定义，即凡是

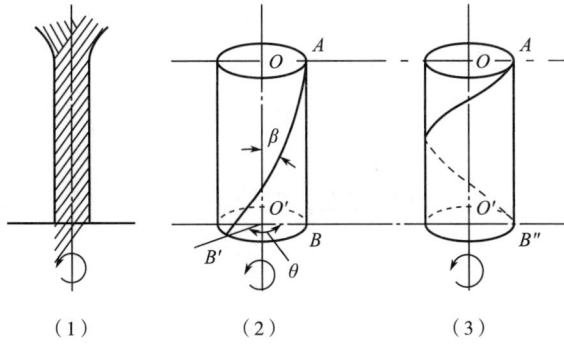

图 5-4 须条加捻时外层纤维的变形

在纺纱过程中，纱条（须条、纱线、丝）绕其轴线加以扭动、搓动、缠绕、交结，使纱条获得捻回、包缠、交缠、网络等都称为加捻。但传统或者是广义的加捻，均可用如下的力学分析来简要说明：取纱条中一小段纤维 l 作分析，如图 5-5 所示，设 ϕ 为 l 对纱条的包围角，当纱条受轴向拉伸时，如不计 l 段产生的摩擦力，则 l 两端存在张力 t。令 q 为两端张力 t 在纤维 l 中央法线方向的投影之和，即 $q = 2t \cdot \sin \dfrac{\phi}{2}$，其中，$q$ 为纤维 l 对纱条的向心压力。当 ϕ 很小时，$\sin \dfrac{\phi}{2} = \dfrac{\phi}{2}$，则：$q = t\phi$。

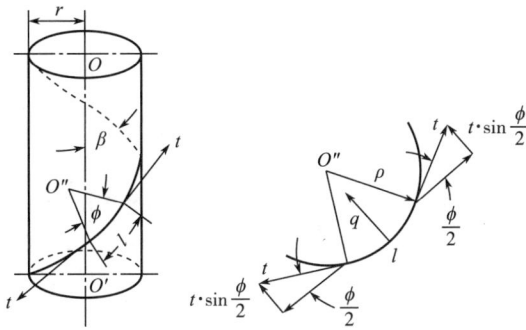

图 5-5 外层纤维对纱心的压力分解

可见，当 l 对纱条存在包围角时，纤维对纱条便有向心压力，包围角越大，向心压力越大。由于向心压力的存在，使外层纤维向内层挤压，增加了纱条的紧密度和纤维间的摩擦力，从而改变了纱条的结构形态及其物理机械性质，这就是真捻成纱的实质。向心压力 q 反映了加捻程度的大小，包围角 ϕ 增加，加捻程度增加。在实际中，对纱条的加捻分析，一般不用包围角而用捻回角。在图 5-5 中，r 为纱条半径，β 为捻回角，ρ 为螺旋线的曲率半径，向心压力与捻回角的关系为：

$$q = t\theta \sin\beta$$

式中：t 和 θ 可视作常量，因 $0 < \beta < \dfrac{\pi}{2}$，故 q 与 β 成正比。可见，捻回角的大小能够代表

纱线加捻程度的大小，它对成纱的结构形态和力学性质起着重要的作用。不同捻回角的纱条如图 5-6 所示，从图 5-6 中可看出：捻回角越大，则加捻程度越大，纱线越紧密。

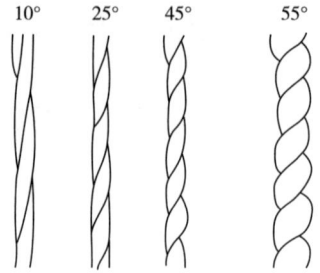

图 5-6　不同捻回角的纱条

（二）捻回的度量

虽然捻回角能直接反映纱线的加捻程度，但捻回角不易测量，因此实际中，采用操作性更强的捻度、捻系数和捻幅这三个指标来衡量纱线的加捻程度。

1. 捻度

纱条相邻截面间相对回转一周称为一个捻回。单位长度纱条上的捻回数称为捻度，根据单位长度的不同，捻度可分为特数制捻度、公制捻度和英制捻度三种。特数制捻度是指 10cm 长须条上的捻回数，常用于棉纺系统中。公制捻度是指 1m 长须条上的捻回数，常用于毛纺和化纤长丝纺纱系统中。英制捻度是指每英寸长须条上的捻回数。捻回数越多，则捻度越大。虽然捻度的意义很简单、明确，但在应用上有明显的局限性。

捻度与加捻程度的关系：

（1）纱线线密度相同。取同样长度的 A、B 两段纱条。当 A、B 两段纱条的线密度相同时，即 $r_A = r_B$，A 纱上有一个捻回，B 纱上有两个捻回，如图 5-7（1）所示。由图中知，$\beta_A < \beta_B$，说明 B 纱条比 A 纱条的加捻程度大，即捻度大的纱其加捻程度也大。故捻度可以用来直接衡量相同线密度纱线的加捻程度。

（2）纱线线密度不同。如图 5-7（2）所示，设 A、B 为两段线密度不同、长度相同的纱段，即 $r_A > r_B$，纱上都有一个捻回，即捻度相同。由图中知，$\beta_A > \beta_B$，即捻度相同时，粗的纱加捻程度大，细的纱加捻程度小。可见，不能直接用捻度来衡量不同线密度纱线的加捻程度。

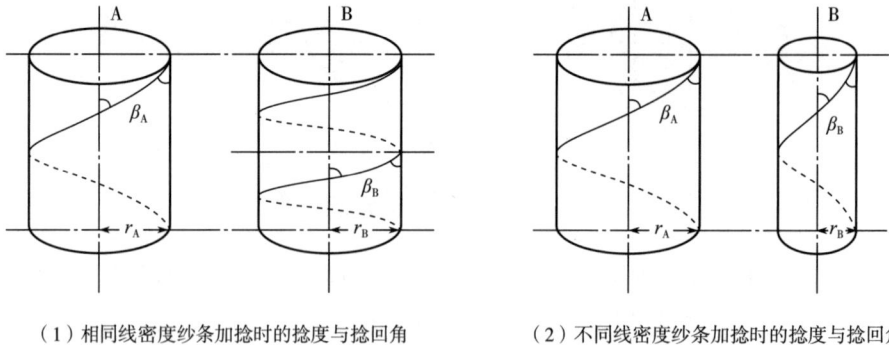

（1）相同线密度纱条加捻时的捻度与捻回角　　　（2）不同线密度纱条加捻时的捻度与捻回角

图 5-7　纱条的线密度与加捻

2. 捻系数

从加捻的实质来看，最能反映加捻程度的是捻回角 β。捻回角与纱的粗细、捻度有关。

如图 5-8 所示，把半径为 r（cm）、具有一个捻回的纱条圆柱体展开，设此段纱条上的捻度为 T_t（捻/10cm），则纱条的捻回角可表示为：

$$\tan\beta = \frac{2\pi r}{h}$$

式中：h 为捻回螺旋线的螺距，有 $h = \frac{10}{T_t}$，代入上式得：

$$\tan\beta = \frac{2\pi r T_t}{10} \tag{5-1}$$

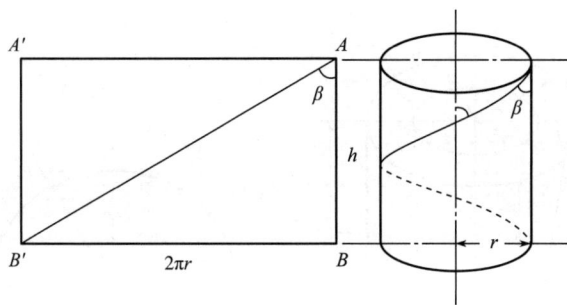

图 5-8　圆柱螺旋线的展开

则式（5-1）表示捻回角与纱条捻度以及纱条直径间的关系。如果纱条线密度相同，即半径 r 不变，则捻回角随捻度的改变而改变；如果纱条捻度相同，则捻回角又随纱条线密度的改变而改变。因此，捻回角既可反映相同线密度纱条的加捻程度，又可反映不同线密度纱条的加捻程度。但由于纱条半径不易测量，捻回角的运算又较繁，因此在实用上又将其转化为与捻回角具有同等物理意义的另一个参数，即捻系数。

设：纱条的长度为 L（m），质量为 G（g），半径为 r，密度为 δ（g/m³）。

纱条的线密度 $Nt = 1000 \times 100 \frac{G}{L}$（g/cm）。因 $G = \pi r^2 \cdot L \cdot \delta$（g），则有：

$$r = \sqrt{\frac{Nt}{\pi\delta \times 10^5}}$$

将上式代入式（5-1），得：

$$T_t = \frac{\tan\beta \sqrt{\delta \times 10^7}}{2\sqrt{\pi}} \times \frac{1}{\sqrt{Nt}} \tag{5-2}$$

令 $\alpha_t = \frac{\tan\beta \sqrt{\delta \times 10^7}}{2\sqrt{\pi}}$，则：

$$T_t = \frac{\alpha_t}{\sqrt{Nt}} \tag{5-3}$$

式中：α_t 为捻系数。因 δ 可视作常量，由式（5-2）知，捻系数 α_t 只随 $\tan\beta$ 的增减而增减。因此，采用 α_t 度量纱条的加捻程度和用捻回角 β 具有同等的意义，而且运算简便，线密度也容易直接测量。

当采用公制或英制时，同样可以导出捻度公式如下：

$$T_m = \alpha_m \sqrt{N_m}$$

$$T_e = \alpha_e \sqrt{N_e}$$

式中：T_m，T_e 分别为公制捻度（捻/m）和英制捻度（捻/英寸）；α_m，α_e 分别为两者相应的捻系数；N_m，N_e 分别为两者相应的支数。

3. 捻幅

单位长度纱线加捻时，截面上任意一点在该截面上相对转动的弧长称为捻幅，如图 5-9 所示。

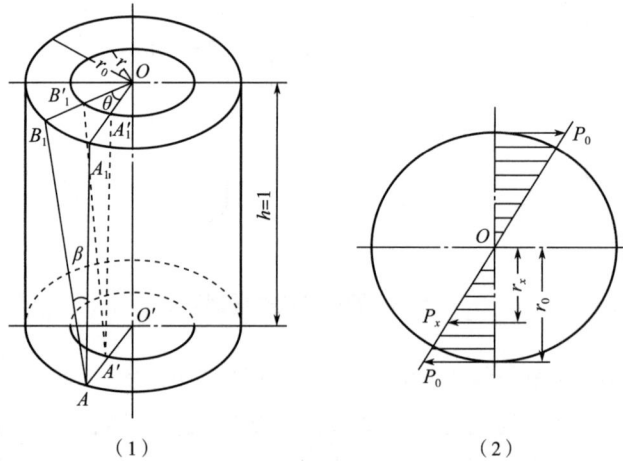

（1）　　　　　　　　　　　　　（2）

图 5-9　单纱任意一点捻幅

图中 AA_1 因加捻而倾斜至 AB_1 位置，纤维 AB_1 与纱条构成捻回角 β，B_1 转动角 θ，纱段长度为 h，则就是该纤维 A_1 点在截面上的位移弧长，称为捻幅，以 P_0 表示，T 表示该纱条上的捻度。

$$P_0 = \frac{r_0 \theta}{h} = 2\pi r_0 T$$

为计算方便起见，令 $\overset{\frown}{A_1 B_1} \approx \overline{A_1 B_1}$，则：

$$\tan\beta = \frac{\overline{A_1 B_1}}{h} = P_0$$

对于纱线截面内任意一点的加捻程度都可用捻幅表示，如 $A'A_1'$ 纤维，加捻后的捻幅为 $\overset{\frown}{A'B'}$（$\overline{A_1' B_1'}$）。假设截取纱线横截面如图 5-9（2）所示，截面中任意一点捻幅 P_x 为：

$$\frac{P_x}{r_x} = \frac{P_0}{r_0}，则 \; P_x = P_0 \frac{r_x}{r_0}$$

由上式可见，捻幅 P_x 与该点距纱条中心距离 r_x 成正比。

捻幅的物理意义可以理解为纤维与轴线的倾斜程度，表示纤维变形和应力的大小。因此捻幅的大小表示纱线截面内捻度与应力的分布状态。

4. 捻度矢量

捻度是一个矢量，它既有大小又有方向，它的大小用单位长度上的捻回数表示，方向则由回转角位移的方向（螺旋线的方向）来决定。纱条回转方向可分为顺时针或逆时针。生产上常用螺旋倾斜的方向来确定纱条捻向是Z捻（正手捻）还是S捻（反手捻），纱条捻向如图5-10所示。

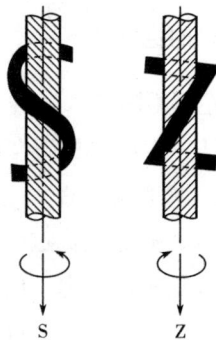

图5-10 纱条捻向

（三）捻度的获得

1. 真捻的获得

纱条上获得真捻的方法，一般有以下三种情况。

（1）如图5-11（1）所示，A 为须条喂入点，B 为加捻点并以转速 n 回转，则 AB 段纱条便产生倾斜螺旋线捻回，AB 段获得的捻度的公式如下：

$$T = \frac{nt}{L}$$

式中：L 为喂入点至加捻点的距离；t 为加捻时间。

这种方法如手摇纺纱和走锭纺纱等，加捻时不卷绕，卷绕时不加捻，属于间隙式的真捻成纱方法，生产率低。

（2）如图5-11（2）所示，A、B、C 分别为喂入点、加捻点和卷绕点，纱条以速度 v 自 A 向 C 运动，A、C 在同一轴线上，B、C 同向但不同速回转，当 B 以转速 n 绕 C 回转时，则 AB 段纱条上便产生倾斜螺旋线捻回，AB 段获得的捻度 $T_1 = \frac{n}{v}$。由于 B 和 C 在同一平面内同向回转，其转速差只起卷绕作用，BC 段的纱条只绕 AC 公转，不绕本身轴线自转，没有获得捻回，故由 C 点卷绕的成纱捻度 T_2 等于由 AB 段输出的捻度 T_1，即：

$$T_2 = T_1 = \frac{n}{v}$$

这种方法，加捻和卷绕是同时进行的，能进行连续纺纱，又因在喂入点 A 至加捻点 B 的须条没有断开，属于连续式非自由端真捻成纱方法，生产率高，如翼锭纺纱和环锭纺纱等。

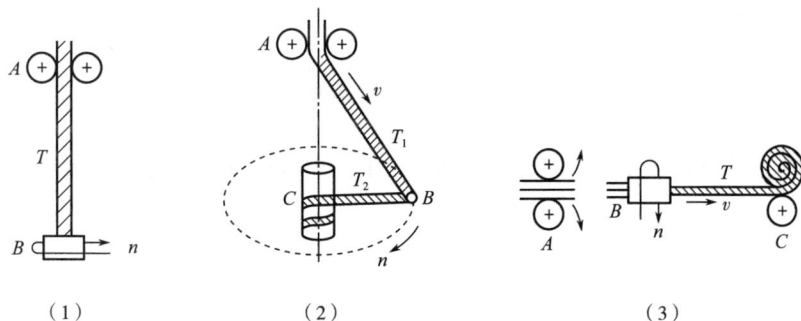

| （1） | （2） | （3） |

图5-11 真捻的获得

（3）如图5-11（3）所示，A、B、C 分别为喂入点、加捻点和卷绕点，A 点和 B 点之间的须条是断开的，B 端一侧的纱尾呈自由状态，当 B 以转速 n 回转时，B 端左侧呈自由状态的须条在理论上也随 B 回转，没有加上捻回，只在 BC 段的纱条上产生倾斜螺旋线捻回，BC

段获得的捻度 $T = \dfrac{n}{v}$ ，即为成纱捻度。在这种方法中，卷绕时也无须停止加捻，只要保证在 B 的左侧不断喂入呈自由状态的须条或纤维流，就能连续纺纱，属于连续式的自由端真捻成纱方法，生产率更高，例如转杯纺纱、无芯摩擦纺纱、静电纺纱和涡流纺纱等。

2. 假捻的获得

（1）静态假捻过程。如图 5-12 所示，须条无轴向运动且两端分别被 A 和 C 握持，若在中间 B 处施加外力，使须条按转速 n 绕本身轴线自转，则 B 的两侧产生大小相等、方向相反的扭矩 M_1 和 M_2，B 的两侧获得数量相等、捻向相反的捻回，一旦外力去除，在一定的张力下，两侧的捻回便相互抵消，这种暂时存在于 B 两侧的反向捻回，称为假捻，B 为假捻器。可见，形成假捻的基本条件是纱条两端握持，中间加捻。假捻的基本特征是纱条上存在数量相等、捻向相反的捻回。

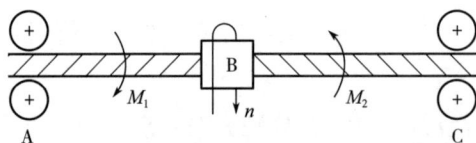

图 5-12　静态假捻过程

（2）动态假捻过程。如图 5-13（1）所示，AC 为加捻区，加捻区内有一个假捻器 B。设（无捻）须条以速度 v 自 A 向 C 运动，B 以转速 n 回转，L_1 和 L_2 表示 AB 段和 BC 段的长度，T_1 和 T_2 表示加捻过程中 AB 段和 BC 段的捻度。经时间 t 后，AB 段和 BC 段的捻回变化如下：

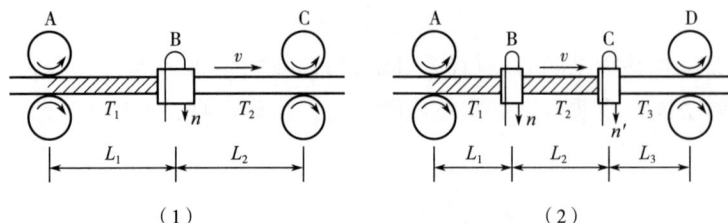

（1）　　　　　　　　　　　　　　（2）

图 5-13　动态假捻过程

AB 段：单位时间 t 内由 B 加给的捻回为 nt，同一时间内自 AB 带出的捻回为 T_1vt，则 $n = T_1v$，得：

$$T_1 = \frac{n}{v}$$

BC 段：单位时间 t 内由 B 加给的捻回为 −nt（与加给 AB 段的捻回相反），同一时间内，由 AB 段带入 BC 段的捻回为 T_1vt，自 BC 段带出的捻回为 T_2vt，则 $-nt + T_1vt = T_2vt$，得：

$$T_2 = \frac{T_1v - n}{v} = T_1 - T_1 = 0$$

由上述两式（T_1 和 T_2）的结果可知，在稳定状态下，假捻器的纱条喂入端 AB 段存在捻

度 $\frac{n}{v}$，输出端 BC 段没有捻度。

在图 5-13（2）中，加捻区内有两个假捻器 B 和 C。须条以速度 v 自 A 向 D 运动，B 和 C 分别以转速 n 和 n' 回转，T_1、T_2 和 T_3 分别表示 AB 段、BC 段和 CD 段的捻度。

单位时间 t 内，由 B 加给 AB 段的捻回为 nt，同一时间内，自 AB 段经 B 带出的捻回为 T_1vt。根据稳定捻度定理即某一段单位时间内加上的捻回数等于输出的捻回数，则 $nt=T_1vt$，得：

$$T_1 = \frac{n}{v}$$

单位时间 t 内，由 B 加给 BC 段的捻回为 $-nt$，同一时间内，由 AB 段带入 BC 段的捻回为 T_1vt，由 C 加给 BC 段的捻回为 $n't$，自 BC 段经 C 带出的捻回为 T_2vt。根据稳定捻度定理，则 $-nt+T_1vt+n't=T_2vt$，得：

$$T_2 = T_1 + \frac{n'}{v} - \frac{n}{v} = \frac{n'}{v}$$

单位时间 t 内，由 C 加给 CD 段的捻回为 $-n't$，同一时间内，BC 段带入 CD 段的捻回为 T_2vt，自 CD 段经 D 带出的捻回为 T_3vt。根据稳定捻度定理，则 $-n't+T_2vt=T_3vt$，得：

$$T_3 = \frac{T_2v}{v} - \frac{n'}{v} = T_2 - T_2 = 0$$

由上式的结果（T_3）知，在稳定状态下，不管中间假捻器有多少个，仅起到假捻的作用，最终输出的纱条上的捻回数与喂入时的相同，均不会获得新增加的捻度。

（四）捻回传递

捻回从加捻点沿轴向向握持点传递，称为捻回传递。传递过程中有速度的传递和数量的传递。由于纱条是非完全弹性体，因此传递过程中有捻回损失，传递也需要一定的时间。

影响捻回传递的因素有纱条的扭转刚度、纱条的长度、纱条上捻回数、纱条张力以及传递过程受摩擦阻力的情况。

（五）捻陷

如图 5-14 所示，由于加捻区 AB 中的摩擦件 C 对捻回传递的影响，致使 BC 段的捻度在传递到 AC 段的过程中有一部分损失，其传递效率为 η。

根据稳定捻度定理，BC 段的捻度可以求出：

$$nt-T_2vt=0$$

则：

$$T_2 = \frac{n}{v}$$

AC 段的捻度为 T_1，有：

$$\eta T_2vt - T_1vt = 0$$

则：

$$T_1 = T_2\eta = \frac{n}{v} \cdot \eta$$

图 5-14　捻陷

由上述关于 AC 和 BC 段的捻度表达式可以看出，摩擦件 C 使纱条 AC 段的捻度比正常捻

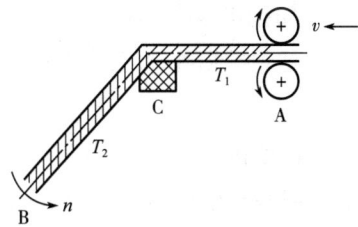

度减少了（图 5-15），但对最终输出纱条上的捻度无影响，这种现象称为捻陷。

（六）阻捻

如图 5-16 所示，同样在加捻区 AB 中间有摩擦件 C，但纱条运动方向则是从加捻点向握持点运动，C 件的摩擦阻力阻止捻回 T_2 完全传至 AC 段，因此，AC 段上只有 $T_2 v \lambda$ 捻回传递过去，λ 为阻捻系数，$\lambda < 1$。

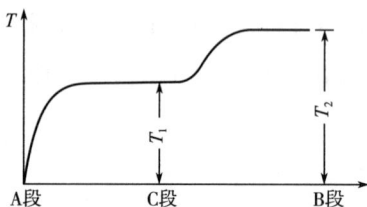

图 5-15　捻陷时纱条上的捻度分布　　　　图 5-16　阻捻

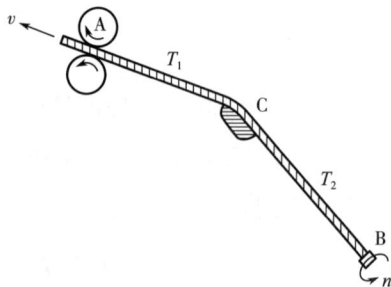

根据稳定捻度定理：

BC 段：
$$n - \lambda T_2 v = 0 \ , \ T_2 = \frac{n}{\lambda v}$$

AC 段：
$$\lambda T_2 v - T_1 v = 0 \ , \ T_1 = \frac{n}{v}$$

从以上分析看出，摩擦件 C 对 BC 段纱条有增捻作用，这种现象称为阻捻，但对最终输出纱条的捻度无影响。

阻捻与捻陷两者的区别是在纱条运动过程中，捻度传递方向和摩擦阻力作用的不同所致，但对最终输出纱条的捻度都无影响。

（七）加捻的作用

加捻是粗纱机的主要工艺目的之一。前罗拉输出的纱条，结构疏松，抱合力很差，很难卷绕成形，故须对粗纱进行加捻。粗纱加捻的作用如下：

（1）加捻使粗纱强力增加，减少卷绕和退绕过程中的意外伸长或断头。

（2）加捻粗纱绕成的管纱，层次清楚，不互相粘连，搬运和贮存也不易损坏。

（3）适量的粗纱捻度，有利于细纱机牵伸过程中纤维运动的控制，对改善成纱质量有利。

三、粗纱机

目前粗纱机根据粗纱是否加捻分为两大类：一类是纺制无捻（或搓捻）粗纱的粗纱机，称为无捻粗纱机，如国产 FB441 型针筒搓捻粗纱机和 FB473 型无捻粗纱机。另一类是纺制有捻粗纱的粗纱机，称为有捻粗纱机，如国产 B465A 型粗纱机。

无捻粗纱机的特点为：①机构简单，挡车操作、保全和保养方便，改批和改换筒管容易。②速度高，产量高。③适用于卷曲数多、抱合力大的羊毛。

有捻粗纱机的特点为：①机构复杂，挡车操作和保全、保养困难。②采用翼锭的加捻方式。③锭翼运转时离心力大，易变形，故该类粗纱机车速低，生产效率低。④适用于不同种类的原料加工，对纱条的含油、回潮及车间的温湿度适应性也较好。

（一）B465A 型有捻粗纱机

B465A 型有捻粗纱机由喂入、牵伸、加捻卷绕成形三部分组成，其工艺简图如图5-17所示。毛条由条筒中引出，经导条辊1、分条架2和后集合器3后，由后罗拉4进入牵伸装置中。毛条在牵伸装置中的一对长短胶圈5控制下，抽长变细。为了防止牵伸时纤维扩散，在长短胶圈5的前后各设有纤维集合器7和8。经过牵伸后的须条经前罗拉6送出后，在翼锭9的回转下纤维获得捻度，再利用翼锭与筒管的转速差而卷绕在筒管10上。筒管随着上龙筋11一起做升降运动，将粗纱逐圈逐层依次卷绕到筒管上。为了防止纱管两端毛纱脱圈，筒管升降动程是逐层减小，使粗纱卷绕成两头呈圆锥形管纱。

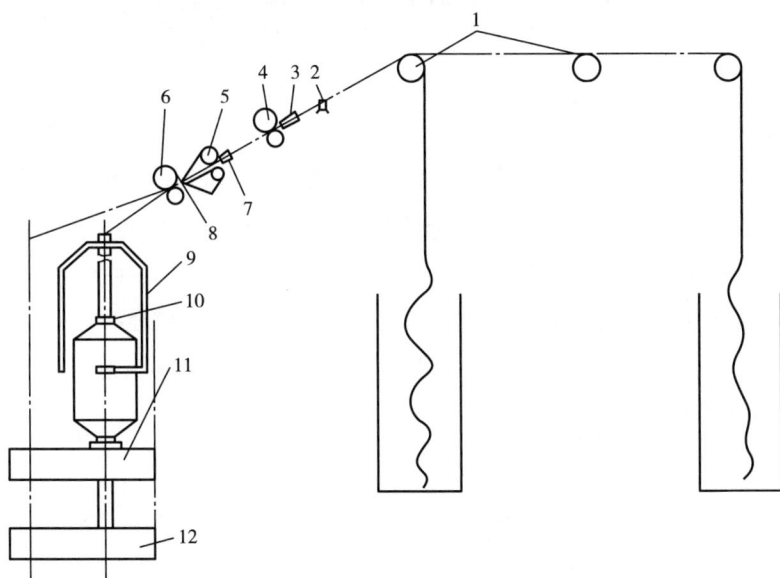

码 5-2
有捻粗纱机

图5-17 B465A 型有捻粗纱机工艺简图

1—导条辊 2—分条架 3—后集合器 4—后罗拉 5—长短胶圈 6—前罗拉
7，8—纤维集合器 9—锭翼 10—筒管 11—上龙筋 12—下龙筋

1. 喂入机构

B465A 型有捻粗纱机采用单层双排条筒喂入。喂入机构由导条辊、分条架等组成。

2. 牵伸机构

牵伸机构采用三罗拉长短胶圈滑溜牵伸装置，该装置由后罗拉、外套胶圈的中罗拉和前罗拉所组成。

后下罗拉（常称后罗拉）为直径38mm的沟槽罗拉。后上罗拉为外包丁腈橡胶、直径为62mm的弹性罗拉，常称为后胶辊。后胶辊单独采用小摇架弹簧加压，压力为333.2N/双锭。中下罗拉（常称中罗拉）为直径为32mm的滚花罗拉。中罗拉外套有由张力辊张紧的下胶圈。

下胶圈内靠前罗拉一端装有弧形托板，以防止下胶圈在转动时产生下凹，确保胶圈对纤维的良好控制。中上罗拉为外包丁腈橡胶、直径为 42mm 的弹性罗拉，常称为中胶辊。中胶辊外表面开有环形沟槽，套有由带弹簧的上销张紧上胶圈。中胶辊、上胶圈均由中罗拉、下胶圈摩擦传动。上销和弧形托板前缘组成胶圈钳口，由于这种胶圈钳口的大小根据纱条的粗细自动调节，所以这种上销称为弹性摆动胶圈销。胶圈钳口的最小距离由扣在上销前缘的胶圈隔距块控制。隔距块有多种规格，以适应不同粗细的纱线。

前下罗拉为直径 38mm 的沟槽罗拉，常称为前罗拉。前上罗拉外包丁腈橡胶、直径为 62mm 的弹性罗拉，常称为前胶辊。前胶辊和中胶辊均采用 YJI-320A 型大摇架加压，摇架内装有两个弹簧，摇架锁紧后可分别对前胶辊和中胶辊加压。前胶辊压力为 392~470.4N/两锭，中胶辊压力为 22.54N/双锭。

为了加强对纤维须条的控制，后罗拉喂入处的后集合器可根据不同喂入条重选择合适的大小。前罗拉和中罗拉中心距为 100mm，前罗拉和后罗拉中心距为 160~240mm，可集体调节以适应纯毛、毛混纺及纯化学纤维等不同原料、不同长度纤维的加工。该机不仅适于精纺纱的加工，还适于绒线的加工。

3. 加捻卷绕成形机构

加捻卷绕机构主要由锭子、锭翼、筒管等组成。加捻卷绕过程如图 5-18 所示，从前罗拉 1 输出的须条，穿过锭翼顶孔 2，由锭翼侧孔 3 穿出，在锭翼顶端绕 1/4 或 3/4 圈后，进入锭翼空心臂 4，从其下端穿出的粗纱在压掌 5 上绕 2 至 3 圈，经压掌导纱孔绕在筒管 6 上。

B654A 型粗纱机中粗纱的卷装形式如图 5-19 所示。粗纱以螺旋线形式一圈接一圈地绕在筒管圆柱形卷绕面上。为了防止两端纱圈脱落，绕纱层的高度逐层递减，最后制成两端为截头圆锥体、中间为圆柱体的卷装形式。

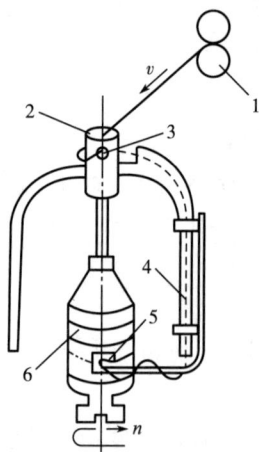

图 5-18 加捻卷绕示意图
1—前罗拉 2—锭翼顶孔 3—锭翼侧孔
4—锭翼空心臂 5—压掌 6—筒管

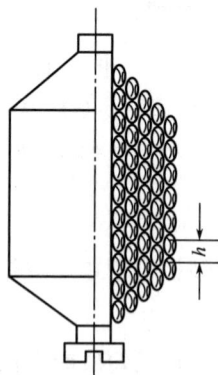

图 5-19 粗纱卷装

（二）FB441型无捻粗纱机

FB441型无捻粗纱机由喂入、牵伸、搓捻和卷绕成形四部分组成，如图5-20所示。在FB441型无捻粗纱机（图5-21）上有三层木锭喂入架，从喂入架上退卷下来的毛条1经过导条辊2、分条器3进入后罗拉4，从后罗拉出来的毛条先受到两对轻质辊5和6的作用，进行预牵伸，再受到针圈7上钢针的梳理作用和由针圈7和前罗拉8组成的牵伸区的牵伸作用。纱条经牵伸后，由前罗拉输出，经过搓捻皮板9的搓捻作用，最后卷绕到卷绕滚筒10上，成为粗纱毛球11。

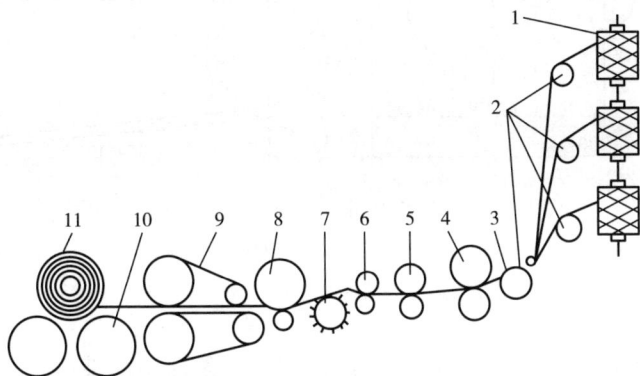

码5-3
无捻粗纱机

图5-20　FB441型无捻粗纱机

1—毛条　2—导条辊　3—分条器　4—后罗拉　5，6—轻质辊　7—针圈　8—前罗拉
9—搓捻皮板　10—卷绕滚筒　11—粗纱毛球

图5-21　无捻粗纱机实物图

1. 喂入机构

喂入机构采用单排三层支架、木锭支撑喂入形式。喂入机构由导条辊、分条架、横动导纱杆组成。纱条从筒管退绕后由导条辊引导，经分条架和横动导纱杆进入牵伸机构。

2. 牵伸机构

牵伸机构采用卧式四罗拉、轻质辊、针筒结构，主要由罗拉、针圈、皮辊组成。后罗拉为直形沟槽罗拉，上压辊为光辊，靠自重加压（58.92N）；后中罗拉、前中罗拉均为光罗拉。两个轻质辊同样靠自重控制纤维，起到轻质辊滑溜控制作用。其工艺示意图如图5-22所示。

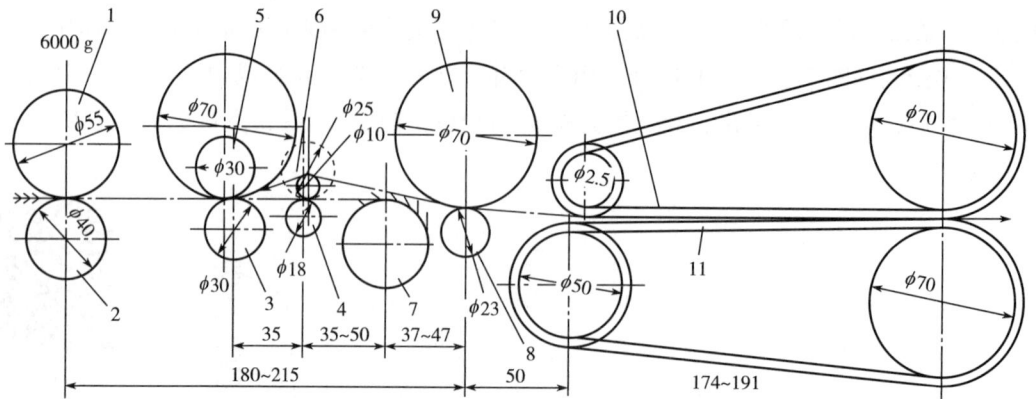

图5-22　无捻粗纱机中的牵伸装置工艺示意图

1—后压辊　2—后罗拉　3—前罗拉　4—后中罗拉　5—前轻质辊　6—后轻质辊
7—针圈　8—前罗拉　9—前压辊　10—上搓条板　11—下搓条板

牵伸主要产生于前罗拉和针圈之间。由钢针刺入纱条控制纤维运动，并将纤维进一步梳理顺直。针圈由多个圆锯齿片组合而成，优点是针齿刚度好、使用寿命长。

3. 搓捻机构

搓捻的作用是促使须条中的纤维抱合，增加粗纱的强力，在随后的卷绕、储运及退绕过程中，不致产生意外牵伸、发毛和断裂。搓捻机构如图5-23所示，粗纱须条从前罗拉输出后，进入一对搓条皮板并受其夹持引导和控制。带有纵向沟槽的上、下两皮板既沿粗纱行进方向运动，又做垂直行进方向的横向往复搓动，迫使须条纤维紧密地聚集在一起，制成光、圆、紧的粗纱。

图5-23　无捻粗纱机中的搓捻机构

4. 卷绕成形机构

卷绕成形机构（图5-24）由卷绕滚筒、往复摆动游车及其传动机构组成。椭圆齿轮及曲柄滑块式传动机构驱动游车往复运动，安装在游车上的卷绕滚筒边转动边随游车往复摆动，将粗纱卷绕在粗纱管上，形成一定宽度和直径的圆柱形粗纱筒子。

图 5-24　无捻粗纱机中的卷绕成形机构

四、粗纱工艺设计

（一）有捻粗纱机工艺设计

毛型有捻粗纱适纺原料范围较广，对油水含量及车间温湿度等纺纱条件适应性较好，纱条抱合力强，粗纱退绕时不易断头，细纱牵伸易于控制，但所纺细纱条干均匀度差。主要的工艺参数设计如下。

1. 捻系数

粗纱捻系数决定了粗纱强力和细纱牵伸过程难易程度。捻系数过小，粗纱抱合力差，容易造成卷绕和退绕时的意外伸长、细纱断头率高、纱线条干不匀率大；捻系数过大，会造成细纱机牵伸困难，产生牵伸硬头、橡皮纱等疵点。

合理选择粗纱捻系数，主要应考虑下列因素：①纤维品质：根据纤维品种、长度、线密度、离散程度、卷曲状况等品质不同，应选择不同的粗纱捻系数。如纤维较细、长度较长、离散较小、卷曲较多时，可选较小捻系数，化纤纱、混纺纱的捻系数可比纯毛纱小；色纱可比白纱捻系数小等。②细纱工艺参数：细纱机后区牵伸值、牵伸隔距和牵伸机构加压等参数较小时，粗纱应选择较小的捻系数。③温湿度：温湿度变化会影响纤维间的摩擦系数，因此，车间湿度较大或纱条回潮较高时，可适当降低捻系数；车间温度较高时，可适当加大捻系数。

一般在保证断头率的情况下，粗纱捻系数尽可能偏小掌握。纺纯毛纱时，捻系数一般为14~20，混纺纱为 12~15。

2. 牵伸倍数

纺制纯化纤纱时可用较大牵伸倍数，纺混纺纱次之，纺纯毛纱时，有捻粗纱的牵伸倍数最好在 11 以下。粗纱牵伸工艺实例见表 5-6。

表 5-6　粗纱牵伸工艺实例

项目	有捻粗纱机	无捻粗纱机
牵伸形式	三罗拉双胶圈单区滑溜牵伸	针圈牵伸/胶圈牵伸
牵伸范围	5~15.5（常用 5~9.5）	3.5~5.58/7.95~24.69
出条重量/（$g \cdot m^{-1}$）	0.25~1.2	0.12~0.67
捻度范围	11~43（捻·m^{-1}）	21mm（搓捻动程）

3. 粗纱卷绕张力

粗纱在卷绕时需要一定的张力来保持卷绕紧密，粗纱卷绕张力控制是否得当，直接影响粗纱质量和后道加工。张力过大，容易造成纱条意外伸长或断裂，影响粗纱条干均匀和正常生产；张力过小，则会产生卷绕松弛、脱圈、退绕困难的现象。

由于粗纱的强力很低，无法直接测试其所受的张力，因此粗纱张力一般用粗纱的伸长率来间接表示。当粗纱捻度一定时，粗纱张力大，粗纱的伸长率就大，因此，粗纱伸长率的大小就反映了粗纱张力的大小。粗纱伸长率是以同一时间内筒管上卷绕的实测长度与前罗拉输出的计算长度之差对前罗拉输出的计算长度之比，用百分数表示，即：

$$\varepsilon = \frac{L_2 - L_1}{L_1} \times 100\%$$

式中：ε 为粗纱伸长率；L_1 为前罗拉输出粗纱的计算长度（mm）；L_2 为同一时间内筒管上卷绕粗纱的实测长度（mm）。

当测得的粗纱平均伸长率超出规定范围时，要对粗纱张力进行调整。

有捻粗纱正常的卷绕张力应使粗纱伸长率控制在3%以内。同机台的大小纱之间、前后排锭子之间，不同机台之间的粗纱伸长差异率都应控制在1.5%以下。

4. 隔距

隔距由原料长度而定，长度长，则隔距大。混纺时，总隔距一般为180~200mm；纺纯毛纱时，总隔距为165~180mm。

5. 滑溜槽的深度

滑溜槽的深度约为1.5mm。深度越大，对纤维运动的控制越弱。当纤维数量多时，深度应大；纤维数量少时，应浅一些。

（二）无捻粗纱机工艺设计

无捻粗纱表面光洁，毛羽少，粗纱强力较差，适于卷曲度大而细的纤维，所纺细纱强力高、缩率小、条干均匀。国产 FB473 无捻粗纱机工艺参数的选择如下：

1. 牵伸倍数

纯纺时牵伸倍数适宜小一些，一般控制在 9.6~12.5 倍之间；混纺原料的牵伸倍数可稍大一些，一般为 10~13 倍；纺纯化纤时牵伸倍数可适当放大一些，在 12~16 倍之间。

2. 出条重量

出条重量的选择一般在细纱机允许牵伸范围内尽量偏重，以增加粗纱在卷绕及退绕过程中的抗意外牵伸的能力。

3. 钳口隔距与集合器

纯纺和混纺时，钳口隔距与集合器通常是相互结合使用的，以调节纱条在牵伸区中横截面的宽度与厚度。钳口隔距与集合器随纱条重量减轻而缩小，一般情况下其厚度尽量小一些，宽度可稍放大一些；纺纯化纤时钳口隔距也可放大一些，有利于纤维牵伸。

4. 皮辊加压

纯纺和混纺时皮辊加压一般气压为 450~550kPa；纺纯化纤时皮辊加压一般为 550~650kPa。

5. 无捻粗纱的搓捻程度

影响粗纱搓捻程度的因素有上下搓条板隔距、搓捻次数和粗纱出条速度等。搓条板隔距应与粗纱的粗细相适合，通常按纱条每米搓捻次数来选择确定粗纱搓捻程度。例如，FB473型搓捻粗纱机搓捻次数达 1100 次/min，而纱条搓捻次数可在 4~7 次/m 的范围调节。

一般纤维越短、其抱合力就越小，其搓捻强度就应高一些。而对细度细且卷曲度高的羊毛，搓捻强度可选低一些。混纺时，由于羊毛纤维与化学纤维在细度和长度间存在一定差异，其搓捻强度宜大些，以增强两种纤维的抱合程度；纺纯化纤时如化纤长度、细度较好，搓皮板搓捻次数可选低一些，避免增加毛粒。

五、粗纱质量控制

1. 粗纱质量指标

精纺粗纱质量的主要指标是重量不匀率、条干不匀率及含油率。粗纱不匀率过大，将使细纱产生更大的不匀率，而且还会使细纱断头增多，产量降低，消耗增加，因此，必须尽量降低粗纱的重量不匀率，提高粗纱的条干均匀度。一般要求粗纱重量不匀率低于3%，条干不匀率在18%以下。粗纱含油过高，纤维容易产生黏并现象，且易绕罗拉、胶辊和上胶圈，增加粗纱的断头率；当粗纱含油量过低时，粗纱易产生静电现象，同样不能正常纺纱。一般白羊毛含油控制在 1.0%~1.5%，条染纯毛含油控制在 1.0%~1.2%，纯化纤控制在 0.4%~0.6%。粗纱回潮率也是粗纱质量控制指标。实践证明，当纤维处于放湿状态时，比较好纺，因此必须保证上机毛条处于放湿状态。

粗纱表面疵点指标主要有毛粒、毛片和飞毛等，一般根据产品要求控制。

2. 粗纱常见疵点及主要产生原因

（1）重量不匀率过大。主要原因是喂入纱条不匀率大；喂入量不准确（根数不对或错批号等）；退绕滚筒运转不稳定而产生意外牵伸；成形卷绕张力过大；成形不良（时紧时松）等。

（2）条干不匀率过大。主要原因是牵伸隔距选择不当；皮辊偏心或加压不足；牵伸机构运转不正常；操作接头不良；清洁工作不当或原料选择不良等。

（3）大肚纱、带毛纱和毛粒过多。主要原因有前罗拉加压不足或针密太稀、针区有弯针、缺针等；牵伸区清洁工作不及时，针区及罗拉、皮辊绕毛等；喂入毛条有粗细节；接头操作不良；加油水不匀或和毛油加水太少等。

（4）粗纱外观松烂。对于无捻粗纱，主要原因有粗纱搓捻不足、搓板隔距过大以及卷绕张力太小等。对于有捻粗纱，主要原因为粗纱捻度太小，卷绕密度不合适，卷绕张力太小等。另外，车间温湿度太低或和毛油加水太少、粗纱搬运或堆放不好等，都会造成这种疵点。

3. 控制粗纱质量的措施

控制粗纱质量的重点是降低粗纱重量不匀率，提高条干均匀度，因此不仅要制订合理的工艺，整顿机械状态，加强保全保养工作，还要采取以下措施：

（1）减少意外牵伸对粗纱的影响。要实现这一目的，除保持良好的设备状态、减少粗纱在机器中的摩擦外，主要是增加纤维间抱合力，使粗纱有足够的强力，以减少粗纱在意外牵伸下的伸长。①在和毛油中加入适量硅胶。纺化纤时加入抗静电剂和柔软剂，以减轻静电现象，增加纤维间抱合力。②适当增加粗纱搓捻程度。对搓条板的隔距、往复动程、往复次数及搓板张力等参数进行合理调节，以增加搓捻程度。③适当调节卷绕张力。正常卷绕时，卷绕速度应稍大于出条速度。纺国毛纱时，卷绕张力应比外毛小一些，前罗拉与皮板间张力应比外毛小2%~3%。纺化纤纱时，卷绕张力应比纺纯毛纱小些。

（2）做好配条配重工作。①配条工作：若前一道设备送出两根以上毛条，则应将上道设备同一牵伸头中送出的纱条分别送到下道设备的不同牵伸头中，以减少纱条同时出现粗节或细节的可能性，这种方法称为配条。②配重工作：有自调匀整装置的设备，可以不进行配重，但应将自调匀整装置调节好。在没有自调匀整装置时，应进行一、二次配重。配重应在第二、第三道前纺针梳机上进行。即在下道工序喂入时，将正偏差组的条子与负偏差组的条子搭配喂入，使其总喂入重量与标准喂入重量相同，从而使下道工序出条的不匀率减小。这种方法称为配重。配重时，喂入的毛条必须轻接轻，重接重。才能保证配重效果。

（3）加强技术管理，改进操作方法。上机前，应及时掌握使用原料的各项指标，并根据原料性能和产品要求，制订合理的工艺。

粗纱喂入时的接头对粗纱影响较大，如接头不好，将造成粗细节。因此，在换批上机时，应先做接头试验。

在采用皮圈牵伸或罗拉牵伸的粗纱机上，喂入时的接头经牵伸后要出粗细节，所以出条后一定要拉头。这时最好采取全部满筒喂入，当前一筒将要用完时，再全都换上满筒，尽量减少喂入接头，提高粗纱机效率，保证粗纱质量。为减少回条，末道粗纱机的前道应装调好定长装置，以减少喂入条子的长度差异。

（4）其他。在前纺加工时，应使毛条处于放湿状态，这就要使毛条上机回潮适当，同时还须控制好车间的温度和湿度。

总之，要做好设备、工艺、操作等方面的管理工作，特别是纺小批量、多品种的条染产品和化纤产品时更要注意。

第四节　前纺工艺设计实例

前纺工艺设计的步骤如下：

（1）确定工艺道数：4~7道，一般纯毛比混纺、纯化纤的工艺道数多；纺高支纱的工艺道数多；混色的工艺道数多。

（2）确定各道工序的牵伸倍数、并条根数、出条重量等指标，一般前几道工序的并合根数较多，以降低条子的重量不匀率，牵伸倍数逐渐减小，出条重量逐渐减小。

（3）确定牵伸牙、针圈牙、卷取牙、变换牙、加压等参数。

（4）确定各道工序的隔距、针号等，前隔距逐渐减小，针号逐渐增加。

（5）确定捻系数、捻度牙、搓捻次数、搓皮板隔距等。

前纺工艺设计实例见表5-7～表5-10。

表5-7 前纺工艺设计实例（一）

序号	机型	并合根数	牵伸倍数	出条重量/(g·m⁻¹)	前隔距/mm	出条速度/(m·min⁻¹)	针密/(针·25.4mm⁻¹)	原料配比与性能	纺纱线密度/tex
1	B412	10	8.2	22.5	50	54.7	10	66支（品质支数）国毛45%，平均长度69.42mm，长度离散系数34.51%；3.33dtex（3旦）涤纶55%，平均长度84.5mm，长度离散系数24.68%	18.3
	B423	6	7.33	18.4	50	60	10		
	B432	4	7.5	9.8	45	64.1	13		
	B442	3	7.3	4.0	45	67.5	16		
	B452A	2	5.3	1.5	27	60	20		
	B465A	2	8.8	0.34	—	—	—		
2	B412	8	7.58	21.1	50	—	10	66支（品质支数）外毛100%，平均长度78.46mm，长度离散系数33.27%	15.6
	B423	8	7.4	22.8	50	—	10		
	B432	4	7.6	12	45	—	13		
	B442	3	7.6	4.8	40	—	16		
	B452A	2	6.4	1.5	25	—	21		
	B465A	2	10	0.3	—	—	—		
3	B412	8	7.58	21	55	—	10	3.33dtex（3旦）膨体腈纶100%，平均长度86.71mm，长度离散系数27.89%	38.5（针织绒线纱）
	B423	8	7.31	24	60	—	13		
	B432	3	6.65	11	55	—	16		
	B442	3	6.69	4.9	50	—	19		
	B465A	1	9.25	0.53	—	—	—		
4	B412	7	7.63	16.4	55	49.6	7	3.33dtex（3旦）腈纶50%；3.33dtex（3旦）黏胶纤维50%	19.6
	B423	7	7.81	14.72	55	50.9	10		
	B432	4	8.0	7.36	50	52.6	13		
	B452A	1	6.75	1.09	16	18.1	8针/cm		
	FB441	2	4.85	0.45	4	25.2	25		
5	B412	7	7.12	17.05	45	49.6	10	70支（品质支数）外毛95%；3.33dtex（3旦）涤纶5%	16.1
	B423	7	7.29	16.37	40	50.9	13		
	B432	4	7.45	8.79	35	52.6	16		
	B442	3	7.45	3.54	33	45.7	19		
	B452A	2	6.75	1.05	12	18.1	8针/cm		
	FB441	2	4.55	0.46	2	25.2	25		
	FB441	2	4.15	0.22	1.5	25.2	27		

表 5-8 前纺工艺设计实例（二）

纱线品质支数：78/2　投毛量：346.6kg　纯毛

原料	规格/品质支数	比例/%	细度/μm	细度CV/%	长度/mm	长度CV/%	短于30mm的纤维含量/%	含油率/%
澳毛	80	96	18.62	19.6	76.9	46.4	9.4	0.59
澳毛	100	4	16.71	21.4	67.4	51.6	15.9	0.69

机台名称		并合根数	牵伸倍数		下机重/（g·m⁻¹）		隔距/mm	车速/（m·min⁻¹）	定长/m
			理论	实际	理论	实际			理论
混条机	1#	8	8.0		26	24.22	45	130	833
针梳机	2#	8	8.0	7.6	26	27.42	45	130	833
针梳机	3#	4	7.4	7.9	14	14.30	45		618
精梳机	4#	20	0		23		37		837
针梳机	5#	6	6.9		20		40	130	1056
针梳机	6#	8	8.4		19		38		555
针梳机	7#	8	7.6		20		38		1056
针梳机	8#	4	7.5		10.6		38		1992
针梳机	9#	4	7.5		5.6		36		1885
针梳机	10#	4	6.8		3.3		185/55		2917
粗纱机	11#	1	11.8		0.28				1531

加油机台	加油量	乳化量	油嘴	油压	追加率/%	油水比	油水种类
1#	68±3	6.9kg	1.2#	0.6MPa	2.0	2:0.5:13	*:*:水
2#	68±3	6.9kg	1.2#	6.0巴	2.0	2:0.5:13	*:*:水
5#	52±3	6.9kg	1.2#	5.0巴	2.0	1.5:8.5	*:水

表 5-9 前纺工艺设计实例（三）

纱线品质支数：78/2　投毛量：411.6kg　纯毛

原料	规格/品质支数	比例/%	细度/μm	细度CV/%	长度/mm	长度CV/%	短于30mm的纤维含量/%	含油率/%
澳毛	80	51	18.62	19.6	76.9	46.4	9.4	0.59
澳毛	80	44	18.71	19.9	81.7	46	10	0.59
澳毛	80	2	18.79	20.3	75.5	46.2	10.1	0
澳毛	80	3	18.37	20	79.2	42.9	8	0.82

机台名称		并合根数	牵伸倍数		下机重/（g·m⁻¹）		隔距/mm	车速/（m·min⁻¹）	定长/m
			理论	实际	理论	实际			理论
混条机	1#	8	8.0		26	26.37	45	130	990
针梳机	2#	8	8.0	8.1	26	25.78	45	130	990

续表

机台名称		并合根数	牵伸倍数		下机重/（g·m⁻¹）		隔距/mm	车速/(m·min⁻¹)	定长/m
			理论	实际	理论	实际			理论
针梳机	3#	4	7.4	7.4	14		45		490
精梳机	4#	20	0		23		37		746
针梳机	5#	6	6.9		20	20.08	40	130	1255
针梳机	6#	8	8.4	7.3	19	19.10	38		528
针梳机	7#	8	7.6	7.6	20	19.99	38		1255
针梳机	8#	4	7.5	7.4	10.6		38		2367
针梳机	9#	4	7.5	7.6	5.6		36		2241
针梳机	10#	4	6.8	6.9	3.3		185/55		3467
粗纱机	11#	1	11.8	11.76	0.28				

加油机台	加油量	乳化量	油嘴	油压	追加率	油水比	油水种类
1#	68±3	8.24 kg	1.2#	0.6MPa	2.0%	2：0.5：13	*：*：水
2#	68±3	8.24kg	1.2#	0.6MPa	2.0%	2：0.5：13	*：*：水
5#	52±3	8.24kg	1.2#	0.5MPa	2.0%	1.5：8.5	*：水

表5-10 前纺工艺设计实例（四）

纱线品质支数：80/2 投毛量：411.6kg 纯毛

工序	并合根数	牵伸倍数（理论）	下机重/（g·m⁻¹）	隔距	车速
复精梳前一针	8	8	26	45	130
复精梳前二针	8	8	26	45	130
复精梳前三针	4	7.4	14	45	
复精梳	22	—	23	36	
复精梳后一针	6	6.9	20	40	130
复精梳后二针	8	8.1	19.8	38	
前纺一针	8	8.1	19.5	38	130
前纺二针	4	7.8	10	38	
前纺三针	4	7.7	5.2	36	
前纺四针	4	7.2	2.9		
粗纱	1	11.6	0.25		

加油机台	加油量	追加率/%	油水比	油水种类	
复精梳前一针	61	1.8	2：0.5：13	*：*：水	
复精梳前二针	61	1.8	2：0.5：13	*：*：水	
复精梳后一针	39	1.5	1.5：8.5	*：水	
前纺一针	33	1.2	0.5：15	*：水	

思考题

1. 前纺的任务是什么？通常包含哪些工序？

2. 简述前纺工艺制订的原则。

3. 毛精纺生产中，自调匀整装置主要应用在哪些工序中？目的分别是什么？

4. 前纺针梳工艺设计主要包括哪些内容？

5. 简述毛 C70 型自调匀整装置的工作原理。

6. 前纺针梳质量控制指标有哪些？如何提高前纺针梳质量？

7. 衡量加捻程度的指标有哪些？它们有何相同点和不同点？

8. 简述无捻粗纱和有捻粗纱的特点。

9. 无捻（搓捻）粗纱机有何特点？

10. 简述提高粗纱质量的措施。

11. 纺纱厂购买的毛条规格为：羊毛直径 19.5μm、条重 20g/m，想要生产 60 公支的纱线，需要的总牵伸倍数是多少？前纺针梳和粗纱工序中应选用哪种类型的牵伸？

12. 纺纱前对毛条加工不当会对纺纱过程产生什么影响？

第六章　后纺工程

精梳毛纺后纺加工的主要任务是将粗纱经细纱、并纱、捻线、络筒及蒸纱等工序制成条干均匀、表面光洁、捻回稳定、强力好、卷装好、适宜织造加工的筒子纱。具体任务如下。

（1）牵伸。将粗纱进一步抽长拉细至一定细度的细纱。

（2）合股加捻。精纺毛织物大都使用合股毛纱来达到表面光洁、质地坚牢、柔软挺括和富有弹性的要求。为了保证合股毛纱的质量，一般在合股加捻前须经并线工序，使股线中各根单纱的张力均匀一致，防止产生"裹芯"纱。

（3）提高纱线的外观质量。通过清纱装置除去残存在纱线上的杂质、飞花、粗细节等疵点，以改善纱线的外观质量。

（4）稳定捻度。为了消除羊毛内部的应力不平衡状态，稳定毛纱或股线的捻度，一般在捻线后经过蒸纱处理，防止单纱或股线捻回不稳定而产生的"小辫子"纱。

（5）卷绕成适当的形状。为了适应后加工的要求，必须将容量较小的管纱卷绕成大容量的筒子纱，以适应高速生产，方便换管，减轻工人劳动强度，提高生产效率。

随着科学技术的迅速发展，新的毛纺设备不断涌现，后纺设备逐步形成自动化、高速化、连续化的生产加工过程。现有的环锭细纱机不仅有自动落纱装置，还有细纱自动接头器、细络联合机等，络筒工序采用配有电子清纱器的各种全自动络筒机，大量地使用倍捻机。后纺生产的工艺流程也随着生产的产品和所使用的设备不同而变化。

生产精梳毛织品的后纺工艺过程包括：细纱、络筒、并线、捻线、蒸纱。生产单纱筒纱的后纺工艺过程为：

细纱→络筒→蒸纱

生产双股线的后纺工艺过程为：

细纱→络筒→并线→倍捻捻线→蒸纱

在加工同向捻纱或强捻纱时，为了稳定捻度，也采用单纱及股纱均蒸纱的工艺，即：

细纱→蒸纱→络筒→并线→倍捻捻线→蒸纱

第一节　细纱

码6-1　细纱工序

精梳毛织物一般较轻薄、挺括、织纹清晰，富有弹性，因此精梳毛纱通常细度较细、捻度较大，具有强力较高、弹性较大的特点，而且条干均匀、毛羽较少。精梳毛纱的线密度一般为 7.1~33.3tex（30~140 公支），甚至细至 3.33tex（300 公支），捻度通常为 500~700 捻/m。精梳毛纱可以用环锭纺、紧密纺、赛络纺等设备进行生产。

一、细纱的牵伸与加捻卷绕

国产的精纺环锭细纱机有 B58 系列与 B59 系列两大类。B58 系列精纺细纱机用于加工精纺毛织物（精纺呢绒）用纱或精纺针织绒用纱，包括 B581 型、B582 型、B583 型、B583A 型等；B59 系列精纺细纱机用于加工精纺编结绒线用纱，包括 B591 型、B592 型、B593 型、B593A 型等。这些设备的组成部分基本相同，以 B583C 型细纱机为例进行介绍。

B583C 型细纱机主要由喂入机构、牵伸机构、加捻卷绕成形机构三大部分组成。其主要结构特征是设备两侧分别设有一套牵伸变换齿轮及其对应的防倒装置，整机设有一套成形机构及一套捻向变换机构。此外还有主轴制动机构、自动落纱机构及断头吸风装置等辅助机构。该机适用于加工平均长度为 65~100mm 的羊毛纤维或化学纤维，可以喂入无捻粗纱或弱捻粗纱。设备两侧设置的纺纱线密度与捻度可以略有差异，但捻向必须相同。

B583C 型细纱机的断面示意图如图 6-1 所示。在每个纺纱单元中，粗纱从粗纱卷装 2 上退绕下来（粗纱卷装固定在粗纱架吊锭 1 上），绕过导纱杆 3，再穿过导纱器 4，进入牵伸装置 5。牵伸后，须条从前罗拉钳口输出，经过导纱钩 6、气圈环 7，穿过钢丝圈 8 到达细纱管

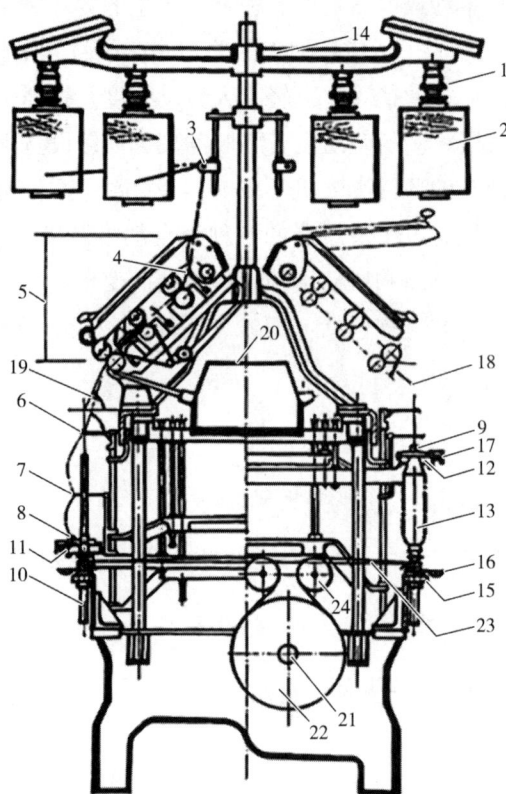

码 6-2
环锭细纱机

图 6-1　B583C 型细纱机的断面示意图

1—吊锭　2—粗纱卷装　3—导纱杆　4—导纱器　5—牵伸装置　6—导纱钩　7—气圈环　8—钢丝圈　9—细纱管
10—锭子　11—钢领　12—钢领板　13—细纱穗　14—粗纱架　15—龙筋　16—刹锭器　17—钢领储油槽
18—罗拉座倾角　19—导纱角　20—断头吸风管　21—主轴　22—滚盘　23—锭带　24—张力轮

9。锭子 10 高速回转，并通过张紧的须条带动钢丝圈绕着钢领 11 的轨道做高速回转，钢丝圈每回转一圈，就给牵伸后的须条加上一个捻回。钢领板 12 在成形机构的控制下有规律地上下升降运动，形成细纱穗 13。

（一）喂入机构

喂入机构包括粗纱架、粗纱支持器、导纱器及导纱横动装置。为了避免相邻粗纱喂入时彼此相碰，喂入粗纱卷装的直径有一定的限制，无捻粗纱（双根/只）不超过 230mm，有捻粗纱（单根/只）不超过 140mm。

1. 粗纱架

粗纱架为单层四列直立式，纱架顶面两侧向下倾斜呈伞形，以降低车身高度，方便粗纱的安装和取下。

2. 粗纱支持器

粗纱支持器为吊锭式，其结构示意图如图 6-2 所示，实物图如图 6-3 所示。

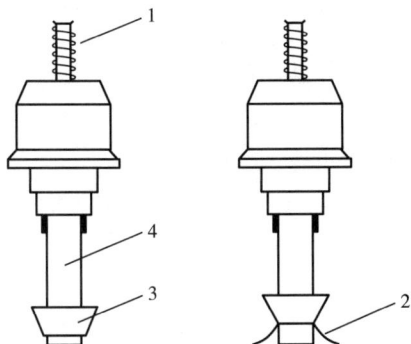

图 6-2　B583C 型细纱机吊锭的结构示意图　　图 6-3　吊锭实物图
1—螺钉　2—支撑片　3—支撑圈　4—吊锭杆

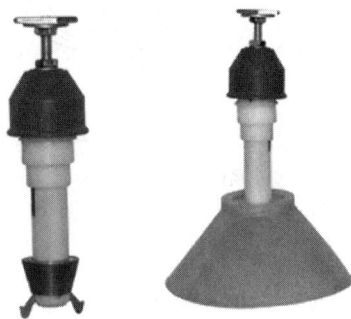

吊锭上端通过螺钉 1 装在粗纱架上，下端对称地设有两片粗纱管支撑片 2（可以隐藏或伸出），下端外活套一个支撑圈 3，支撑圈可以在外力作用下沿吊锭杆 4 灵活地上下移动，从而控制两片支撑片的隐藏或伸出，实现粗纱管的"取"与"装"。取下空的粗纱管时，将粗纱管向上顶，使两片支撑片隐藏至吊锭杆内部，便可将粗纱管取下；装粗纱时，将粗纱卷装由下往上套，直至两片支撑片下端伸出钩住粗纱筒管管口处的内凸缘部分即可。

3. 导纱器

导纱器引导粗纱从粗纱筒管上退绕下来，因此要求导纱器表面光洁不挂毛。此外，导纱器也可以调节粗纱张力，导纱位置一般位于离粗纱管下端 1/2~2/3 处，这样粗纱退绕时与纱管轴向的夹角变化较小，粗纱张力波动较小，可减少意外牵伸，也可防止粗纱退绕时发生脱圈。

4. 横动装置

为避免粗纱只在某一点喂入牵伸机构而导致胶辊表面因集中磨损形成凹槽，影响牵伸时对纤维的握持能力，喂入时采用了双偏心内齿轮式的横动装置（图 6-4），以扩大喂入区域的宽度，使胶辊表面的磨损均匀。

横动装置由后罗拉轴 1 的轴端蜗杆 2 传动蜗轮 5；蜗轮轴心为 o，蜗轮上的偏心套筒 6 穿过固定内齿轮 3 的中心孔并且活套于行星齿轮 4 内侧的轴心短轴 7 上；蜗轮与固定内齿轮同一轴心，行星齿轮的轴心为 o_1，与 o 的偏心距为 e_1；行星齿轮的外侧面上沿着偏心距 e_1 方向开有一个长形凹槽，用以固定导纱牵引短轴 8，导纱牵引短轴 8 的轴心为 o_2，与 o_1 的偏心距为 e_2（e_2 可以调节）。当蜗轮 5 转动时，行星齿轮 4 沿着固定内齿轮 3 内齿作行星运动，即行星齿轮 4 既做自转运动又做公转运动，从而带动导纱牵引短轴 8 作横动。横动的总动程 $S=2$（e_1+e_2）。B583C 型细纱机的最大横动总动程一般为 15mm 左右。

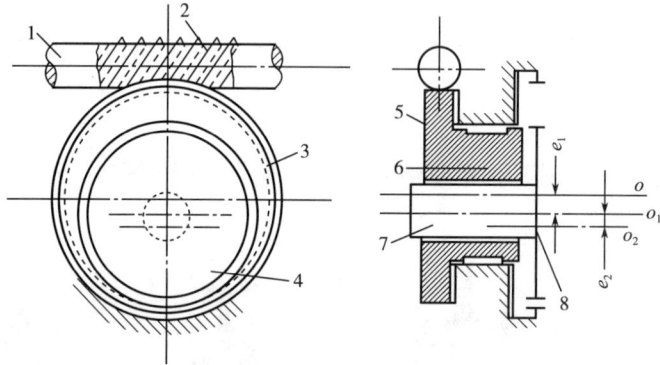

图 6-4   B583C 型细纱机横动装置示意图

1—后罗拉轴   2—蜗杆   3—固定内齿轮   4—行星齿轮   5—蜗轮   6—偏心套筒   7—轴心短轴   8—短轴

（二）牵伸机构

B583C 型细纱机的牵伸机构为三罗拉双胶圈单区滑溜牵伸式，其结构示意图如图 6-5（1）所示。实物图如图 6-5（2）所示。

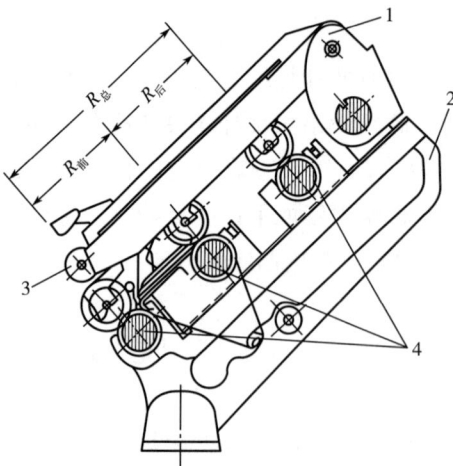

（1）示意图

（2）实物图

图 6-5   B583C 型细纱机的牵伸机构

1—摇架   2—罗拉座   3—清洁辊   4—罗拉

$R_总$—牵伸总隔距 $R_前$—前牵伸区隔距 $R_后$—后牵伸区隔距

1. 罗拉

罗拉是牵伸机构的重要元件（图6-6），为了防止罗拉产生扭转和弯曲的复合变形，对罗拉的强度和表面硬度要求很高，表面须经渗碳淬火和磨光处理。为了保证罗拉对纤维的握持作用，前后罗拉为沟槽罗拉，表面开有梯形沟槽的齿形，且槽齿呈不等节距分布，以避免胶辊表面的凹痕重复加深；中罗拉采用菱形齿顶的滚花罗拉，以有效传动胶圈并减少胶圈的滑溜。

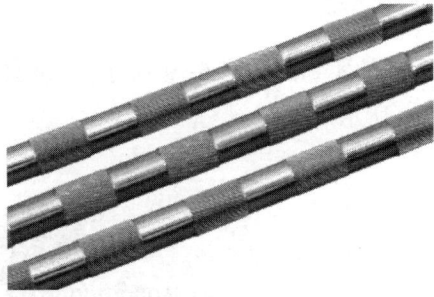

图6-6　罗拉实物图

2. 胶辊

胶辊由胶辊芯子1、胶辊轴承2、胶辊铁壳3和胶辊包覆物4组成，结构如图6-7所示。实物图如图6-8所示。

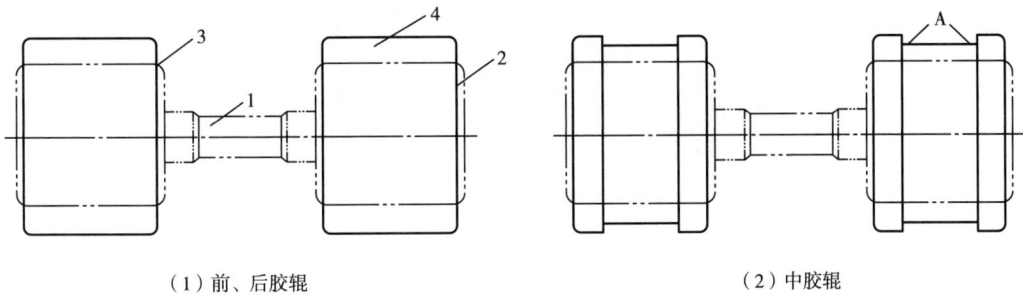

（1）前、后胶辊　　　　　　　　　　（2）中胶辊

图6-7　胶辊示意图

1—胶辊芯子　2—胶辊轴承　3—胶辊铁壳　4—胶辊包覆物　A—胶圈滑溜槽

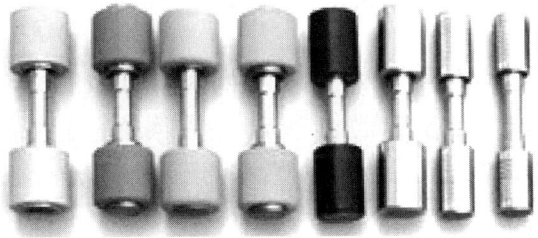

图6-8　胶辊实物图

相邻两个纺纱单元的胶辊为一套，与其相应的下罗拉组成罗拉钳口。胶辊铁壳3上刻有细小沟纹以增强与包覆物之间的结合力，胶辊包覆物4一般为丁腈橡胶，要求富有弹性、耐磨、耐油、抗静电、防老化且表面圆整、光滑。胶辊需要定期保养，一般使用3~6个月后，表面圆整度变差或磨损不平，需要进行磨砺，每次磨砺量为0.2~0.3mm。中胶辊表面开有纵向凹槽［图6-7（2）］，胶圈绕于其上，实现滑溜牵伸，因此该凹槽又称"滑溜槽"，其深

度有不同的规格，可纺制不同原料和不同线密度的细纱。

3. 胶圈

胶圈的实物图如图 6-9 所示。B583C 型细纱机的牵伸机构采用上短下长式双胶圈，如图 6-10 所示。

图 6-9　胶圈实物图

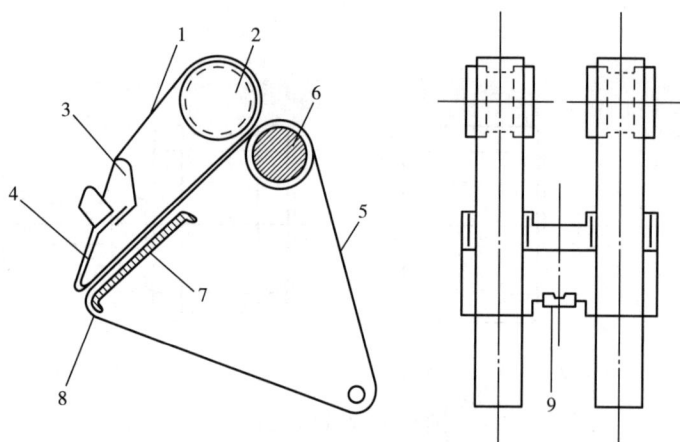

图 6-10　长短胶圈示意图

1—上胶圈　2—中胶辊　3—弹性摆动销　4—上胶圈销　5—下胶圈　6—中罗拉

7—胶圈托板　8—下胶圈销　9—隔距块

上胶圈 1 绕过中胶辊 2、弹性摆动销 3 及上胶圈销 4；下胶圈 5 绕过中罗拉 6、胶圈托板 7 及下胶圈销 8。对应着摇架，每相邻两纺纱单元的上胶圈销为连体结构。上下胶圈之间在出口处的距离称为 "胶圈钳口隔距"，采用相应规格的隔距块 9 进行控制，隔距块由下往上插在上胶圈销连体部分下边缘的中点处。

4. 罗拉加压机构

加压机构对上胶辊施加一定的压力，使上胶辊紧压在下罗拉上，从而有效地控制纤维在牵伸区中的运动，加压的大小需要适当且稳定。摇架（图 6-11）具有结构轻巧、吸振、加压卸压方便且工艺适应性强等优点，但摇架的材料及制造精度要求高，加压弹簧长时间使用后可能产生弹力衰退（疲劳）现象。B583C 型细纱机采用弹簧摇架加压，有 TF18-230 型、SKFPK1601 型及 YJ6-230 型弹簧摇架可供选配，TF18-230 型弹簧摇架加压机构示意图如图 6-12 所示。

图 6-11　摇架实物图

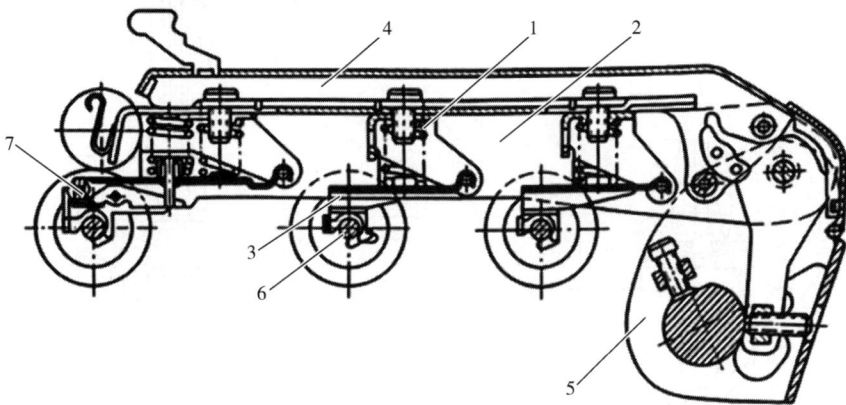

图 6-12　TF18-230 型弹簧摇架加压机构示意图

1—螺旋压缩弹簧　2—摇臂　3—加压杆　4—手柄　5—锁紧机构　6—胶辊芯子　7—偏心六角块

三组螺旋压缩弹簧 1 通过螺钉分别固装在摇架体的摇臂 2 和加压杆 3 上。加压时，将手柄 4 向下按，锁紧机构 5 使各螺旋压缩弹簧压缩变形，对相应的加压杆产生压力。各加压杆再将压力通过杠杆作用分别传递到前、中、后胶辊芯子 6 的中点，并进一步横向传递到胶辊两端的牵伸区域处。卸压时，只要将手柄 4 向上掀起，使锁紧机构 5 松开，摇臂 2 连同三个胶辊一起被抬起，此时可以进行清洁通道、调换胶辊等工作。

（三）加捻卷绕成形机构

B583C 型细纱机与其他的环锭细纱机相同，加捻卷绕成形机构主要由锭子、龙筋、钢领板、钢领、钢丝圈等组成，配合导纱钩、气圈环、隔纱板等辅助机件，如图 6-13 所示。每个纺纱单元都各有一套锭子、钢领、钢丝圈和各辅助机件，且均对应着前钳口输出须条的位置，导纱钩中心、锭子中心以及钢领中心必须"三心对准"。

前罗拉输出的纱条，一端被前罗拉钳口握持，另一端经导纱钩，穿过钢领上的钢丝圈，绕到紧套于锭子的筒管上。锭子回转时，借助纱线张力的牵动，使钢丝圈沿钢领回转，钢丝圈带动纱条沿钢领回转一圈，纱条就获得一个捻回。钢丝圈与钢领之间有摩擦，因此钢丝圈的转速总是小于筒管的转速，钢丝圈与筒管之间的转速差（即细纱的卷绕转速）使纱条卷绕到筒管上。

1. 加捻机构

（1）锭子。B583C 型细纱机所配用的锭子为 D1301D-230 型，如图 6-14 所示，主要由锭杆 1、锭盘 2、锭脚 3 以及在锭盘与锭脚内部作为锭杆轴承的锭胆所组成，辅助部分包括锭钩 4 与刹锭器 5。不同细纱机所用的锭子、各部分的结构尺寸各不相同，型号也不同。锭子回转速度的改变通过改变电动机皮带盘及主轴皮带盘的直径实现。

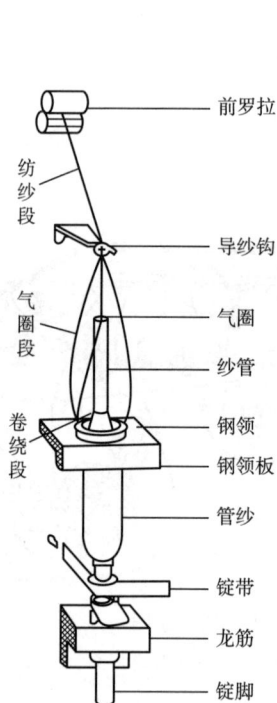

图 6-13　加捻卷绕成形机构

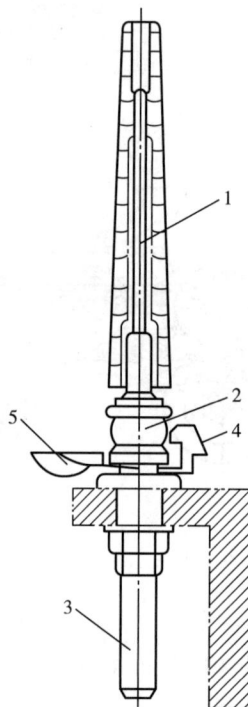

图 6-14　B583C 型细纱机上的锭子示意图
1—锭杆　2—锭盘　3—锭脚　4—锭钩　5—刹锭器

锭子高速回转时，如出现触手发麻或摇头现象，则表示锭子振动严重、振幅偏大，影响细纱质量，在满纱时锭子振动更为显著。锭子振动严重将增加筒管跳动，使纱线张力突增，从而使弱捻区的纱条断头；锭子振动剧烈时会增加油耗，甚至导致缺油而使锭脚发热、锭子磨损加剧、功率消耗激增，最终导致锭速降低，也会产生弱捻纱；锭子振动还会使穿过钢丝圈的纱条滑入磨损缺口中，将纱条轧断或割断。

（2）钢领和钢丝圈。钢领是钢丝圈的回转轨道，两者的配合至关重要，钢领的截面形状需要与钢丝圈相适应，毛纺环锭细纱机中一般采用锥面钢领和耳型钢丝圈，如图 6-15 所示。

钢丝圈在钢领上高速回转，其一端与钢领的内侧圆弧相接触、摩擦，因此，要求钢领圆整光滑、表面硬度高，使钢丝圈在其上的运动稳定。钢丝圈的重量规格用"号数"表示，即

（1）锥面钢领　　　　　　　　（2）耳型钢丝圈　　　　　　（3）钢领与钢丝圈组合

图 6-15　锥面钢领及耳型钢丝圈

对每 1000 只钢丝圈的重量毫克数进行分号，号数越大，每只钢丝圈越重。

（3）导纱钩、隔纱板和气圈环。导纱钩的作用是将从前罗拉输出的纱条引向正确的位置，完成加捻卷绕工作，如图 6-16 所示。导纱钩小孔的位置应在锭子轴线的延长线上，尾端固定在叶子板上，头端有一线槽。当纱条内有杂质或粗节时，气圈会因纱的重量加大而变大，此时线槽会将纱条切断。纺纱过程中，导纱钩随钢领板一起做升降运动，保持气圈的高度和形状不变。

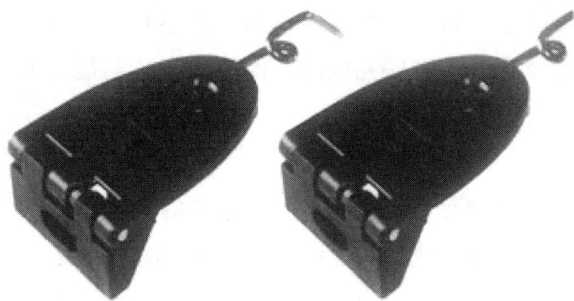

图 6-16　导纱钩

隔纱板固装在钢领板上，位于相邻两个锭子之间，其作用是将相邻的回转气流隔开，即隔开气圈，防止相邻气圈碰撞而导致纱线纠缠，保证各纺纱单元加捻卷绕过程的顺利进行。隔纱板的表面应非常光滑，以防止刮断纱线。

气圈环位于导纱钩与钢领板之间的适当高度处。其作用是在纺纱的中纱和小纱阶段将气圈分成两个高度较小的气圈，降低气圈的离心力，从而适当减小纺纱张力及卷绕张力，达到减少细纱断头、降低电耗的目的。气圈环的形态必须圆整、表面必须光滑，且其中心必须对准锭子轴线。为了使气圈形状稳定，气圈环随钢领板一起做升降运动，一般气圈环直径比钢领大 5mm 左右，气圈环的起始位置距离钢领板 15mm 左右。

2. 卷绕成形机构

在环锭细纱机上，卷绕和成形是同时进行的。钢丝圈在钢领上的回转一方面实现了对细纱的加捻，另一方面随着钢领板的升降完成了具有一定成形要求的卷绕。管纱的成形要求卷绕紧密、层次清楚、不相互纠缠，有利于后道工序的搬运和高速（轴向）退绕。一般采用短动程升降卷绕，也称为圆锥形交叉卷绕，如图 6-17 所示。这种卷绕方式是从筒管底部开始一层一层地卷绕，每层纱有一定的绕纱高度 h，为了完成管纱的全程卷绕，每次卷绕一层纱后钢领板要有一个很小的升距 m（俗称级升）。每一层都比前一层绕得高一些，因而形成圆锥形卷装。

卷满细纱的纱管称为纱穗。H_1 为穗底高度，H_2 为穗杆高度，H_3 为穗顶高度，H_2 与 H_3 之和称为穗身高度。在纱穗成形时，每一升降过程由两层纱组成，即卷绕层和束缚层。卷绕层由紧密的纱圈组成，束缚层由稀疏的纱圈组成，使各卷绕层互相隔开，以防止退绕时其他卷绕层的纱圈脱出。卷绕层与束缚层是由钢领板上升和下降的速度不同形成的。一般卷绕层是由钢领板慢慢上升来完成的，束缚层是由钢领板快速下降来完成的。要完成圆锥形卷绕，钢领板的升降运动应满足下列三点要求。①短动程升降，一般上升慢、下降快，穗身部分的动程应是恒定的。②钢领板每次升降后要改变方向，还应有级升，即

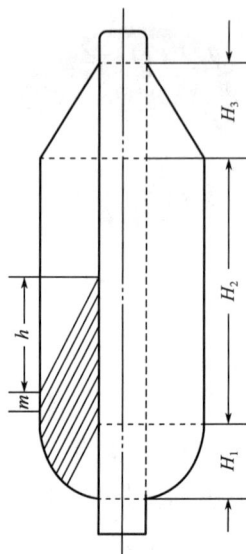

图 6-17　短动程
升降卷绕

升高一小段距离后再卷新纱层，以满足新纱层比前一纱层起点高一些。③管底成形阶段。升降动程和级升均由小逐层增大，待穗底完成时，两值均应达到最大值，此后不再变化，直至卷绕结束。

3. 细纱的卷绕方程

与粗纱的成形类似，细纱也有卷绕方程。由于卷绕的进行而使纱管直径不断增大，致使卷绕转速必须相应减小，以保证卷绕的线速度等于前罗拉输出的线速度。其卷绕方程为：

$$n_t = n_s - \frac{v_F}{\pi d_x} \tag{6-1}$$

$$v_H = \Delta \times \frac{v_F}{\pi d_x} \tag{6-2}$$

式中：n_t 为钢丝圈的转速（r/min）；n_s 为锭子的转速（r/min）；v_H 为钢领板的升降（线）速度（m/min）；v_F 为前罗拉的线速度（m/min）；Δ 为细纱的卷绕圈距（圈/mm）；d_x 为纱管直径（mm）。

但由于细纱的卷绕速度等于锭子转速和钢丝圈的转速差，而钢丝圈是被纱条拖动而自动调节转速的，所以，式（6-1）是由钢丝圈转速的自动调节而满足的，而式（6-2）则是由细纱机上的卷绕机构来积极控制钢领板的升降速度而满足的。

（四）环锭细纱断头分析

1. 细纱张力

环锭细纱机中，纱线的断头主要与纱线强力及受到的张力有关。

在加捻卷绕过程中，纱管至钢丝圈之间的一段纱条需要拖动钢丝圈围绕纱管做高速回转，从而使钢丝圈至导纱钩之间的纱条在离心力的作用下形成一个向外突起的空间曲线，称为气

圈。当气圈达到稳定时，从前罗拉至纱管的整段纱条上均承受一定的张力，这种张力统称为细纱张力。

在纺纱过程中，保持适当的张力，是保证正常加捻卷绕的必要条件。过大的张力不仅增加每锭功率消耗，而且会使断头增加；张力过小，会降低卷绕密度，影响细纱强力，也会因气圈膨大碰到纱板，使细纱毛羽增多，光泽较差，还会造成钢丝圈运行不稳定而增加断头。所以张力大小应适当，并与纱线的细度、强力相适应，既可以提高卷绕质量，又可以降低断头率。

2. 细纱张力的分布

从前罗拉输出的纱条经导纱钩、钢丝圈后卷绕到纱管上，整段纱线上所受的张力大小随部位不同而有所差异，如图 6-18 所示。

细纱的张力可分为三段：前罗拉至导纱钩之间的纱线张力称为纺纱张力 T_S；导纱钩至钢丝圈之间的纱线张力称为气圈张力（又分导纱钩处气圈顶端张力 T_0 和钢丝圈处气圈底部张力 T_R）；钢丝圈到管纱之间的纱线张力称为卷绕张力 T_W。气圈顶部和气圈底部与垂直线（x 轴）的夹角分别称为气圈顶角 α_0 和气圈底角 α_R。

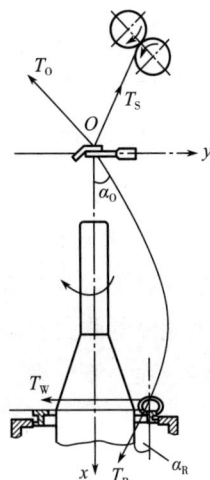

图 6-18 细纱张力分布

T_R、T_0、T_W、T_S 之间是密切相关的，其计算公式如下所示：

$$T_0 = T_S e^{\mu_1\theta_1}$$

$$T_W = T_R e^{\mu_2\theta_2} = KT_R$$

$$T_R = \frac{C_t}{K\left(\cos\gamma_x + \frac{1}{f}\sin\gamma_x\sin\theta\right) - \sin\alpha_R}$$

$$T_0 = T_R + \frac{1}{2}mR^2\omega_t^2$$

式中：μ_1 为纱条与导纱钩间的摩擦系数；θ_1 为纱条在导纱钩上的包围角；μ_2 为纱条与钢丝圈间的摩擦系数；θ_2 为纱条在钢丝圈上的包围角；γ_x 为卷绕张力 T_W 与 y 轴间的夹角；θ 为钢领对钢丝圈的反力与 x 轴间的夹角；α_R 为气圈底角；C_t 为钢丝圈离心力；R 为钢丝圈回转半径，近似为钢领半径；ω_t 为钢丝圈回转角速度，近似为锭子回转的角速度。

从上述各式中可以看出，在加捻卷绕过程中，张力的分布规律是：$T_W>T_0>T_R>T_S$，卷绕张力 T_W 最大，纺纱张力 T_S 最小。产生细纱张力的根本原因是纱管卷绕纱线时的拖动力，拖动力再通过钢丝圈、导纱钩传向前罗拉时均要消耗掉一部分，用以克服摩擦阻力，于是形成了这样一种张力分布。尽管纺纱段长度最长、捻度小，但易发生断头，因此纺纱张力对纺纱的影响最大。

3. 张力与断头

细纱断头数是指 1000 锭细纱在 1h 内断头的根数，可用 EDMSH 表示，其数值会决定纺纱过程是否顺利。毛精纺中，当纱线截面内的纤维根数为 40 根时，EDMSH<20，表明纺纱过程非常顺利；EDMSH 为 20~50 时，表明纺纱过程比较顺利；EDMSH>50，则表明纺纱过程无法进行。

（1）张力与断头的关系。在纺纱过程中，当纱线某截面处瞬时强力小于作用在该处的张力时，就会发生断头，因此，断头的根本原因是强力与张力的矛盾。如图 6-19 所示为实测的纺纱张力 T_S 和纺纱强力 P_S 的变化曲线示意图。从图中曲线可知，纺纱张力的平均值 $\overline{T}_S$ 比细纱强力的平均值 $\overline{P}_S$ 小得多，但张力和强力都是在波动的，因此，当某一时刻由于波动使张力超过强力（如图中 A、B 点）时，就会产生断头。例如，高速元件质量不良、钢丝圈圈形不当、楔住或飞脱、一落纱过程中张力波动过大等都会产生张力突变而引起断头。

因此降低张力较高的波峰值或提高强力较低的波谷值，即控制和稳定张力，提高细纱强力、降低强力不匀率，尤其是减少突变张力和强力薄弱环节，是降低断头率的主攻方向。

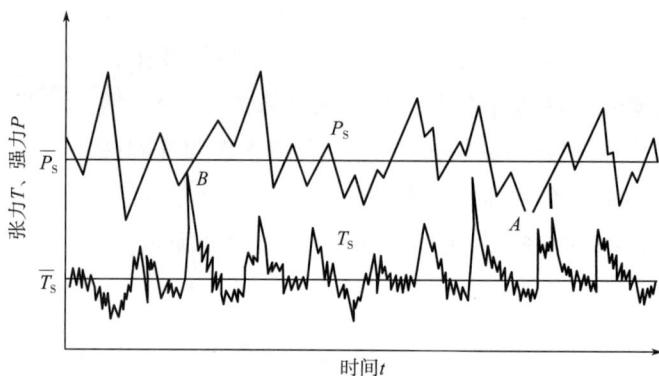

图 6-19　纺纱强力 P_S 与纺纱张力 T_S 变化曲线

细纱断头根据其部位不同，可分为纺纱前断头和纺纱后断头两大类。纺纱前的断头是指由粗纱至前罗拉钳口间的断头，这类断头产生的原因主要有两个方面。①由于粗纱质量差、强力低或含杂多而阻塞通道引起的粗纱断头。②由于机械状态不良或工艺不当使退绕不良、牵伸不正常等造成的细纱断头。纺纱后的断头是指发生在前罗拉钳口至纱管的卷绕点之间的断头，其中前罗拉至导纱钩之间的断头最多，筒管至钢丝圈之间的断头次之，气圈处的断头很少。断头的原因主要是细纱强力过低或纺纱时细纱张力的波动过大。

（2）细纱张力的影响因素。在纺纱过程中，细纱张力变化一般遵循以下两个规律。①在一落纱过程中，纺小纱时纱线张力最大；纺中纱时张力较小，波动也较小；纺大纱时张力也较大。原因是在纺小纱时，气圈长度大，外凸程度也大，使纱线产生的离心力也大，因而纱线的张力就大；纺中纱时，气圈形态逐渐变短、变细，纱线离心力逐渐下降，因而细纱张力也相应减小，且在中纱很长一段时间内张力波动都较小；在纺大纱时，因纱管即将卷满，气圈形态变得很短且非常平稳，纱线本身失去了对张力变化的弹性缓冲作用，张力的波动又重新增大。②在纺制同一高度不同纱层时，卷绕小直径时，纱线张力大，卷绕大直径时，纱线张力小。

影响细纱张力的因素很多，主要有以下几个方面。①锭速。纱管拖动钢丝圈转动进行加捻及卷绕的动力来源于锭子的转动。锭速越高，拖动力越大，则卷绕张力、气圈张力及纺纱张力都相应增大。②钢丝圈重量。钢丝圈的重量决定着它回转时产生的离心力的大小，钢丝圈越重，离心力越大，与钢领间的摩擦力越大，卷绕阻力也越大，从而使细纱张力增加。③钢领半径。钢丝圈在钢领上回转，从而带动纱线回转产生气圈，轨道半径的大小决定着气圈的形态变化，因而也就决定着细纱张力的变化。

4. 降低细纱断头的措施

细纱断头后，如果挡车工接头稍不注意，就会使细纱出现质量问题，从而影响后道工序的产品质量。断头如未能及时接好，不但会使须条变成回毛造成浪费，还可能因飘头打断邻近须条，造成绕罗拉，大幅增加挡车工的工作量。降低细纱断头率可以提高产品的质量、产量及设备运转效率，减轻挡车工的劳动强度。

降低细纱断头应从以下两个方面做好工作。

（1）稳定细纱张力。

①调节锭子转速。细纱张力大时，将锭速降低；细纱张力小时，将锭速提高。小纱时张力大，大纱时张力波动大，而中纱时张力稳定，因此可以在小纱、中纱和大纱时采用控制系统自动调节锭速，保证一落纱过程中张力尽量恒定。②适当选择钢领及钢丝圈。钢领直径的大小直接影响纺纱过程中细纱的张力。钢领直径越大，纱线张力也越大；但钢领直径过小，将使纱管容纱量减少。所以，纺制较细的纱时采用小直径钢领。在生产中根据所用钢领型号合理选配钢丝圈型号，由合适的钢丝圈号数来控制纺纱张力，维持正常气圈形态和较低的断头率。钢丝圈的号数选择主要考虑纺纱线密度、锭速、钢领直径及新旧程度、车间温湿度、原料品质等几个因素。钢丝圈太重，会使纱线张力过大，增加细纱断头；钢丝圈太轻，会使纱穗太大，卷绕不紧。一般纺纱的线密度越小，所用钢丝圈越轻；钢领直径大，锭子速度快，钢丝圈宜稍轻；新钢领较毛，摩擦力大，钢丝圈宜减轻；原纱强力高，管纱长，导纱钩至锭子端的距离大，钢丝圈可加重；气候干燥，湿度低，钢丝圈和钢领的摩擦系数小，钢丝圈宜稍重。③采用气圈环。在钢领板上安装气圈环，可以改变气圈的形状，控制气圈的运动，降低细纱的张力，减少细纱断头。④采用升降导纱钩。导纱钩与钢领板一起做升降运动，保持气圈在大、中、小纱时形态接近，从而使纱线的张力趋于稳定。⑤采用无气圈纺纱和小气圈纺纱。在锭杆顶端加上带有钩槽的锭帽或指形杆作为气圈控制器，可使纱条以螺旋线状缠绕在锭帽颈部、锭杆上部和纱管上，于是在加捻过程中大大缩小了气圈高度，或使气圈完全消失，从而达到减小细纱张力，降低断头的目的。

（2）提高细纱本身的强力。

①合理选配原料、保证加油均匀、提高梳毛机梳理质量及加强成条时粗纱的搓捻程度，提高粗纱的强力。②细纱车间温、湿度的变化通常也是增加细纱断头的一个因素。一般春秋季温度应控制在22~25℃，相对湿度控制在65%左右；夏季温度不应超过33℃，相对湿度控制在60%~65%；冬季温度不得低于20℃，相对湿度在65%~70%之间。③加强保全保养工作，锭子要严格检修，保证其运转平稳，才能保证气圈形态正常。过度磨损的钢领、导纱钩、

隔纱板、罗拉、胶辊、针圈等部件应及时调换。要注意调整锭带张力，以保证锭速，保证顺利加捻。加强纱管检修，以防其在运转中跳动。此外，还要加强操作管理制度，做好巡回及清洁工作。

二、细纱工艺设计及实例

(一) 主要工艺参数作用及选择

1. 牵伸倍数

当喂入粗纱细度不变时，总牵伸倍数在某一范围内变动对细纱条干均匀度影响不大，但超过一定范围，细纱条干将明显恶化。一般纺全毛纱线的总牵伸倍数设置在 15~20 倍，纺羊毛与化纤混纺纱线的总牵伸倍数设置在 20~25 倍。加工的纤维长度和细度离散系数大、含短毛多的总牵伸倍数应小；加工有捻粗纱比加工无捻粗纱采用的总牵伸倍数大。

牵伸倍数分为主牵伸倍数和后区张力牵伸倍数，主牵伸倍数可设置在 15~45 倍。在一定范围内，牵伸倍数的变化对细纱条干均匀度影响不大，但超过一定范围，细纱条干均匀度将明显恶化。如纺纯毛纱时，主牵伸倍数在 15~20 倍较适宜；纺毛混纺纱时，主牵伸倍数可掌握在 20~25 倍；纺纯化纤纱时还可大些。后区张力牵伸是指胶圈与后罗拉之间的牵伸。工艺上要求胶圈速度稍快于后罗拉，使该区间的纱条处于张紧状态。当总牵伸倍数在 20 倍以下时，增加后区张力牵伸可改善细纱条干；而当总牵伸倍数较大时，后区张力牵伸倍数的增加会破坏条干。因此，在总牵伸倍数在 20 倍以上时，后区牵伸倍数一般设置为 1，即无须后区张力牵伸。

2. 罗拉隔距

总隔距应根据纤维长度确定：纤维长度长，隔距应选择大；反之则应选择小一些，由于总隔距在生产中调节不便，因此纤维长度没有明显改变时总隔距一般不改变。在实际生产中应根据所使用原料状况及品种情况灵活设置，一般在 200~220mm。

前隔距是指胶圈钳口与前罗拉钳口之间的无控制区长度，适当缩小前隔距可以更好地控制短纤维的运动，但前隔距过小，纤维运动会不规则，也会导致纱条条干的恶化。生产中前隔距一般固定不变，后隔距根据纤维长度确定，后隔距一般为 90~120mm。

3. 中皮辊凹槽深度

中皮辊凹槽的深度直接影响对纤维的控制能力，在生产中应根据纺纱的原料、纱线的线密度、纤维的长度等进行全面考虑。加工无捻粗纱时中皮辊凹槽深度一般为 0.5~1.1mm，加工有捻粗纱时一般为 0.75~1.5mm。纺化纤或粗特纱时凹槽深度宜深些，以减小胶圈后部对纤维的控制力；纺纯毛或细特纱时凹槽深度宜浅些。

4. 隔距块

细纱机的隔距块是用来调节上下皮圈对纤维控制能力的，同时上下皮圈间的隔距大小也直接影响前钳口隔距，因此，隔距块的选择直接影响着毛纱的成纱条干。一般随着细纱线密度的降低，皮圈销钳口隔距应逐渐减小，每台环锭细纱机上有多种规格的隔距块可供选择使用。

5. 前胶辊加压

前胶辊加压的大小，决定于所需要的牵伸力，压力不足易造成牵伸不开，出现硬头或皮筋纱，直接影响毛纱的条干。在生产中，一般根据所加工的品种及细度而定。纯毛纱线的前胶辊压力应比羊毛与化纤混纺纱线的小，细特纱应比中、粗特纱小。通常，前皮辊压力选择在 225~274N/双锭较好。

6. 加捻

加捻工艺参数包括捻向和捻系数两项。

（1）捻向。根据产品的风格和纱线用途，细纱可被加工成两种不同的捻向，即 Z 捻和 S 捻，生产单纱常采用 Z 捻。

（2）捻系数。细纱捻系数的选择主要依据原料情况、产品要求以及纱线用途，具体见表 6-1。纤维较短、纺纱较细时，为保证纱线强力，要选较大捻系数；纤维较长或纺针织用纱时，捻系数要小；机织物的经纱要经过的工序多，承受的摩擦多、张力大，因此要求其强力高、弹性好、光洁、耐磨，捻系数相应选大一些；纬纱经过的工序短，承受张力小，为防止纬缩等疵点，捻系数应选小一些。一般同线密度的经纱捻系数比纬纱大 10%～15%。织物的风格要求也是细纱捻系数的选择依据，如薄爽织物的用纱捻系数大；薄型绉织物为了起绉效果明显，采用股线与单纱加同向强捻的方法，选较大捻系数；单面花呢类织物有较长的浮长线，呢面易起球，捻系数要大；含涤纶、腈纶等化纤的中厚织物用纱，捻系数比同类纯毛织物要小，否则手感硬板；花式纱线合股的股线捻系数比同色股线大，可高出约 30%，使呢面显得细腻。在实际生产中，在保证成纱品质前提下，应尽量采用较小的捻系数，以提高细纱生产效率。

表 6-1 精纺纱常用的公制捻系数

品种	单纱捻系数	股线捻系数	风格特征
全毛哔叽	80~85	110~130	柔软，光洁整理
全毛啥味呢	75~80	100~110	柔软，缩绒整理
全毛华达呢	85~90	140~160	结实，挺括
全毛贡呢	85~90	120~140	光洁
全毛薄花呢	80~90	120~140	柔软风格取低捻，挺爽风格取高捻
全毛中厚花呢	75~85	120~160	柔软风格取低捻，挺爽风格取高捻
全毛单面花呢	85~95	160~190	双层平纹，呢面光洁，减少起毛起球
全毛皱纹女士呢	85~90	125~130	同向强捻，Z/Z，S/S
毛/涤薄花呢	80~90	115~125	软糯
毛/涤薄花呢	85~95	140~160	挺爽
毛/涤中厚花呢	75~85	110~125	丰厚，毛感强

续表

品种	单纱捻系数	股线捻系数	风格特征
涤/黏薄花呢	80~90	115~150	柔软风格取低捻,挺爽风格取高捻
涤/黏中厚花呢	80~90	120~140	毛感强
腈/黏薄花呢	85~90	125~135	毛感强
腈/黏中厚花呢	75~85	115~130	毛感强
各种单股纬纱	100~130	—	—

注　如采用Z/Z捻,毛/涤等薄型织物的股线捻系数取单纱捻系数的70%~80%,一般织物取单纱捻系数的60%~70%。腈黏混纺纱不宜采用Z/Z捻,防止织造时小缺纬增多。

(二) 工艺设计实例

细纱工序工艺设计实例见表6-2。

表6-2　细纱工序工艺设计实例

序号	粗纱重量/ (g·m^{-1})	纺纱线密度/tex	总牵伸倍数	后区牵伸倍数	捻度/ (捻·m^{-1})	锭速/ (r·min^{-1})	钢丝圈号数	后隔距/mm	原料组成
1	0.22	15.74	14.20	1.03	640	7600	26	90	70 支外毛95%,涤纶5%
2	0.21	12.42	16.95	1.03	690	9300	30	90	66 支外毛45%,涤纶55%
3	0.26	18.38	14.2	1.03	620	7300	27	90	60 支外毛30%,涤纶40%,黏胶30%
4	0.25	19.17	13.12	1.03	565	7300	28	90	64 支外毛70%,黏胶30%
5	0.22	12.42	17.74	1.03	930	7000	30	90	70 支外毛80%,羊绒20%
6	0.45	18.04	23.75	1.03	550	6800	26	90	腈纶50%,黏胶50%
7	0.23	16.56	13.6	1.03	660	7000	26	90	64 支外毛20%,涤纶50%,苎麻30%
8	0.25	12.66	19.75	1.03	760	8000	35	90	80 支外毛100%
9	0.32	19.23	16.83	1.03	620	7500	30	90	70 支外毛100%

三、细纱质量控制

精梳毛纱的质量指标分为物理指标、外观疵点和条干均匀度三类。物理指标包括线密度标准差、重量不匀率、断裂长度和捻度不匀率。外观疵点包括毛粒、大肚纱等纱疵。精梳机织毛纱的质量标准详见 FZ/T 22001—2021《精梳机织毛纱》。

(一) 细纱的分等和分级

1. 物理指标

按物理指标分为一等纱和二等纱,不符合二等要求的列为等外品,在各项指标中,以最劣一项的等级作为最终评定的等级,精纺细纱的物理指标见表6-3。

表 6-3　精纺细纱的物理指标

色泽	等级	支数标准差/% ≤	重量不匀率/% ≤	断裂长度/km ≥		捻度不匀率/% ≤
				纯毛	混纺或纯化纤	
本色	1	1.5	2.0	5.2	9.5	12
有色	2	2.2	2.5			
	1	1.8	2.3			
	2	2.2	2.8			

支数标准差和重量不匀率为分等项目，断裂长度和捻度不匀率为保证条件，保证条件低于标准的就降为等外纱，测定纯毛细纱的断裂长度应在标准状态（温度20℃、相对湿度65%）下进行。

2. 外观疵点

精纺细纱按外观疵点（毛粒、大肚、纱疵）分为一级和二级，不符合二级要求的为级外品。在各项指标中，以最劣一项的级作为最终评定的级。精纺细纱的外观疵点分级指标见表6-4。

表 6-4　精纺细纱的外观疵点分级指标

类别	毛粒/（只·450m⁻¹）		5000m 慢速倒筒			
			一级		二级	
	一级	二级	大肚	纱疵	大肚	纱疵
甲类	15	25	不允许	1	1	2
乙类	25	25 以上	1	2	2	3

注　甲类为复精梳产品，乙类为未经复精梳的产品及条染涤/黏或条染黏/锦产品。

3. 条干一级率

条干均匀度用于考查纱线定级的可靠度，若不符合规定，则予以降级。此外，条干一级率也同时作为纱线品质的依据，可按纱板块数计算。细纱条干均匀度的检验方法是：本色纱用灯光检验，排列密度为3~4根/cm，检验长度为2.5m；有色纱进行灯光透视检验，排列密度为6~7根/cm，检验长度为1.5m。与标样相比，有下列情况之一者，即予以降级。①不论粗节长短，只要有一段粗节粗于标样的。②粗节数量多于标样的。③有一根粗节长度超过10cm的。④不论细节长短，只要有一段细节明显细于标样的。⑤细节的程度、数量、长度与标样相近，但云斑深于标样的。

（二）常见纱疵及成因

精纺细纱中常见的疵点及成因如下：

（1）粗细节纱。粗细节纱主要由于粗纱退绕不匀、喂入粗纱有意外牵伸、粗纱捻度太大、罗拉隔距不当、总牵伸不当或后牵伸太大、胶圈隔距块与粗纱厚度配合不当、胶辊及胶圈起槽或运转打顿、胶辊包覆物太薄、胶辊偏心、集合器跳动或卡死等因素造成。

（2）大肚纱。比正常纱条粗四倍以上的枣核状粗节称为大肚纱。是化纤集束纤维未牵伸开、前罗拉和中罗拉压力不足、胶辊太薄或开裂、接头不良等因素造成。

（3）皱皮纱。皱皮纱又叫泡泡纱或橡皮筋纱，也称弓纱。由于化纤超长纤维太多未能在牵伸中被拉断、罗拉隔距太小、前罗拉压力不足、胶辊太薄、因温度过低而使胶辊发硬、粗纱捻度过大、胶圈变形等因素造成。

（4）小辫纱。由于关车时纱未卷上筒管自行折转成小辫子、车间湿度太低、钢丝圈太轻等因素造成。

（5）双纱。由于断头后的须条飘入邻近纱条等因素造成。

（6）羽毛纱。由于飞毛带入、接头不好、车顶板未扫清使飞毛落下粘在纱上等因素造成。

（7）毛粒。由于绒板及毛刷等失效或积毛太多、相对湿度不当造成绕毛或飞毛过多等因素造成。

（8）松紧捻纱。松捻是由于纱管未插紧、锭带松弛、锭盘与刹车块摩擦、锭盘托脚轧刹、锭盘肩胛磨灭、锭子缺油、锭胆磨损、锭子及锭胆配合太紧、锭盘内侧有飞毛、锭带偏长、张力重锤松弛等因素造成的。紧捻是由于锭带跳在锭子轮缘上、接头时刹车放得太早等原因造成。

（9）油污纱。牵伸和加捻时油污沾在纤维上或油污飞毛带入纱条、锭子歪斜、钢丝圈偏轻、平车时罗拉沾污或纱管沾污、油手接头、锭带破裂或附有油回丝。

（10）成形不良。由于纱管插得不齐、钢领板打脚过高（冒头）或过低（冒脚）、落纱太迟（冒头）、成形齿轮或撑牙不当（管纱太粗或太细）、成形凸轮尖端磨损（管纱顶部太粗易脱圈）、钢领板动作不均匀、有停顿现象（纱管呈葫芦形）或羊脚卡死、钢领板平衡重锤接触地面等因素造成。

四、新型纺纱技术

精纺毛纱除了可以用环锭细纱机纺制外，还可以用集聚纺、赛络纺、赛络菲尔纺、缆型纺、嵌入纺等纺制。

（一）集聚纺

1. 集聚纺成纱原理

集聚纺也称为紧密纺、卡摩纺等。集聚纺纱技术是在传统的环锭纺基础上发展而来的。在传统的环锭纺中，从前罗拉钳口引出的具有一定宽度的纤维须条受到加捻作用时，在前罗拉钳口附近会形成加捻三角区，加捻三角区的外侧纤维承受较大的张力，中间的纤维承受的张力较小，从而导致大部分纤维会加捻成纱，而部分未受控制的边纤维会形成纱线毛羽及飞花。

集聚纺技术是使从前罗拉钳口引出的纤维束在牵伸区完成牵伸后，在前罗拉钳口下受到气压（负压）或机械装置的凝聚作用，在凝聚力的作用下，须条的宽度减小，原有的纺纱加捻三角区消除或基本不存在，从而使所有纤维被紧密地凝聚加捻到纱体中，大大减少了成纱的毛羽，并提高了成纱的强度。环锭纺和集聚纺的加捻三角区如图 6-20 所示。

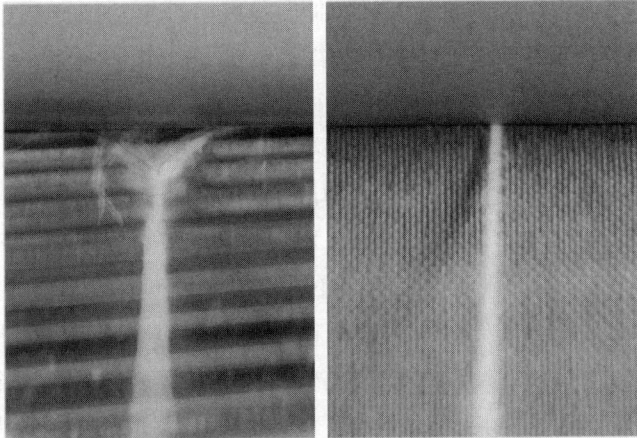

（1）环锭纺　　　　　　（2）集聚纺

图6-20　环锭纺和集聚纺的加捻三角区

2. 德国绪森集聚纺

集聚纺细纱机有棉型和毛型之分。毛型集聚纺纱技术是由德国绪森公司开发而成的，其设备以"Elite"为商标，其所纺产品的中文名为"倚丽集聚纱"。

Elite集聚纺纱工作过程示意图如图6-21所示。Elite集聚纺纱装置由翼形吸风管1、网格圈2、输出胶辊3组成。翼形吸风管1内部处于负压状态，吸风管上每个纺纱位置上开一个斜槽，即吸风窄口4，其长度要与纱条B［图6-21（2）］和网格圈2的接触长度相对应。吸风窄口4相对纱条流动方向有一定的倾斜角度，它使纱条在运动中产生横向握持力，使其绕轴心旋转，使纤维端紧贴于纱条主体上。网格圈2套在吸管外面并受输出胶辊3的摩擦传动，而输出胶辊3通过小齿轮5受前胶辊6传动。输出胶辊3比前胶辊6直径稍大，纤维束在集

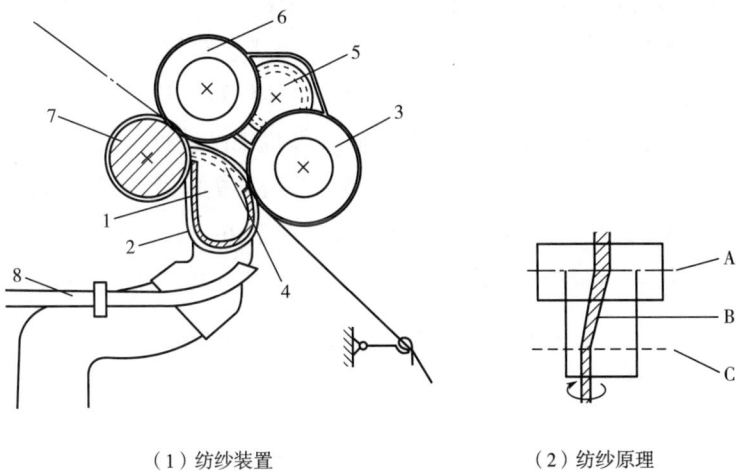

（1）纺纱装置　　　　　　（2）纺纱原理

图6-21　Elite集聚纺纱工作过程示意图

1—翼形吸风管　2—网格圈　3—输出胶辊　4—吸风窄口　5—小齿轮　6—前胶辊　7—前罗拉

8—断头吸风管　A—前钳口　B—纱条　C—输出钳口

聚过程中产生纵向张力作用，使弯曲的纤维拉伸，提高了纤维的平行伸直度，确保纤维在吸风窄口 4 内受到负压作用而产生积聚效应。当纤维束离开前钳口 A 时，纤维束受真空作用被吸附在网格圈 2 的吸风窄口 4，并向前输送到输出钳口 C，即到达吸风窄口 4 的终点，然后离开输出钳口 C 并被进一步输向导纱钩从而加捻卷绕形成集聚纱。

纯毛精梳纱的结构如图 6-22 所示（左面为环锭纱，右面为倚丽纱）。倚丽纱的毛羽明显降低，尤其是 3mm 以上的有害毛羽几乎消除，在多数情况下可以取消后整理加工中的烧毛工序；单纱的强力和耐磨性可以与同种双股线相比，单纱织造时可以不上浆或只需上轻浆；而股线织造时，可以使生产效率大大提高；克服了原加捻三角区边缘短纤维的散落所形成的飞毛问题，改善了工作区的空气环境，降低了细纱加工过程中的断头率；当纱的强力满足要求时，纱的捻度可以降低 20%，从而使纱的手感柔软顺滑；纱的条干有所提高，各种纱疵有所减少；染色后，产品显色鲜艳且富有光泽；有效减少了产品在使用过程中的起毛起球现象。

3. 国产毛纺集聚纺

我国常州同和纺织机械制造有限公司生产的 TH588J 型毛纺集聚纺细纱机是智能化、高速、高效、高质量、节能、环保的四罗拉负压式集聚纺细纱机，是毛纺环锭纺纱技术领域的一次突破性飞跃。它消除了传统环锭纺纱过程中加捻三角区这个薄弱环节，在纱条加捻之前改善了须条纤维分布状况，完善了须条结构及排列，使纤维紧密集聚，减少纺纱毛羽，提高强力，显著地提高了纱线品质和性能，有效地净化了生产环境，也为后续加工工序提供了良好的条件。同时可降低成本，提高毛纺原料利用率，提高纺纱效率，为生产高档毛纺纺织品提

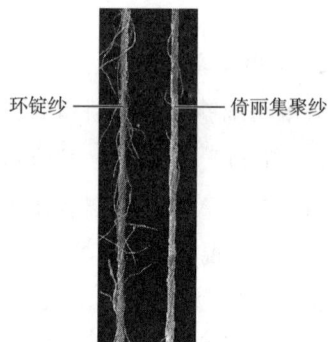

环锭纱 —————— 倚丽集聚纱

图 6-22　纯毛精梳纱

供了有力保证。具有较好的经济效益与社会效益。TH588 型"数控一代"毛纺集聚纺细纱机采用电子牵伸、电子升降、触摸屏数字控制功能，纺纱工艺在触摸屏上设置，无须调换齿轮，方便快捷，变换工艺时只需设置粗纱定重（g/m）、牵伸倍数、捻度（捻/m）、公制支数、纺纱速度 [10 段变频调速 L（m），r/min]，其余在计算机中已进行了最优化设计，纺织工艺成为"一分钟"工艺。常州三毛集团使用 TH588 型集聚纺纱机以及德国绪森改造毛纺集聚纺纱机进行了同工艺同品种对比试验，纱线性能测试结果见表 6-5，从结果可以看出，TH588J 在成纱 CV 值、细节、粗节、毛粒、毛羽、强力等技术指标方面都有明显改善。

表 6-5　TH588J 型细纱机与德国绪森改造毛纺集聚纺纱机对比试验报告

技术指标	纱线规格					
	50 公支			80 公支		
	TH588J	EJ519	2007 年乌斯特公报 25% 水平	TH588J	B583C	2007 年乌斯特公报 5%~50% 水平
条干 CV 值/%	17.02	17.22	17.09	20.07	20.21	19.33~20.97

续表

技术指标	纱线规格					
	50公支			80公支		
	TH588J	EJ519	2007年乌斯特公报25%水平	TH588J	B583C	2007年乌斯特公报5%~50%水平
细节-50%/（个·km⁻¹）	68	77	129.3，25%	495	526	442.5~653.8
粗节+50%/（个·km⁻¹）	22	28	31.1	121	128	132.2~221.3
毛粒+200%/（个·km⁻¹）	5	6	6.6	85	94	61.8~115.4
断裂强度/（cN·tex⁻¹）	148.3	140.2	144.7	225	204	246.4~174.5
毛羽 H 值/mm	3.8	4.5	5.28	2.8	3.5	3.83~4.18

（二）赛络纺（Sirospun）

1. 赛络纺的成纱原理

赛络纺是将两根粗纱平行喂入环锭细纱机的牵伸区，两根粗纱间保持有一定的间距，且处于平行状态下被牵伸后由前罗拉输出，前罗拉输出的两束纱条分别受到初步加捻后，再汇聚并经进一步加捻，形成纱（线），如图6-23所示。因此，其成纱具有接近股线的风格和优点。在某种程度上，赛络纺纱可以看作一种在细纱机上直接纺制股线的新技术，它把细纱、络筒、并纱和捻线合为一道工序，缩短了工艺流程。

赛络纺中，两根粗纱的原料、色彩等可以相同，也可以不同，因此可以纺制具有多种风格特征的纱（线）。

2. 赛络纺的纱线特点

赛络纺的同向同步加捻使其纱线具有特殊的结

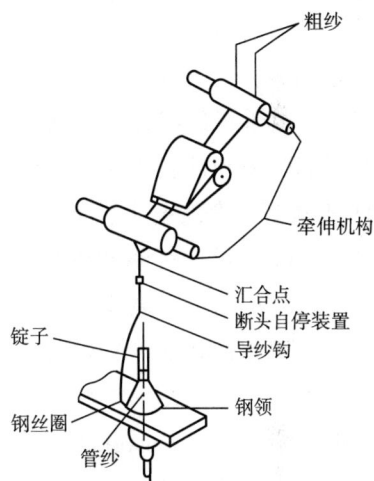

图6-23 赛络纺成纱示意图

构，截面形状成圆形（传统的股线呈扁圆形）；赛络纱的外观近似单纱，没有传统股线中单纱捻回的纹路，却很容易被分成两股单纱；赛络纱的表面纤维排列整齐、顺直，表面光洁、毛羽少，纱体结构紧密、手感柔软，耐磨性好、不易起球；赛络纱的条干均匀度和强力与传统的股线相近或略差，加工时断头率较低，蒸纱后的缩率较低。但赛络纱细节较多，易出现长细节；赛络纱中的单纱与股线捻向相同，易导致纱线自行打结，回丝较多。用赛络纺纱线制成的精纺毛织物外观光洁、手感滑爽柔软、富有弹性、耐磨、透气性好。

（三）赛络菲尔纺（Sirofil）

1. 赛络菲尔纺的成纱原理

将赛络纺中的一根粗纱换成长丝，即为赛络菲尔纺，其成纱示意图如图6-24所示。在传统环锭细纱机上加装一个长丝喂入装置，使长丝在前罗拉处喂入时与经正常牵伸的须条保持一定间距，并在前罗拉钳口下游汇合加捻成纱。

长丝的强力一般较高，无须经过牵伸，需要一套单独的长丝喂入装置，如图 6-25 所示。长丝 1 直接通过导丝钩 2、张力器 3、导丝轮 4 喂入前罗拉 8，在前罗拉出口处，长丝与经过牵伸的短纤须条保持一定的间距输出，经加捻三角区分别轻度加捻后，在接合点处并合，再次加强捻，最后被卷装到纱管上形成赛络菲尔纱。

2. 赛络菲尔纺的成纱特点

赛络菲尔纺纱线毛羽改善明显，赛络菲尔纺纱先"预捻"再"强捻"的特殊方式，使初始阶段毛羽产生量减少；而长丝"外侧缠绕"式结构，有助于减少纱线毛羽；近乎圆形的较紧密纱线结构，保证了后道加工不易产生毛羽；与环锭纺纱工艺相比，长丝的支撑作用和特殊的纱线结构，极大地改善了纱线性能，使纱线具有闪色效应。纱线的强力和伸长明显增加，因此可以大幅度降低对羊毛细度的要求，如用 $21.5\mu m$ 直径长丝及 $21.0\mu m$ 羊毛，可纺出线密度 12.5tex 以下（80 公支以上）细特（高支）纱线，可用于生产风格独特、服用性能好的细特轻薄产品，既降低了原料成本，又可省去并纱和捻线工序。

（四）缆型纺（Solospun）

1. 缆型纺的成纱原理

在环锭纺细纱机前罗拉下方加装一个表面有许多沟槽的分割辊，将前罗拉输出的须条分割成若干股纤维束，由于捻度传递，这些纤维束有少量捻度，再被汇合加捻后，形成类似多股线（缆绳）的缆型纺纱线，如图 6-26 所示。

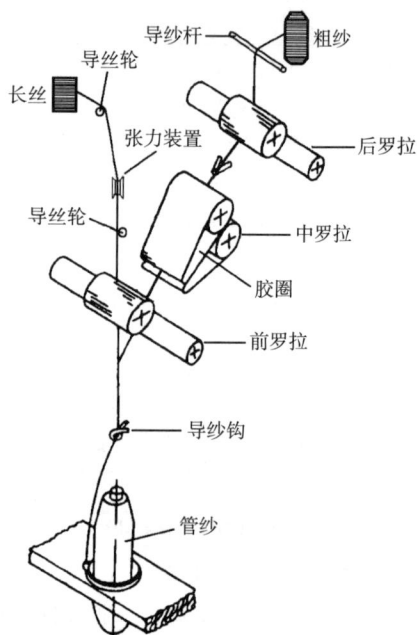

图 6-24 赛络菲尔纺成纱示意图

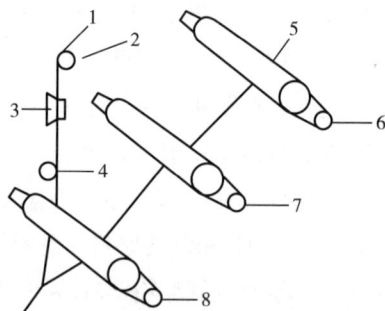

图 6-25 赛络菲尔纺喂入装置

1—长丝　2—导丝钩　3—张力器
4—导丝轮　5—粗纱　6—后罗拉
7—中罗拉　8—前罗拉

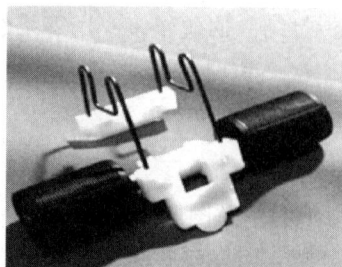

图 6-26 缆型纺

2. 缆型纺的成纱特点

缆型纺纱中的细纱须条被分割辊随机地分成了若干小股纤维束（图6-26），每束的纤维根数不相同，纤维束之间的间距也不同。在前后分股数不同的情况下，经轻度加捻的纤维束交替缠绕，几乎每根纤维都被邻近纤维束所束缚，这使得纱中纤维间结构紧密，抱合力和摩擦力变大。缆型纺纱线的毛羽少、强力高、耐磨性好；与同工艺条件下的环锭纺单纱相比，纱的强力、条干、光洁度、纺纱断头率等指标均有改善和提高，具有单纱可织造性能，可降低织造单纱的特数。一般单经单纬产品在传统捻度下，可用线密度28.57～31.25tex（32～35公支）的纱织造，毛/涤产品采用线密度18.52tex（54公支）的纱。

（五）嵌入式复合纺纱技术

嵌入式复合纺纱技术的成纱原理如图6-27所示，同时喂入2根长丝和2束短纤维须条，2根长丝F_1和F_2对称地处于系统的外侧，2束短纤维须条S_1和S_2对称地从内侧喂入，并且分别与2根长丝先进行汇集于C_1和C_2处，各短纤须条与对应的长丝进行预加捻，然后汇集于C点进行再次加捻成纱。不仅实现了长丝对于短纤维须条的有效增强（如图6-27中的C_1C和C_2C段），还能对纤维须条进行有效捕捉，特别是对纤维须条侧面的纤维（如图中H_1和H_2区域的纤维）有优良的捕捉和缠绕作用，减少了落纤、飞纤等带来的纤维损失，提高了纤维利用率。

短纤维先与长丝进行扭缠复合，然后再与另一股复合纤维束进一步加捻复合，能够使短纤维须条很好地嵌入成纱主体，使纱线毛羽明显降低。稳定的长丝大三角平台能够有效消除短纤维须条意外牵伸，成纱条干好。长丝与短纤维有效地相互嵌入，形成稳定、牢固的整体，纱线强力得到增强，因此，嵌入式复合纺纱系统能明显改善成纱质量，提高纤维纺纱利用率。因为这种纺纱方法能对长度很短的纤维进行有效夹持和嵌入，从而可大大降低纺纱时短纤维须条的意外牵伸，因此，在嵌入式复合纺纱系统中一些在环锭纺中只能用于纺制低品质较粗纱线的纤维原料可

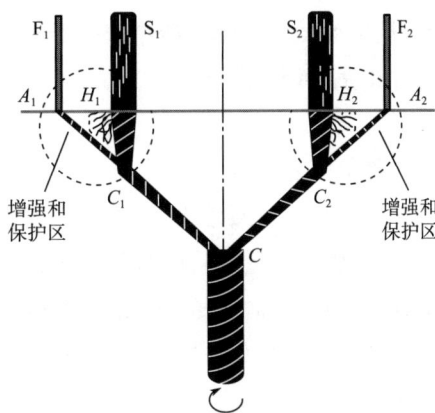

图6-27 嵌入式复合纺纱成纱原理

纺制支数更高、品质更佳的纱线，增加纱线产品的附加值，实现产品的质量优化和升级。

在嵌入式纺纱系统中，短纤维只要碰到长丝就会与其一同加捻而被带走，然后在C处被有效夹持而嵌入纱体。理论上短纤维的长度只要在5mm以上就可实现嵌入式复合纺纱，从而为落毛及其他贵重短纤维利用和纱线产品开发带来极大的推动作用。

实践证明，毛纺嵌入式复合纺纱时，成纱三角区的短纤维须条截面内含有10根纤维就能进行正常纺纱。用嵌入式纺纱方法可以生产出用于制备世界上最轻薄面料的环锭纺纱线，为高支轻薄织物的开发提供了有效途径。2020年嫦娥五号探测器在月球表面成功展示的织物版国旗所用的纱线就是用嵌入式复合纺纱技术纺制的，国旗约为一张A4纸大小，但重量不足12g，比航天要求的重量降低了40%。

嵌入式纺纱系统中有4组纺纱组分,通过变化各组分的花色、原料品种、各组分喂入量、喂入张力以及组分的位置等因素,实现多品种、多组分、多花色纱线的纺制。

第二节　络筒工序

码6-3　络筒、并线、捻线工序

络筒是将细纱工序制得的管纱加工成容量较大、成形良好、有利于后道工序加工的筒子纱,便于后道工序的高速退绕,提高后道工序的生产效率。另外,还可以检查纱线质量,尽可能清除纱线上的粗节、细节、毛粒、杂质等,以减少整经、浆纱、织造过程中的纱线断头,提高织物的外观质量。

一、络筒机

现在普遍使用自动络筒机进行络筒,如图6-28所示。自动络筒机主要由车头控制箱、机架、络纱锭及其包含的电子清纱器和捻接器、计算机系统、气流循环系统等部分组成。纱线从管纱1上退绕下来,经过气圈破裂器2(稳定管纱退绕张力)、预清纱装置4(检查纱疵)、张力装置5、捻接器6、电子清纱器7(检查捻结)、上蜡装置9和导纱槽筒10后卷绕在筒子11上。

二、络筒工艺设计

络筒过程中,需要合理选择络筒速度,尽可能地减少对纱线的摩擦,防止条干和毛羽的恶化;合理设置卷绕张力,保证合理的卷绕密度,防止过大的张力损伤纱线;合理设置清纱设定值,尽可能多的去除杂质(尤其是大杂)。

1. 络筒速度

一般为600~1000m/min。化纤纯纺或混纺纱容易积聚静电,增加纱线毛羽,络筒速度应稍低;纱线比较细、强力低或纱线质量较差、条干不匀率大,络筒速度应低,以免使毛羽和条干进一步恶化。

2. 卷绕张力

卷绕时,必须要保证适当的卷绕张力,以保证一定的卷绕密度和成形。张力过小,成形松散,易脱圈;张力过大会使纱线伸长、弹性和强力降低。卷绕张力一般设置在纱线强力的10%左右。

3. 卷绕密度

筒子的卷绕密度应按照筒子的后道用途、所络筒纱的种类加以确定。一般,染色筒子的

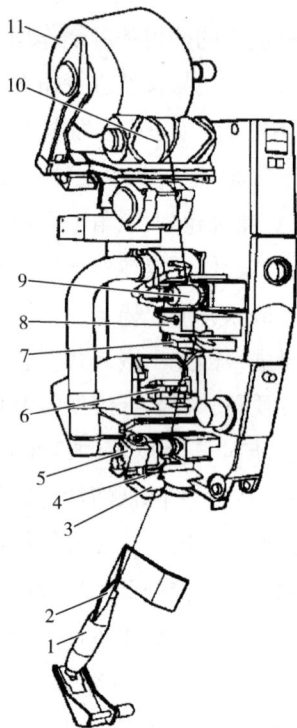

图6-28　自动络筒机

1—管纱　2—气圈破裂器　3—余纱剪切器
4—预清纱装置　5—张力装置　6—捻接器
7—电子清纱器　8—张力检测装置
9—上蜡装置　10—导纱槽筒　11—筒子

卷绕密度较小，约为 $350g/cm^3$；其他用途筒子的卷绕密度较大，约为 $420g/cm^3$。

4. 卷装容量

自动络筒机可按定长或定直径方式进行络筒，以达到所要求的卷装容量。筒子的重量一般为 2~5kg，绕纱长度一般为几十万米到几百万米。

5. 清纱设定值

现在的自动络筒机上普遍采用电子清纱器（图 6-29），用电子装置检测纱线的粗细、长度及颜色等，由逻辑电路对其进行综合判定，当判定为纱疵时，电剪刀切断纱线，可判断错支、异纤、粗细节、竹节纱等。清纱设定值包括纱疵截面变化率（%）和纱疵参考长度（cm）两项。根据纱线的质量要求，设定不同的检测通道值。图 6-30 为乌斯特纱疵案例。

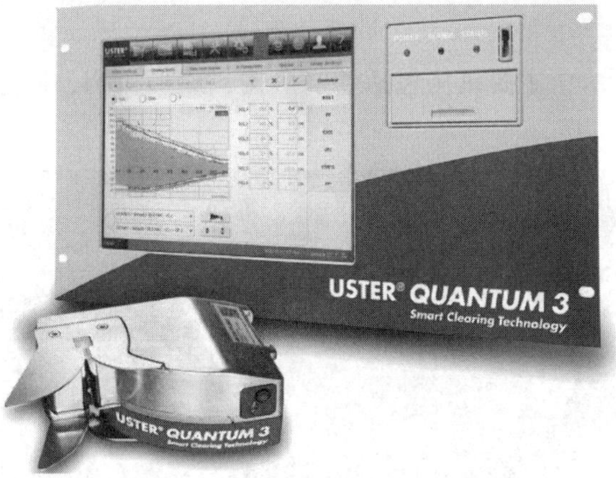

图 6-29　乌斯特电子清纱器

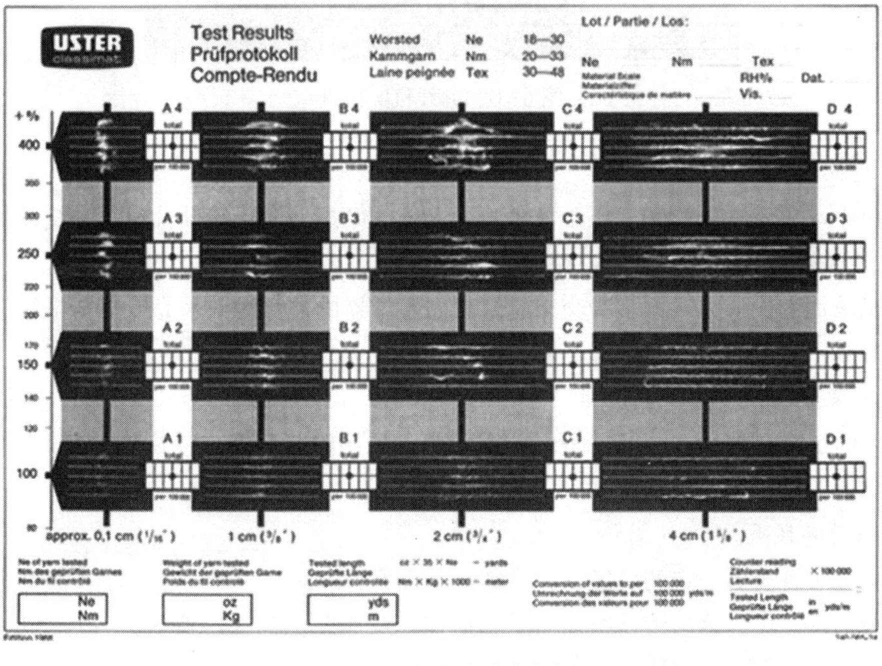

图 6-30　乌斯特纱疵案例

第三节　并线工序

精梳毛织物的特点是表面光洁、质地紧密、坚牢而又柔软，挺括而有弹性，对用纱的要求很高，多采用股线。为了保证捻合后的股线品质优良，在捻线之前先经过并线。并线的目的如下。①使股线中各根单纱的张力一致，保证捻线机正常加捻，避免在加捻时由于张力差异而产生捻幅不匀或小辫子线等疵点。②去除毛纱上的杂质、飞花、结子、粗节等外观疵点，保证股线的条干光洁。

一、并线机

并线机如图6-31所示，主要机构包括卷绕机构、成形机构、防叠装置、断头自停装置、导纱机构和张力装置等。

图6-31　并线机实物图

1. 卷绕机构

滚筒由电动机传动，筒子紧压于滚筒表面，依靠摩擦使筒子转动，将纱卷绕在筒管上。

2. 成形机构

并线机采用的成形方式大多为交叉卷绕，由导纱器的往复运动来完成。与平行卷绕相比，交叉卷绕的纱不易脱落，筒子纱染色时染液也容易浸透。

3. 防叠装置

在并纱时，为了使纱圈在筒子表面分布均匀，采用防叠装置，使绕到筒子表面的每圈纱都和其前次所绕的纱圈有一定位移。

4. 断头自停装置

断头自停装置要有一定的灵敏度，当细纱断头或管纱用完时，可使筒子与滚筒表面脱开，以免筒子表面的一层纱因与滚筒摩擦而受到损伤，或因摩擦而使纱头嵌入纱层内造成接头时找头困难，也可避免产生单股纱。

5. 导纱机构

导纱机构包括导纱装置与张力装置，导纱机构的作用主要是改变纱段通过的方向，给纱线以一定的张力，并通过对纱线的摩擦来达到清洁纱线的作用。

6. 张力装置

张力装置可以赋予纱线适当的张力，使纱线紧密分布在筒子上，如果张力过大，纱线会产生伸长并造成纱线强力下降，同时断头后纱头易嵌入纱层里面，寻头困难；张力过小，则在卷绕过程中成形松散，纱圈易于脱落。张力装置应满足下列要求。①张力装置的摩擦表面应平滑光洁，不易磨损。②张力装置应该保持对纱线的均匀张力。③机构应简单、精细，易于调节所需要的张力。④并线时纱上的毛绒和杂质应不易遗留在张力装置内。

并纱时应保证各股单纱之间的张力均匀一致，以保证并纱筒子成形良好，达到一定的紧密度，并使生产过程顺利。并纱张力一般掌握在单纱强力的10%左右。

二、并线疵点及成因

并线疵点主要有以下几种。

（1）蛛网（滑边）筒子。纱圈在筒子两端滑出崩脱成蛛网，造成后工序中退绕困难甚至严重断头。由于导纱器螺丝松脱、导纱瓷牙内有垃圾或飞毛、筒管弯曲振动、筒管游动和操作不良等因素造成的。

（2）纱圈重叠。由于防叠装置的工作失灵等因素造成的。

（3）筒子有大小端。由于纱架安装不正确、两边进出不一致等原因造成的。

（4）筒子卷绕太松。由于滚筒振动导致张力小、重锤位置不正确等因素造成的。

（5）筒子形状不正确。由于成形凸轮受损，破坏了凸轮曲线形状等因素造成的。腰带筒子是由于运转时纱线没有嵌入瓷牙内而失去往复运动等因素造成的。

（6）缺股。由于断头自停装置失灵，一根单纱断头或纱穗退完后机器还在继续运转，使并线缺股等因素造成的。

（7）纱线伸长过大，弹力下降。由于并线张力过大，纱拉得过紧，伸长太大，弹力下降等因素造成的。

（8）皱皮纱。由于细纱穗成形不良，退绕困难，使一根单纱张力过大，造成一根松一根紧等因素造成的。

（9）小辫子纱。由于接头时从筒子上拉出的两根纱头没有并齐或从管纱上拉出的纱没有伸直等因素造成的。

（10）多股纱。由于单纱退绕时管纱脱圈等因素造成的。

第四节　捻线工序

捻线是对并线机并合好的纱线进行加捻，以使股线的强力、弹性、均匀度、光泽及手感等符合要求，并加工为成型良好、具有一定直径或重量的卷装（筒子）。也可将不同色泽、不同结构或不同成分的纱线进行捻合，得到花式线。

一、捻线机

现在普遍采用的是倍捻机，其示意图如图 6-32 所示，整体实物图如图 6-33 所示。纱线从并线筒子 1 退绕下来，先穿过锭翼 2。锭翼 2 为活套在空心管 3 上的一根钢丝，上有导纱眼，随退绕张力慢速转动。纱线自锭翼导纱眼引出后，进入静止的空心管 3，再穿入高速旋转的中央孔眼，并从储纱盘 4 的横向穿纱眼 5 中穿出。纱线在贮纱盘的外圆绕行 90°~360° 后进入空间形成气圈 6。经导纱钩 7、超喂罗拉 8、往复导纱器 9 卷绕到股线筒子 11 上。筒子由滚筒 10 摩擦传动。倍捻机的锭子则由传动龙带 12 摩擦传动。纱线在盛纱罐 13 和气圈罩 14 间旋转加捻。

倍捻机中锭子每转一转，能在纱线上加上两个捻回，如图 6-34 所示，AB 段加一个捻回，CD 段加一个捻回。

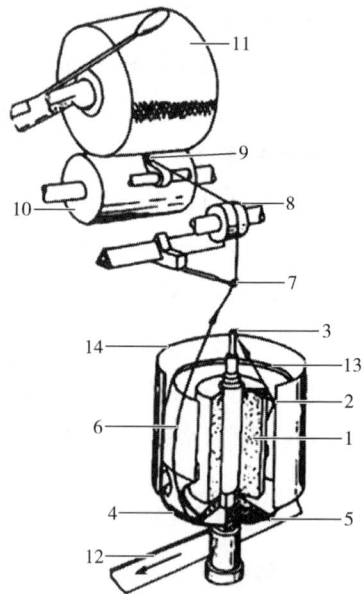

图 6-32　倍捻机示意图

1—并线筒子　2—锭翼　3—空心管　4—储纱盘
5—横向穿纱眼　6—气圈　7—导纱钩
8—超喂罗拉　9—往复导纱器　10—滚筒
11—股线筒子　12—传动龙带　13—盛纱罐
14—气圈罩

图 6-33　倍捻机整体实物图

二、捻线工艺设计

1. 捻向

股线的捻向选择主要根据纱线的用途确定。生产单纱一般采用 Z 捻，股线一般采用 S 捻，能得到较好的强力、光泽和手感，捻回稳定性好，捻缩小，股线的平衡性较好。

2. 捻系数

股线捻系数的选择，既要考虑与细纱捻系数、捻向的配合，又要考虑产品的种类、风格、手感、光泽、外观等因素。双股线反向加捻时，股线常用公制捻系数为 80~90，双股线同向加捻时，股线常用公制捻系数为 140~200。

捻比值是指股线捻系数与单纱捻系数的比值，直接影响股线的光泽、手感、强度以及捻缩与伸长，应根据纱线用途进行合理选择。理论上当股线的捻比值等于 0.707 时，股线表面纤维与股线的轴向平行，股线的光泽好，且手感较柔软；实践中取 0.7~0.9 范围时纤维的轴向性最好，股线光泽好、手感柔软；纬向用线虽然手感柔软，但为了保证织物的纬向强度，捻比值不能过低，一般在 1.0~1.2 的范围选用；衣着织物的经线要求股线结构内外松紧一致，强力高，捻比值一般为 1.2~1.4。

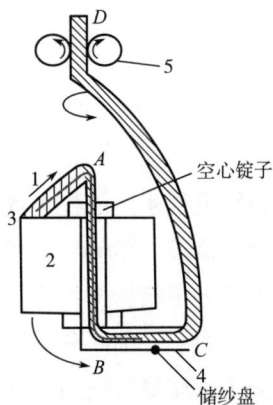

图 6-34 倍捻机中的加捻
1—纱线 2—喂入筒子 3—退绕器
（锭翼导纱钩） 4—小孔 5—超喂辊

三、股线质量控制

1. 重量偏差与重量不匀率

细纱的重量偏差和重量不匀率是股线重量偏差和重量不匀率的基础。在细纱重量偏差一定的情况下，影响股线重量偏差的主要因素是捻缩（伸），其次是络筒、并线的伸长，倍捻机卷绕张力过大也可能产生意外伸长。

股线的捻缩与细纱、股线的捻度、捻向、捻比有关。同向加捻时，捻缩率较反向加捻时大得多；捻缩率越大，股线纺出越重，此时应适当减轻细纱重量，以保证股线重量符合要求。股线反向加捻时，当捻度比较小时，易产生捻伸，股线重量偏轻，应适当加重细纱重量。

络筒、并线时的张力大小和速度直接影响并线筒子伸长率的大小，因此降低股线重量不匀率的措施除控制细纱重量不匀率外，还应使络筒、并纱机上的张力和速度一致。

倍捻机在卷绕时，尤其在生产捻度较低的股线时，如果卷绕张力过大，加捻过的股线在长期放置或运输时，由于应力的释放，纤维产生滑移，引起股线伸长。

2. 捻度与捻度不匀率

降低股线的捻度和捻度不匀率，有利于改善股线的强力和强力不匀率。需重点控制单纱的短片段不匀，降低整机的锭速差异和纱线强力差异，同时还要提高操作水平，防止断头和接头时产生的强捻或弱捻。

3. 强力与强力不匀率

股线的强力和强力不匀率除与单纱的质量有关外，在捻线机上应控制以下几个方面。①适当选择单纱与股线的捻比值，减少单纱捻度而增加股线捻度对提高股线的强力有利。②均衡并线张力。并线的张力不匀，在股线加捻时，张力小的一根单纱会缠绕在张力大的一根单纱周围，形成"螺丝线"，影响强力。尤其在反向加捻时，位于中心的单纱产生退绕，从而使强力降低。采用并捻联合机生产的股线强力略有降低。

第五节　蒸纱工序

码 6-4
蒸纱工序

精纺毛纱生产过程中普遍使用蒸纱工序，其目的主要有以下几点。①羊毛纤维在梳理、精梳和多次针梳过程中，因纤维受力和摩擦而产生静电，使羊毛内部分子结构产生不平衡现象，影响后道工序的正常进行，蒸纱可以消除静电和羊毛纤维的内应力。②细纱和捻线工序都会给纱条加以大量的捻回，使纤维产生扭转、弯曲和伸长，羊毛分子的胱氨酸链的弹性力图松解捻回，因而产生扭结，蒸纱能够稳定捻度，防止后道加工中因退捻而产生的扭结现象。③蒸纱可以减少纱疵，促进织物上染，改善织物的光泽，可以控制织物的长缩，使呢面清晰、手感滑爽。

蒸纱是通过加热和加湿，一方面使大分子热振动增强，有利于羊毛回缩，另一方面使横链易于拆散和重建，有利于羊毛变形的固定，此定捻原理可用下式表示：

$$W—S—S—W+H_2O \rightleftharpoons W—SH+W—SOH$$

合成纤维中的涤纶、锦纶等的定形原理和羊毛一样，但其大分子结构中没有二硫键，只有提高温度，才能加强大分子热振动，从而能使大分子链段开始移动，这一温度叫作二级转变点。一般合成纤维纯纺或混纺纱的蒸纱温度，应在其二级转变点附近，均比纯毛纱的蒸纱温度高。

一、蒸纱机

蒸纱工序使用的设备是蒸纱机，有抽真空蒸纱机和不抽真空蒸纱机，现在普遍使用抽真空蒸纱机，真空蒸纱机又可分为普通真空蒸纱机和自动真空蒸纱机。

1. 普通真空蒸纱机

图 6-35 为普通真空蒸纱机示意图。将管纱盛于金属箱里，放在蒸纱罐 1 中进行汽蒸，为了防止蒸汽直接喷入，在蒸纱罐 1 内有带有小孔隔层 2，蒸汽通过隔层 2 后进入蒸纱罐 1 内，将管纱从轨道 9 推入，装完后用盖子 10 封闭，蒸汽管 6 及水管 7 将蒸汽和水送入热水罐 3 中，加热到一定程度后停止加热，开动抽真空电动机 5，将蒸纱罐中的空气抽出，达到一定真空度后关闭抽真空电动机 5，将热水罐 3 中预热的水通过进气管 4 送入罐内，由于蒸纱罐 1 内形成真空，热水很容易煮沸，蒸汽分子就向管纱内层渗透，保持蒸纱罐 1 内一定的压力和温度，蒸一定时间后通入空气，开启排水管 8，将凝结水排出，最后取出蒸好的毛纱。

2. 自动真空蒸纱机

自动真空蒸纱机在一体化、智能化、自动化、高效率，特别是在质量保证体系上（真空装置、间接蒸汽装置、载纱装置、控制装置、安全装置）具有明显优势。图 6-36 为 VFV350/VP/175 型自动真空蒸纱机示意图。

按工艺参数设定后，打开进软化水管阀门、蒸汽管阀门、压缩空气阀门（这 3 个阀门的作用是保护蒸纱机），打开电源，PLC 开始工作，进水阀 V_6 打开进水，到达标准水位后（罐

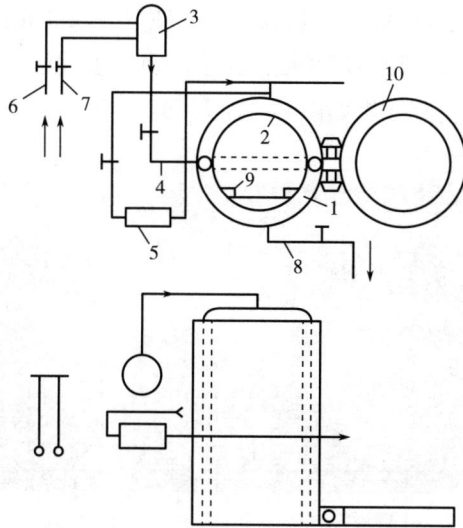

图 6-35 普通真空蒸纱机示意图

1—蒸纱罐 2—隔层 3—热水罐 4—进气管 5—抽真空电动机

6—蒸汽管 7—水管 8—排水管 9—轨道 10—盖子

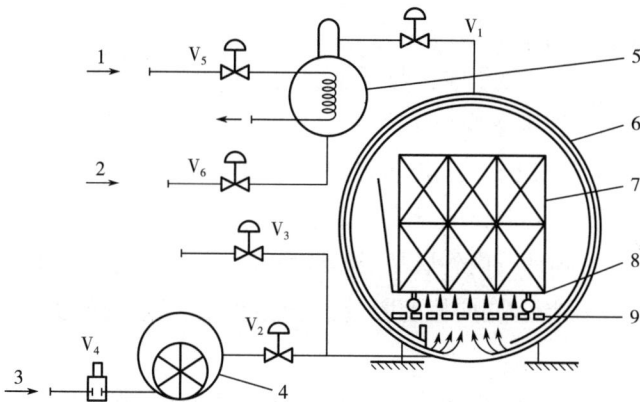

图 6-36 VFV350/VP/175 型自动真空蒸纱机示意图

1—蒸汽 2—水 3—软化水 4—真空泵 5—蒸汽锅炉 6—罐体 7—蒸纱网框 8—推纱小车 9—载纱平台

内配有水位计），进气阀 V_5 打开，热气压力上升为 $(2.5\sim3)\times10^5\text{Pa}$，罐体 6 内水成为饱和蒸汽。按下控制盘上的开始按钮，载纱平台 9 两侧踏板升起，推纱小车 8 进入罐内并关门，气动锁紧罐门，排空气阀 V_3 关闭，抽真空阀 V_2 打开，真空泵 4 工作，达到设定值时真空泵 4 停止工作。真空阀 V_2 关闭，以保持罐内的真空度，同时进蒸汽阀 V_1 打开，饱和蒸汽进入罐内，蒸汽沿罐内壁上隔层进入载纱车底部，穿过纱车底面网眼由下而上进入罐内，罐内风扇吹动使蒸汽不断循环，温度均匀，并快速渗透入纱线内部，罐内温度逐渐上升至工艺设定温度，停止升温，进入保温阶段。此时温控器控制进气阀 V_1 的流量，随时调整以维持罐内温度不变，同时保温时间控制器倒计时工作，达到设定时间后进气阀 V_1 关闭，抽真空阀 V_2 打开，真空泵 4 启动，进入抽真空阶段。此时冷却时间控制器倒计时运转至设定时间，真空泵停机，空气阀 V_3 打开，空气进入罐内，负压为零，使内外压力相同，空气控制罐门打开，推纱小车 8 出罐，整个过程均由监控器同步绘制温度、真空度曲线。

某企业使用的自动抽真空蒸纱机如图 6-37 所示。

（1）外观图   （2）内部图

图 6-37　自动抽真空蒸纱机

二、蒸纱工艺设计

蒸纱工序的工艺参数主要是蒸纱温度、蒸纱时间和循环次数，主要根据纱线种类、质量要求及单纱或股线的捻度情况来确定。

蒸纱温度对蒸纱质量有直接影响，与纤维结构、捻度、股线捻向等有关。纯毛纱线的蒸纱温度一般不超过 95℃，否则影响光泽手感；pH 为 7 的纱线，蒸纱温度可达 95℃；pH 高于 7 的纱线，蒸纱温度不能超过 95℃；pH 小于 7 的纱线，蒸纱温度不能超过 105℃，否则会导致纤维损伤、泛黄。强捻和同向捻的股线，涤纶纱线，蒸纱温度适当提高。

蒸纱时间的长短会影响纱线内外层是否蒸纱均匀。正常捻度的纱和线在抽真空的条件下，蒸纱时间为 20~30min。强捻和同向捻的股线、涤纶纱线，蒸纱时间应适当加长。循环次数一般为 1~2 次。

使用 H032 型真空蒸纱机对股线蒸纱的工艺条件见表 6-6，强捻单纱的蒸纱工艺见表 6-7。在用真空蒸纱机蒸细纱、股线时，要求蒸汽管的压力达到 $4×10^5$ Pa（4 个大气压），热水罐中温度达到 120℃。压力达到 $2.2×10^5 ~ 2.4×10^5$ Pa（2.2~2.4 个大气压），将热水管的蒸汽通到蒸纱罐时，要求真空度达 $-9.9×10^5$ Pa（-740mmHg）。

表 6-6　使用 H032 型真空蒸纱机对股线蒸纱的工艺条件

纱线品种	捻向	蒸纱温度/℃	蒸纱时间/min	循环次数
纯毛纱	Z/S 或 S/Z	80	20	1
毛黏混纺纱	Z/S 或 S/Z	80	20	1
黏腈锦混纺纱	Z/S 或 S/Z	85	20	1
黏锦混纺纱	Z/S 或 S/Z	85	30	1
毛涤混纺纱	Z/S 或 S/Z	95	40	1
黏毛涤混纺纱	Z/S 或 S/Z	95	40	1

纱线品种	捻向	蒸纱温度/℃	蒸纱时间/min	循环次数
纯涤纶纱	Z/S 或 S/Z	100	60	1
纯毛、毛黏混纺、纯化学纤维、毛与化学纤维混纺	Z/Z 或 S/S	85～105	30~70	1

表 6-7　强捻单纱的蒸纱工艺

纱线品种	捻向	蒸纱温度/℃	蒸纱时间/min	循环次数
纯毛、毛黏混纺	Z 或 S	90	60	1
纯化纤、毛与化纤混纺	Z 或 S	90~95	90	2

三、蒸纱质量控制

蒸纱后的质量要求如下：

（1）捻度稳定程度好。捻度稳定程度是衡量蒸纱质量的主要指标，定形不足和定形过度都不符合要求，在生产现场可粗略确定定形效果，其方法是将 1m 长已蒸过的毛纱或股线对折自然下垂，测定其自动回捻的圈数。回转的圈数过少，表明纤维受损伤较大；回转的圈数过多，表明定形不够。若在 5 转以下，则认为已完全定形，一般在 15 转以下，则认为可供后道工序使用。

（2）蒸过的纱不能影响毛纱原来的色光和强力，白色纱蒸后不可以泛黄。

（3）蒸纱机内不同部位的纱管或筒子以及同一个纱管或筒子内外层都要均匀蒸透，捻度稳定程度要基本一致。

（4）出机的纱管或筒子表面不能有露滴。

（5）同批次纱线应尽量采用同一种工艺和操作方法。蒸纱后，纱线应在室内通风处存放16~24h 后再进行使用。

思考题

1. 简述毛精纺环锭细纱机中主要的工艺参数以及控制纱线质量的措施。

2. 简述细纱短动程卷绕的特点。

3. 造成环锭细纱机中断头的原因有哪些？纺纱断头过高会导致哪些问题？采取哪些措施可减少断头？

4. 什么是加捻三角区？其对纱线质量有何影响？

5. 描述对环锭细纱机改革的几种纺纱技术的纺纱原理及成纱特点。

6. 简述生产股线的后纺流程。

7. 简述自动络筒机的工作原理。

8. 络筒工序后加捻的目的是什么？一般采用什么设备？

9. 简述蒸纱工序的工艺原则及质量要求。

第七章　精梳毛纱的品质控制

　　纱线的品质直接影响织物的物理性能、视觉效果、手感等，因此需要对纱线的主要品质进行测试和控制。精梳毛纱的品质有技术性能和外观两项，分别以其中最低一项的指标作为评等、评级的依据。技术性能分等为一等、二等，低于二等为等外。外观指标分一级、二级，低于二级为级外。技术性能用特数偏差率、重量变异系数、捻度偏差率、捻度变异系数作为分等依据。平均强力、低档纤维含量、含油率及染色牢度作为保证条件，在售纱时考核。外观检验分为条干均匀度和外观疵点两项。

　　目前，精梳毛纱品质的测试项目主要包括纱线细度及其均匀性、捻度、拉伸断裂性能、毛羽等。

第一节　纱线细度测试

一、概述

　　因为纱线是柔性体，截面并非圆形，在不同外力作用下可能呈椭圆形、跑道形、透镜形等形状。纱线的理论直径通常是由纱线的线密度换算而得。纱线表面有毛羽，截面形状不规则，且容易变形，其直径较难测量，故纱线的线密度常用间接指标表示。纱线线密度间接指标有定长制（特克斯和旦尼尔）和定重制（公制支数、英制支数）两种。定长制是指一定长度纱线的重量，其数值越大，表示纱线越粗。定重制是指一定重量纱线的长度，其数值越大，表示纱线越细。

　　毛纺生产中，习惯采用公制支数为单位。采用绞纱称重法来测算纱线的公制支数：绞纱周长为 1m，每绞精梳毛纱为 50 圈，长 50m，每批纱取样后摇 20 绞，烘干后称总重，求得每绞纱的平均干态重量后，按式（7-1）计算所测纱线的公制支数：

$$N_{\mathrm{m}} = \frac{L}{G_0} \times \frac{100}{100 + W_{\mathrm{k}}} \tag{7-1}$$

　　式中：N_{m} 为纱线的公制支数；L 为绞纱长度（m）；G_0 为绞纱平均干态质量（g）；W_{k} 为纱线的公定回潮率（%）。

二、测试仪器

　　常用的测试仪器为 YG086 缕纱测长仪，如图 7-1 所示。

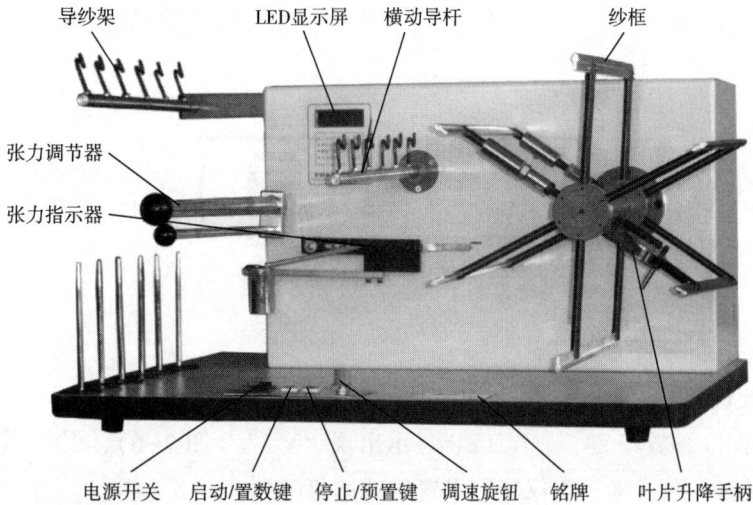

图 7-1　YG086 缕纱测长仪外观图

三、实验方法与步骤

1. 圈数设置

以摇取纱线 123m 为例（一圈为 1m 长）。

（1）接通电源，开机显示"LLDY"字样，5s 后 LED 显示"00 0"，进入实验状态（图 7-2）。

图 7-2　设备开启

（2）按住"停止/预置"键 3s 后，LED 显示"100."，即为出厂设置的圈数（100 圈）。小数点"."在个位表示修改个位；小数点"."在十位表示修改十位；小数点"."在百位表示修改百位（图 7-3）。

图 7-3　出厂设置

（3）当小数点"."在个位时，每按一次"启动/置数"键，个位数变化一次，0~9 循环，将个位数置为"3"（图 7-4）。

图 7-4　个位数预置操作

（4）按"停止/预置"0.5s，小数点"."移至十位，用"启动/置数"键将十位数置为"2"（图7-5）。

图7-5　十位数预置操作

（5）同理将百位数置为"1"。

2. 减速圈数设置

（1）按"停止/预置"键，直至LED显示出现"Y 3"（图7-6），"3"代表在纱线到达设定圈数时，提前3圈减速（本仪器可设置的减速范围为"1~5"圈）。

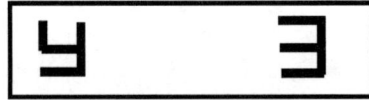

图7-6　设备减速圈数设置操作

（2）出现"Y 3"后，用"启动"键可以修改减速圈数，一般置为"2"圈或"3"圈，继续按一下"停止/预置"键，退出修改减速圈数状态，LED显示"00 0"，即为实验状态。

3. 转速调整

按"启动"键，使纱框转动，然后，再按一下"启动/预置"键，显示"b×××"（图7-7），"×××"即为实时转速。调整调速旋转钮，使转速在所要求的范围之内。按"停止/预置"键使电机停止转动，再按一下"停止"键，使系统清零，LED显示"00 0"实验状态。

图7-7　设备转速调整操作

4. 张力调整

本机张力游砣标尺上的张力数值是指在同时摇取6根纱线时单根纱线的张力。同时摇取6根纱线时，则将游砣移至标准规定的张力值即可。如摇取的纱线小于6根时，则依据式（7-2）计算所需数值。

$$T = \frac{1}{6}nf \tag{7-2}$$

式中：T 为摇取小于6根纱时，张力标尺上须设置的张力数值（cN）；n 为同时摇取的纱管数；f 为标准规定的单根摇纱张力。

调整张力时，将纱路图连接至纱框，按上述方法计算出摇纱张力后，将张力指示器游砣移至需要的张力值上，开机后转动张力调节器调节张力，当张力指示器指针在面板刻线处上、下少量波动时，张力指示器上设置的张力即为摇纱张力，纱路图如图7-8所示。

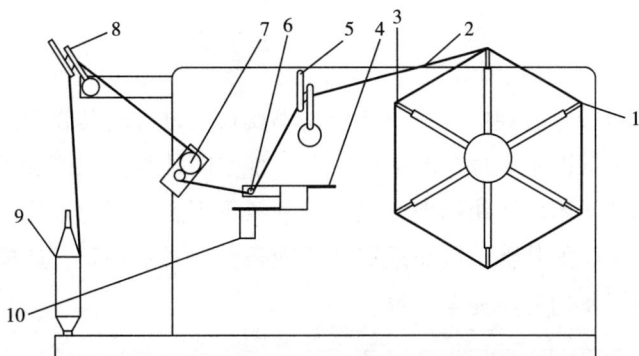

图7-8　纱路图

1—纱框　2—纱线　3—压纱片　4—张力指针　5—摇纱横动导纱钩
6—张力杆　7—张力调整器　8—导纱钩　9—管纱　10—张力游砣

5. 实验

按需要设置好张力指示器游砣及摇取的纱线圈数，将纱线按照纱路图所示引至纱框的压纱片上压住纱线，按动"启动/置数"键，纱框转动，开始绕取纱线。调节张力调节器，使张力指针在零位红线处波动，当纱框旋转达到设定圈数时自停，LED显示"01　0"，（01表示实验次数，图7-9），扳动"叶片升降手柄"，降下叶片取下摇好的缕纱。

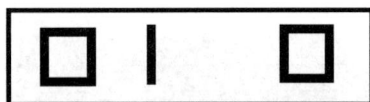

图7-9　LED显示实验次数

按上述方法继续实验直至完成需要的实验次数。

6. 取纱线样本

按要求取纱线样本，并称量每缕纱线的重量。

7. 实验结果计算

按照式（7-1）进行数据处理，计算实验结果。

注意：混纺纱线的公定回潮率，是按混纺组分的纯纺纱线的公定回潮率（%）和混纺比例加权平均而得，取一位小数，以下四舍五入，其计算公式如式（7-3）所示：

$$W_{湿} = \sum W_i P_i \qquad (7-3)$$

式中：W_i为混纺纱中第i种材料的公定回潮率（%）；P_i为混纺纱中第i种材料的干重混纺比（%）。

第二节 纱线条干均匀度测试

一、概述

纱条的条干不匀可按它表观的粗细或外径大小反映，也可用其物理意义的单位长度的质量来反映。由于纱条的截面不是理想的圆形，在三维空间外观的粗细和外径并不相同，因此以表观几何形态表示条干不匀。用物理意义表示的条干不匀，相对地比较稳定。由于纱条捻度分布有向纱条细节集中的趋势，因而粗细处的纱条密度并不一致，造成表观形态的条干不匀，与物理意义的条干不匀并不完全一致。

二、测试仪器

采用 YG138 型条干仪（图 7-10）测试纱线的条干均匀度。YG138 型条干仪采用先进的数字处理技术和计算机技术，具有高精度、高集成度和稳定性、操作简便、功能齐全的特点。该仪器适用于纺织工业测量棉、毛、麻、绢、化学短纤维的纯纺或混纺纱条的线密度不匀及不匀的结构和特征，可供纺织工业控制实验室对纱条进行定性、定量分析用。使用本仪器测量的数据、波谱图、直观图、变异长度曲线、偏移率曲线、线密度频率曲线，可参照《乌斯特条干均匀度使用手册》及《乌斯特公报》进行分析、评定纱条质量。

为保证测试样品的准确性，应按照 GB/T 3292.1—2008《纺织品 纱线条干不匀试验方法 第 1 部分：电容法》规定的温、湿度条件下，对样品平衡 24~48h。

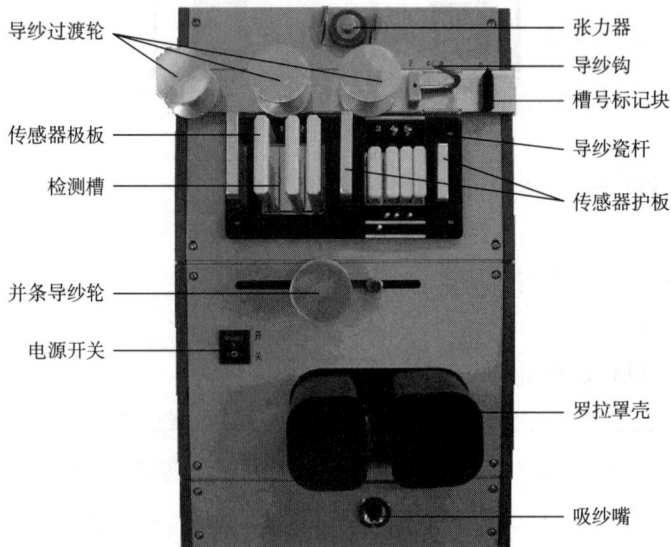

图 7-10 YG138 型条干仪

1. YG138 型条干仪的主要组成部分

YG138 型条干仪的主要组成部分包括：①罗拉部分由罗拉罩壳、罗拉帽及罗拉组成。罗拉罩壳嵌入机座，向外轻拉可以将罩壳拔出。罗拉帽将罗拉固定在驱动轴上，拧下罗拉帽可以将罗拉拔出。②吸纱嘴及挡板。当纱线缠绕罗拉时可启用吸纱装置，打开检测头背板上的压缩空气阀（压缩空气由外部接入）。前吸嘴可将纱线吸入，从后板的出纱口排出（接上所配的排纱软管）。需用挡板时，就拉出挡板，以避免纱线堆积在桌边缘。③并条导纱轮。进行条子测试时，拧松导纱轮右侧带有滚花的螺钉，滑动至测试槽下方起导纱作用。④纱线在槽号位置。成品细纱在测试槽的摆放位置如图 7-11 所示。

注意：纱线均在瓷棒的右侧绕过。

（1）20.8tex 以下（48.1公支以上）细纱在测试槽的摆放位置

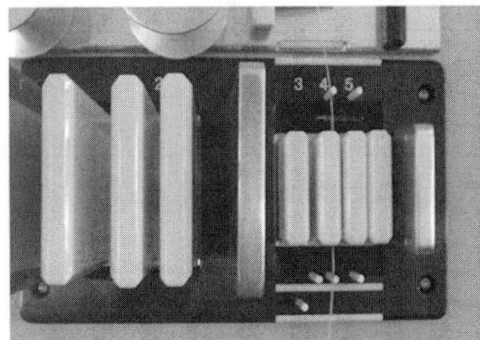

（2）20.8tex 以上（48.1公支以下）细纱在测试槽的摆放位置

图 7-11　成品细纱在测试槽的摆放位置

2. YG138 型条干仪的工作原理

当纱条以一定速度连续通过平板式空气电容器的极板时，纱条线密度的变化引起电容量的相应变化，经过一系列的电路转化和运算处理，将最终信息分别输入积分仪、波谱仪、记录仪和疵点仪，就可得到纱条的不匀率数值、不匀率曲线、波长谱图及粗节、细节、棉结、毛粒等测试结果。

三、实验方法与步骤

（1）初始化检测（调零）。注意纱线不要放入检测槽，点击 或按一下键盘上的空格键，出现如图7-12（1）和图7-12（2）所示的界面。在第一次测试时必须在"热机时或实验环境不好请选中"前的□打√，正常测试时将√去除，可防止调零时的误操作。

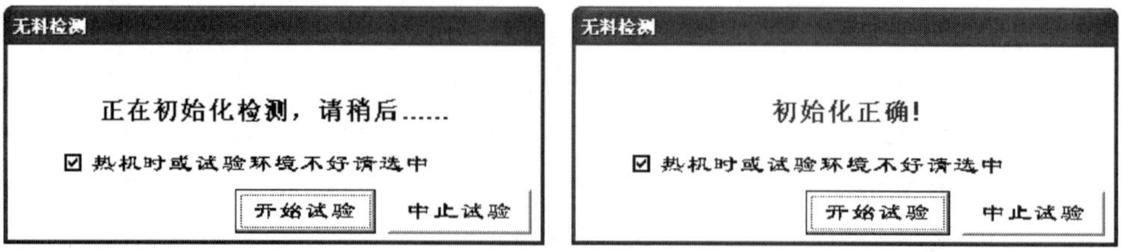

图7-12　初始化检测

如果在初始化检测时测试槽内有纱线，或极板槽内有异物，将会出现以下的对话框（图7-13）。检查测试槽，如有纱线在槽内需要将其取出，如槽内有异物需要进行清洁。并点击"重试"或按一下键盘上的空格键。如果正确，将出现如图7-12（2）所示的画面。

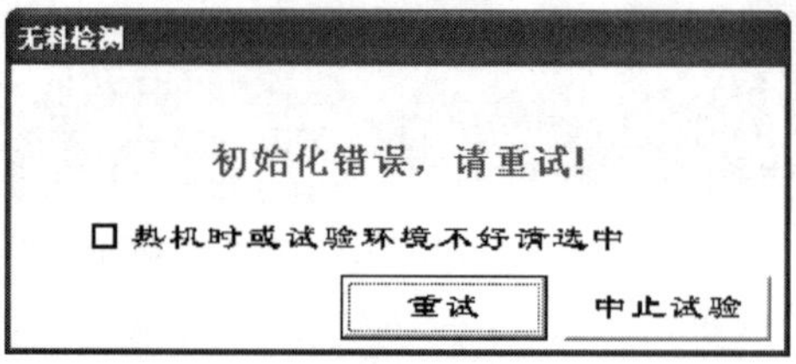

图7-13　对话框

（2）测试过程显示。点击"开始试验"或按一下键盘上的空格键，电机启动。正常测试情况下操作界面如图7-14所示。

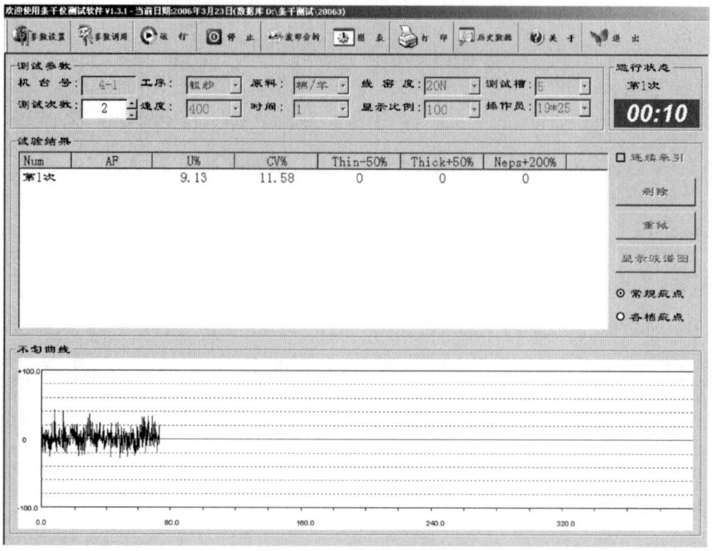

图7-14　正常测试操作界面

测试过程中如果出现特殊情况，需要停止，点击"停止"或按一下键盘上的空格键。点击"中止测试"退出运行，进入主界面。

（3）连续牵引。牵引方式可选择连续或非连续，可在"连续牵引"选项中打"√"进行切换。如选择了连续牵引，在测试结束后电机不停。第二次测试操作同上，这样可以节省换纱时间，提高测试效率。

（4）测试结果显示。

①波谱图显示。一次实验完成后，会弹出波谱图的界面，如图7-15所示。

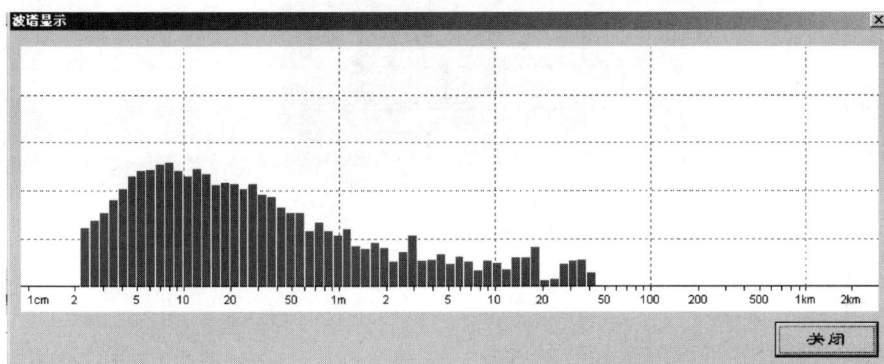

图7-15　波谱图界面

点击"关闭"将关闭波谱显示界面。若要查阅前次波谱可以选中想要查阅的第几次数据（鼠标点击并呈蓝色）后，点击"显示波谱图"，即可弹出该次波谱图。

鼠标点击波谱图上的某个通道，会标出该通道的波长。

②测试结果的数据显示。点击常规疵点、各档疵点前的"⊙"，可以切换疵点显示的方式。如发现测试错误，可以重做或删除该次测试。在实验结果栏内选中已测试的数据（显示为蓝色，图7-16），并进行相应的操作。

图7-16　测试结果图

四、新型乌斯特均匀度测试仪

乌斯特公司研发了一种新型传感器（图7-17）用于检测纱疵，原理类似于传统乌斯特均匀度测试仪上的电容器，可以测试纱线不匀率、粗纱不匀率、毛条不匀率和生条不匀率（1~12000tex）。

图 7-17　新型乌斯特测试仪

这款均匀度测试仪可以测量纱线的纱支、主体纱线的毛羽、纱线的直径和直径离散型、纱线的密度、纱线横截面形状、纱线中的杂质。设备中自带的软件程序可以预测机织物的性能、织物的外观（基于纱线均匀性）以及织物起球性能。

第三节　纱线捻度测试

一、概述

纱线捻度测试方法常用的有以下三种。

（1）直接计数法（直接退捻法）。适用于股线、缆绳、复丝；在退捻过程中纤维不易缠结的短纤维单纱也可采用该法，但不常用。

（2）一次退捻加捻法。适用于短纤纱，不适用于自由端纺纱、喷气纺纱的产品及张力从 0.5cN/tex 增至 1.0cN/tex 时，其伸长超过 0.5% 的纱线。

（3）三次退捻加捻法。适用于气流纱。

纱线捻度测试可以参照的标准包括：GB/T 2543.1—2015《纺织品　纱线捻度的测定　第 1 部分：直接计数法》、GB/T 2543.2—2001《纺织品　纱线捻度的测定　第 2 部分：退捻加捻法》、国际标准 ISO 2061：2015《纺织品纱线捻度的测定　直接计数法》。

二、测试仪器

采用 YG155A 纱线捻度仪测试纱线的捻度，其外形图如图 7-18 所示。

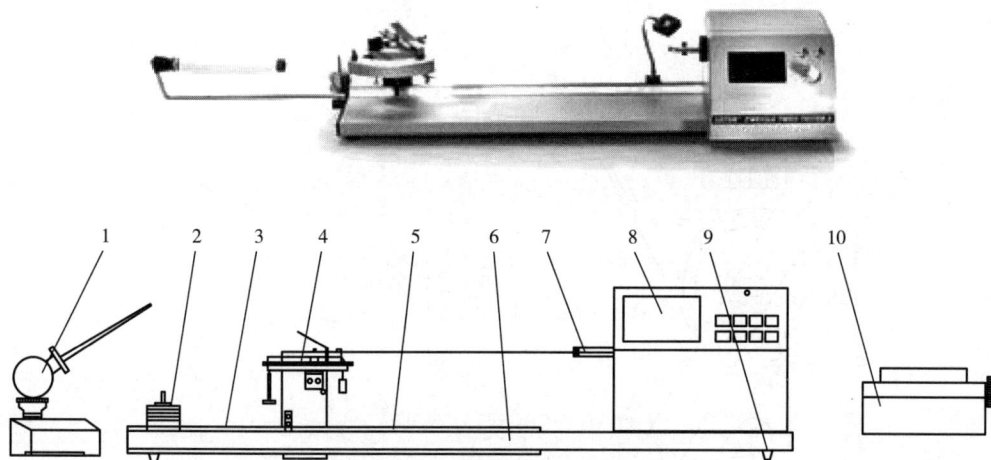

图 7-18 YG155A 纱线捻度仪外形图

1—插纱架 2—张力砝码 3—导轨 4—张力装置 5—长度尺 6—底板

7—右纱夹 8—控制箱 9—机脚 10—打印机

三、直接计数法测试捻度

1. 原理

在一定张力下，夹住已知长度纱线的两端，通过试样的一端对另一端向退捻方向回转，直至股纱中的单纱或复丝中的单纤维完全平行为止，退去的捻回数即为该纱线试样长度内的捻回数。

2. 实验参数

直接计数法的实验参数见表 7-1。

表 7-1 直接计数法的实验参数

品种	夹持长度/mm	预加张力/（cN·tex^{-1}）
棉、毛、麻股线	250	0.25
缆线	500	0.25
绢丝股线、长丝线	500	0.25

3. 实验方法与步骤

（1）正确连接好主机和打印机的通信线及电源线，合上仪器控制箱后的主机电源开关和打印机电源开关，液晶显示器同时显示欢迎画面。

（2）根据实验方法标准的要求确定实验次数、方法、长度、捻向、支数。

（3）在加载张力过程中一定要按照有关实验方法标准中的规定，根据不同的纱线类别和纱线的粗细（线密度/tex）选择适当的专用张力砝码，并将此专用砝码挂于砣上。

（4）调整插架的位置，使纱线在引出时不受任何意外的损伤，插上待试纱线。

（5）调整移动支承至标准规定的实验长度并拧紧移动支承后方的滚花支紧螺钉，并调节伸长限位至合适的位置，如图 7-19 所示。

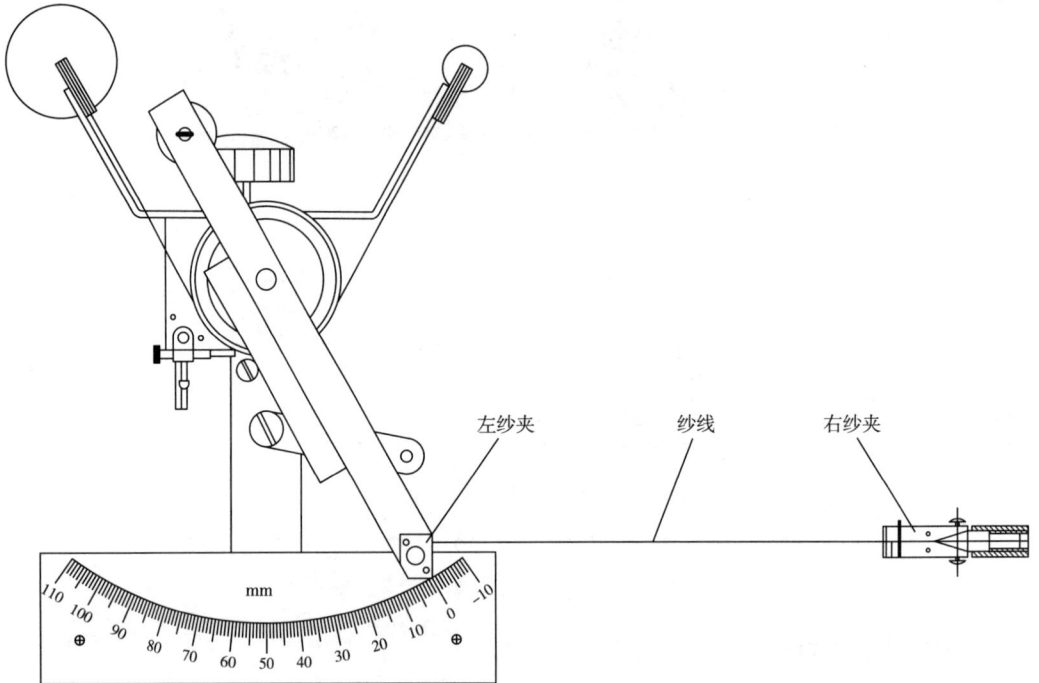

图 7-19　调节移动支承

（6）用右手从插纱架上引出纱线，左手压下夹线杠杆，将纱线引入左纱架的导纱轴，然后松开夹线杠杆，释放零位定位架，再用左手捏开右纱夹钳口，调整纱线位置使左夹钳前指针指向零位（压线）时松开右纱夹钳夹紧纱线。

（7）按下"启动"键仪器就自动完成实验，显示器显示本次实验的捻度。如按"启动"键，右夹钳不转动且出现报警蜂鸣，这说明指针未指在"零位"的正确位置上，请立即重新夹线且使指针对准零位，零位对准时，蜂鸣器停止鸣叫。

（8）按照上述方法重新夹上被实验纱线，继续做下次实验直至做完预置的实验次数，蜂鸣器鸣叫提示，然后按"统计"键，打印机打出全部实验数据及其统计结果。

（9）做直接计数实验时，首先预置一个捻回数，预置的捻回数应小于设计捻度的 15%~20%，然后按上述方法夹紧纱线。

（10）若无进一步实验，关闭电源。

4. 实验结果计算

我国毛纺纱线常用公制支数制捻度，公制支数制实际捻度 T_m 的计算公式见式（7-4）。

$$T_m = \frac{试样捻回数总和}{试样夹持长度（mm）\times 试验次数} \times 1000（捻/m） \tag{7-4}$$

捻度指标仅能度量相同特数和体积重量的纱线的加捻程度。当特数和体积重量不同时，捻度不能完全反映纱线的加捻程度。因此，采用捻系数来衡量纱线的加捻程度。毛纱的捻系数计算公式见式（7-5）。

$$K_1 = \frac{T_m}{\sqrt{N_m}} \qquad\qquad (7-5)$$

式中：K_1 为捻度以捻/m 表示的公制支数捻系数；T_m 为捻度，捻/m。平均捻度（计算到 5 位有效数字，修约到 4 位有效数字）；N_m 为纱线公制支数。

四、退捻加捻法测试捻度

1. 原理

在规定张力下，夹持一定长度的试样，测量经退捻和反向加捻后回复到起始长度时的捻回数。

2. 实验参数

退捻加捻法的实验参数见表 7-2。

表 7-2　退捻加捻法的实验参数

类别		试样长度/mm	预加张力/（cN·tex^{-1}）	允许伸长限位/mm
精纺毛纱捻系数	$\alpha<80$	250	0.1±0.02	2.5
	$80\leqslant\alpha\leqslant150$	250	0.25±0.05	2.5
	$\alpha>150$	250	0.50±0.05	2.5

3. 实验方法与步骤

（1）根据实验方法标准的要求，确定实验次数、方法、长度、捻向、支数。

（2）按照表 7-2 根据不同的纱线类别调节好左、右纱夹之间的距离，预加张力及允许伸长限位。

（3）调整插架的位置，使纱线在引出时不受任何意外的损伤，插上待试纱线。

（4）按照"直接计数法"装夹试样。

（5）清零后，按相应的测试开关进行实验。当伸长指针离开 0 位又回到 0 位，仪器自停，记录捻回数。

（6）重复步骤（4）、步骤（5），完成实验次数。

4. 实验结果计算

参照直接计数法。

第四节　纱线拉伸断裂性能测试

纱线的拉伸断裂性能直接影响后续加工过程以及面料的物理性能。强度和延伸性较大的纱线在针织或机织过程中断头率较小，能够减少停机次数，避免效率损失。

一、测试仪器

采用 YG020D 电子单纱强力仪测试纱线的拉伸断裂性能，如图 7-20 所示。

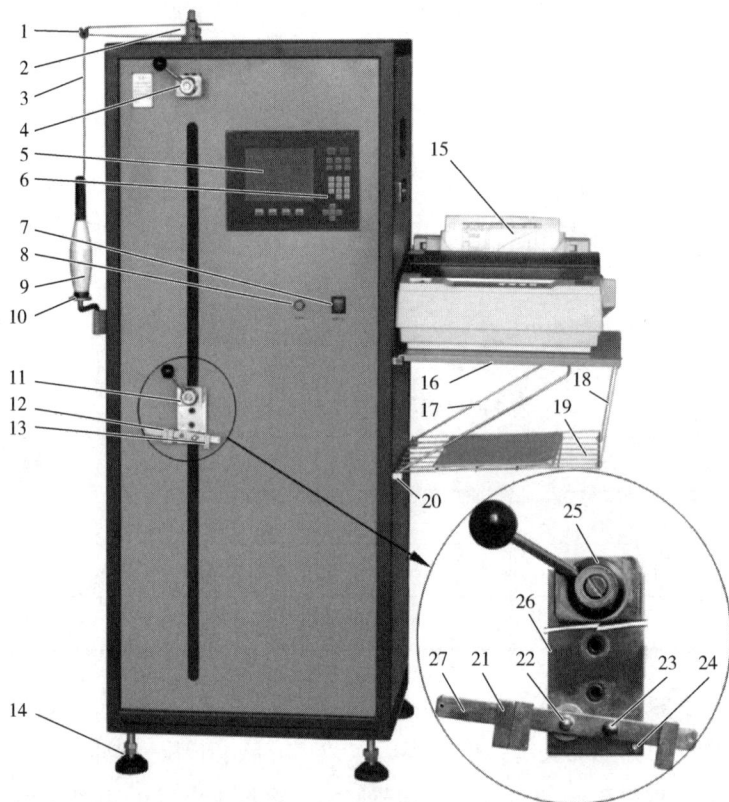

图 7-20　YG020D 电子单纱强力仪外观结构图

1—导纱钩　2—导纱装置　3—纱路　4—上夹持器　5—LCD 显示　6—操作键盘　7—电源开关

8—拉伸键　9—纱管　10—放纱支轴　11—下夹持器　12—张力装置　13—张力砝码　14—调平机脚

15—打印机　16—打印机托板　17—托板支架　18—纸架拉筋　19—网状纸架　20—托架安装柱

21—张力砝码　22—支点心轴　23—夹纱手柄　24—限位销　25—下夹持器　26—固定基板　27—张力杠杆

1. 机械机构

在仪器机座上装有电动机，电动机动力经过减速机或者同步齿形带带动链条转动，链条转动推拉下夹持器由 2 根光杠导向做上下运动，下夹持器的下方有张力装置；在仪器上部居中位置安装有上夹持器，上夹持器连接力传感器。

在实验状态下，将纱线引于上下夹持器之间，将上夹持器夹牢，下部夹于张力夹纱手柄和杠杆之间，这时应使张力杠杆保持水平状态，显示屏显示的力值即为所加的张力值，如果需要调整张力值，可左右移动张力砝码的位置，使显示屏显示的力值达到所需要的张力值，如需更大张力，将左侧砝码移至右侧，调好张力后，夹紧下夹持器按"拉伸"键即可实验。

注意：上夹持器连接力传感器，使用中应注意不得有大力扳、扭、敲、砸等有损力传感器的动作。

2. 检测原理

被测试样的一端夹持在仪器上夹持器钳口内，另一端加上标准规定的预张力后夹紧下夹持器，同时采用标准规定的恒定速率拉伸（CRE）试样，直至试样断裂下夹持器自动返回原处。拉伸过程中，由于夹持器和测力传感器紧密结合，此时测力传感器把上夹持器受到的力转换成相应的电压信号，经放大电路放大后，进行模数（模拟信号转换为数字信号：A/D）转换，最后把转换成的数字信号送入中央处理单元（CPU）进行处理，处理结果会暂存于随机存取存储器（RAM）中，并显示、打印。仪器可记录每次测试的技术数据，测试结束后，数据处理系统会给出所有技术数据的统计值，可显示、打印（仪器工作原理流程图如图 7-21 所示）。进入再次实验后，上次测得的实验数据则被清除。驳接计算机后可以实时记录实验全过程，并且所有测试数据可永久性保存。

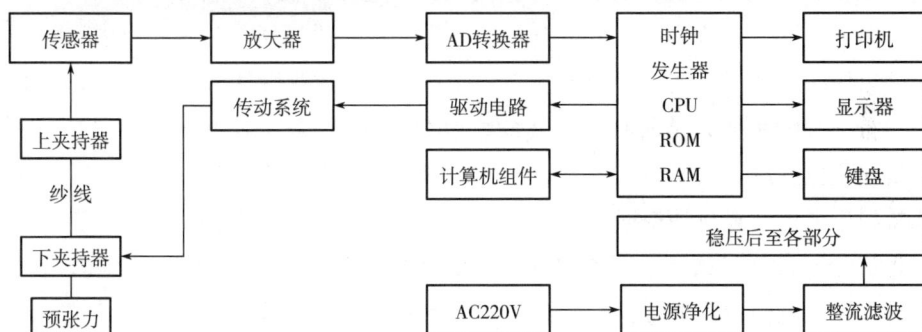

图 7-21　仪器工作原理流程图

二、实验方法与步骤

（1）实验准备。开启仪器电源开关，屏幕显示如图 7-22 所示。如不是该画面，则按"总清"键，再按"复位"键使之进入复位状态；如配置了打印机，请开启打印机电源开关，为其整理打印纸。

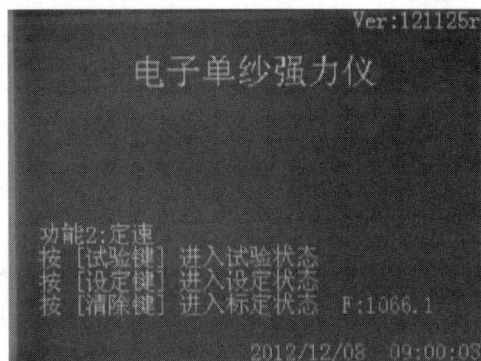

图 7-22　仪器复位状态界面

（2）设置参数。进入复位状态等待 3s 后，再按"设定"键进入设定状态，光标"■"在"纱号：［■16.8］tex"处闪烁，按"清除"键清除原有数据，按数字键"0""1""3""2"，按"确认"键确定输入数据；按"▲"键，光标"■"在"间隔：［■60］次"处闪烁，按"清除"键清除原有数据，按数字键"4"，按"确认"键确定输入数据；按"▲"键，光标"■"在"次数：［■60］次"处闪烁，按"清除"键清除原有数据，按数字键"6""0"，按"确认"键确定输入数据；按"▼"键，将光标"■"移至"速度［■500］mm/min"处，按"清除"键清除原有数据，按数字键"5""0""0"，按"确认"键；按"功能"键使 LCD 上端保留定速功能，参数设置完毕后按"设定"键退出设定状态，按"实验"键进入实验状态。如果本次实验参数（例如次数和速度）和上次相同，无须更改，提前按"设定"键退出；完全相同无须设定，直接进入实验。注意：在按"实验"键时，上夹持器不得受力或夹持试样。

（3）牵引试样与调整张力。右手牵引纱线试样穿过导纱器，从上下夹持器钳口经过至张力器下方，左手锁紧上夹持器后马上再扳开张力器的夹纱手柄压住纱线（小指勾住张力杠杆左端，食指勾住固定基板稳定，拇指扳开夹纱手柄），松开双手让杠杆自由悬垂并刚好使杠杆在水平左右（夹纱手柄夹紧前右手掌握纱线拉力合适），双手调整张力器砝码使屏幕显示张力值（线密度的 50% 左右）为 7，然后左手锁紧下夹持器，右手同时按"拉伸"键，试样被延伸至断裂后夹持装置自动返回。

（4）做完余下试样。松开上下夹持器，取出废纱，右手牵引纱线试样穿过导纱器，从上下夹持器钳口经过至张力器下方，左手锁紧上夹持器后马上（操作同上）扳开张力器的夹纱手柄压住纱线，松开右手，屏幕显示张力值为 7，左手锁紧下夹持器，右手按"拉伸"键，试样被延伸至断裂后夹持装置自动返回，重复本次程序再做 2 次换试样，以后每 4 次更换试样，依此作业，做完余下的试样，LCD 显示"实验完成进入删除状态"，按"停止"键，LCD 显示"本组实验完成"，按"统计"键 LCD 显示各项统计指标及 CV 值，如果配置了打印机并且已经开启，打印机会随时记录打印测得结果，并在此时打印统计值，本组实验结束。没有配备打印机的用户要注意每次做好记录。

（5）删除数据。如果进行数据删除，在最后一次实验后直接进入删除状态，实验中间需按"停止"键进入，再按"上行/上翻"或"下行/下翻"键，找到需删除的数据，按"删除"键删除数据；如果进行数据删除，在最后一次实验后直接进入删除状态，实验中间需按"停止"键进入，再按"上行/上翻"或"下行/下翻"键，找到需删除的数据，按"删除"键删除数据，按"停止"键后退出删除状态，根据删除的实验次数补做实验，补上实验数据至设定次数，按"停止"键 LCD 显示"本组实验完成"，按"统计"键 LCD 显示各项统计指标及 CV 值。无须删除则忽略本条。

（6）复制报表。如果需要复制测试报表，按"复制"键，打印机重复打印实验记录及统计值全部报表；实验过程中按"复制"键无效，按"统计"键打印已做实验统计值。不复制、未安装打印机忽略本条。

警告：仪器背部凸出部分标有"当心烫伤"警告标志，实验时谨防烫伤！

三、新型乌斯特纱线拉伸性能测试仪

新型乌斯特纱线拉伸性能测试仪如图 7-23 所示。其测试方法如下：

（1）将纱线从纱管或其他包装上退绕，喂入设备。

（2）操作者或设备机械手拽取一定长度的纱线，将其拉伸至断裂，测试纱线断裂时的负荷及断裂伸长率。

（3）重复步骤（2），直至获取足够的实验量。

（4）将第二个纱线样本移至测试位置，并重复步骤（2）、步骤（3），直到测量出足够的样本为止。

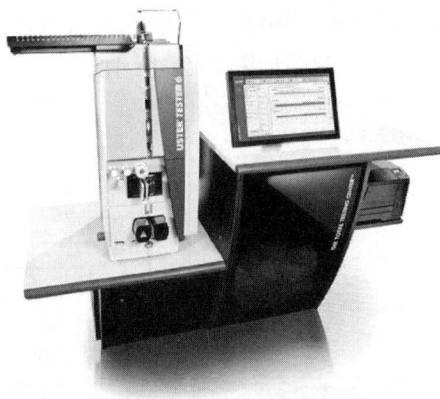

图 7-23　新型乌斯特纱线拉伸性能测试仪

第五节　纱线毛羽测试

纱线毛羽是指伸出纱线表面的纤维端或者纤维圈。纱线毛羽的长短、数量及其分布对织物的内在质量、外观质量、手感和使用有密切关系，也是机织尤其是无梭织、针织生产中影响质量和生产率的主要因素，所以纱线毛羽指标是评定纱线质量的一个重要指标，也是反映纺织工艺、纱线加工部件好坏的重要依据。

一、测试仪器

采用 YG171B 纱线毛羽仪测试纱线的毛羽，如图 7-24 所示。该仪器可测试各种天然纤维与化学纤维的纯、混纺纱线的毛羽长度、毛羽指数及其分布，以指导生产、改进工艺、控制质量、新产品开发。适应标准：FZ/T 01086—2020《纺织品　纱线毛羽测定方法　投影计数法》。

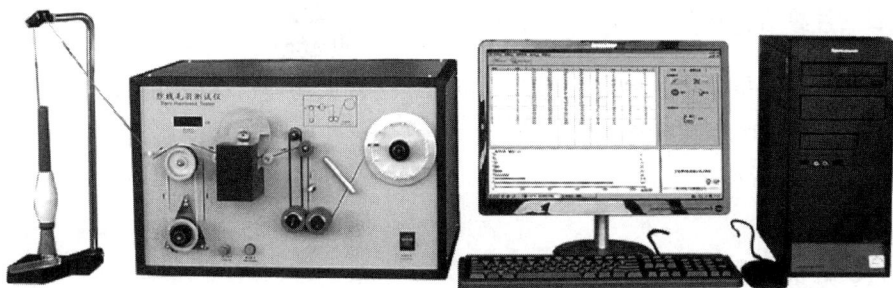

图 7-24　纱线毛羽仪

1. 工作原理

采用可见光光源将纱线、毛羽投影成像，再采用并行同步高速计数方法结合微机，把毛羽挡光引起的明暗变化转换成电信号，由计算机进行信号处理、计数统计、显示、打印。毛羽仪工作原理图如图 7-25 所示。

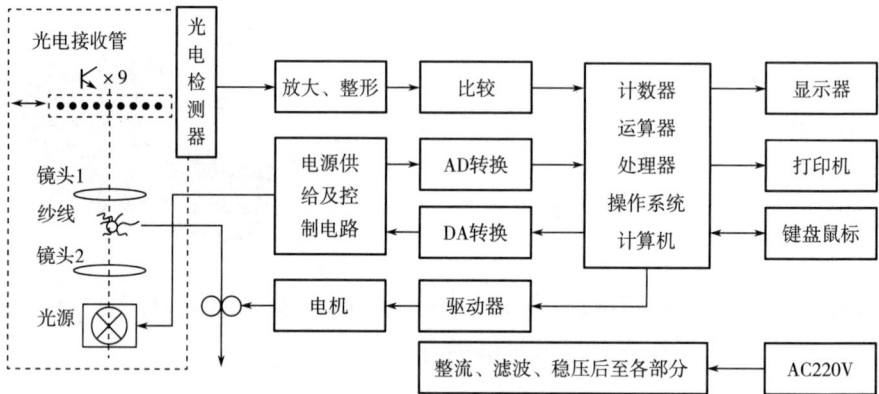

图 7-25　毛羽仪工作原理图

2. 特点

毛羽设定长度的精确度高，检测段的纱线走纱稳定，光、电各参数在开机使用中由微机按设计要求自动检测、校正，所以仪器测试数据稳定、误差小。仪器可一次测得 8 挡（1~8mm）毛羽长度的毛羽指数，可以客观地反映纱线毛羽分布规律。

二、实验方法与步骤

注：实验前需要开机预热 20min。

1. 连线

用串行通信连线把计算机同主机连接起来，用打印机连线把打印机同计算机主机连接起来；将计算机电源线、打印机电源线及主机电源线插入 220V 交流电源插座中。

2. 开机

（1）打开毛羽仪前面的电源开关。

（2）启动计算机，并双击桌面上的毛羽仪程序图标。

（3）主机与计算机连接，单击"连接"按钮。连接成功后，在软件界面的右下方显示连接成功图片。连接成功后，系统会按照预先设置的灯光进行调整，调整完成后会显示调整灯光成功图，如图 7-26 所示。

3. 装纱

（1）将纱管或纱筒装在纱管架上。

（2）绕纱。按纱路图（图 7-27）为仪器装上纱线，用手将绕纱盘顺时针转动多圈，使纱线绕上纱盘上，准备测试。

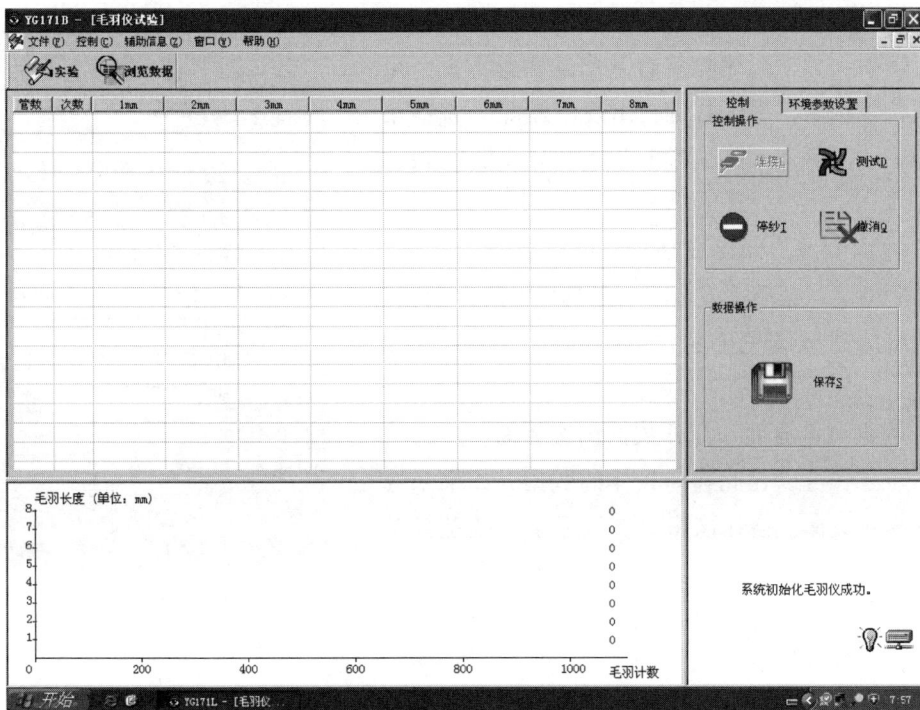

图 7-26 调整灯光成功图

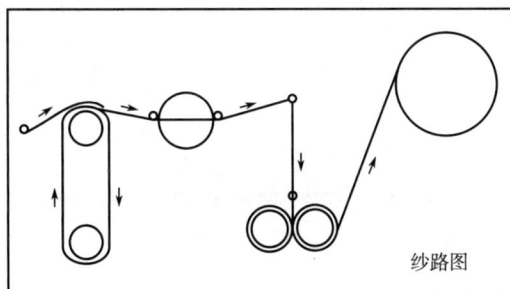

图 7-27 纱路图

4. 实验

（1）环境参数设置。实验前请先查看实验的参数。在左上角单击"环境参数设置"标签，显示如下界面，如果需要修改某个参数，请单击"修改"按钮，修改完成后请单击"设置"按钮，以使其生效。各条目含义请参照备注。参数设置界面如图 7-28 所示。

（2）预加张力调整。开机后预加张力应显示在 0.0 左右，如果偏离此值应调整仪器左下角的调零旋钮。

（3）实验。参数设置完后，可以单击"控制"标签，点击"测试"进行实验。在实验过程当中，可以调节张力调节轮，使之达到需要的张力。点击"停纱"可以取消最后一次实验结果，点击"撤消"可以取消本次全部实验结果。在完成规定的实验次数后，毛羽仪会自动停机，如果此时还有其他纱管需要测试，可在装好纱管后点击"测试"，测试将继续进行。

在测试完成后，可以点击"保存"保存本次实验。在测试的过程中，如果想删除某管某次的实验数据，可以点击该行数据后，单击右键，出现"删除"快捷菜单，删除后，系统会将正在测试的数据替换删除的数据。

（4）数据浏览。保存成功后，可以单击"文件"菜单中的"浏览"菜单项或者单击工具栏上的"浏览"按钮，系统将进入浏览毛羽仪数据界面，如图7-29所示。

（5）数据浏览界面。打开数据浏览界面，左边为相应的功能区，可以在此选择具体的数据，如果未选择具体的某次数据，会在该窗口右侧显示"请选择具体的实验数据"。如果选择了具体的数据，则会在右侧显示详细的内容。也可以在此进行查询、删除、打印预览、打印等操作。

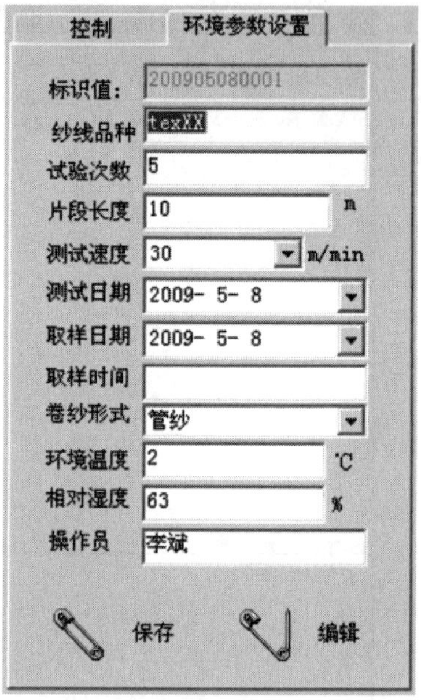

图7-28 参数设置界面

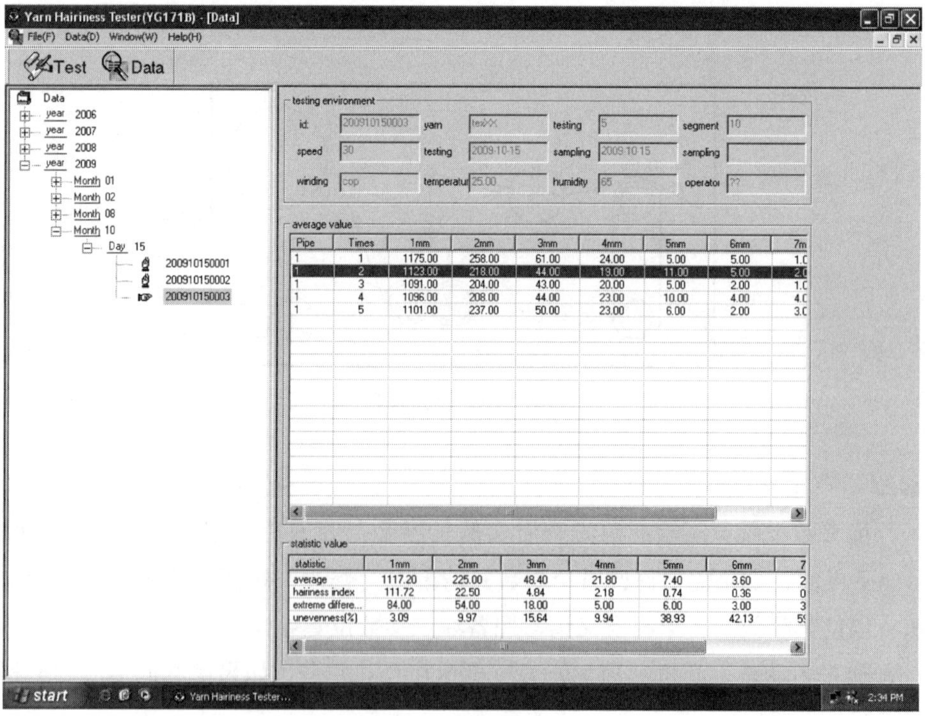

图7-29 数据浏览界面

（6）浏览与实验界面的切换。可以通过单击"文件"菜单中的"实验"与"浏览"菜单项或者工具栏中的"实验"与"浏览"按钮来进行实验与浏览界面的切换。

三、实验举例

（1）打开毛羽仪面板上的电源开关，启动计算机，点击桌面上的快捷方式 按钮，显示器上会出现毛羽仪操作界面，如图7-30所示。

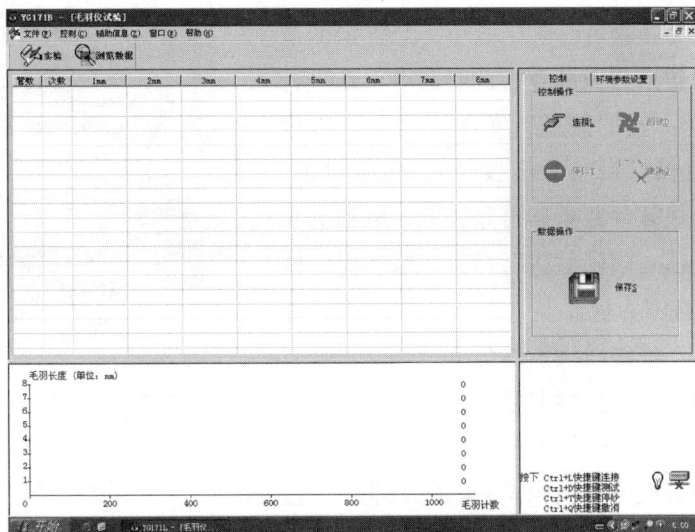

图7-30　操作界面

（2）点击"参数设置"按钮，如需要修改参数，点击"修改"按钮，出现参数设置界面，如图7-31所示。

图7-31　参数设置界面

（3）假设我们所作实验次数为 10；测试速度 30m/min；卷装纱形式：管纱；片段长度：10m；点击"设置"后，进行参数设置，参数设置完毕后点击控制面板上的"控制"按钮，进入测试控制界面，如图 7-32 所示。

（4）点击操作界面的"连接"按钮，计算机将显示"联机中正在调整……"需要稍微多等一会时间，连接成功将显示"系统初始化毛羽仪成功"。如果不成功将显示"X"管当前电压值小于您设定的最小电压，请重新设置后再做调整，此时需要重新进行参数调整。请选择"辅助信息"菜单下的"参数设置"项，进入设置窗口后参考步骤（2）重新设置。设置完成后请退出该软件并重新打开，此时电脑会自动根据设置的灯光值、门限值进行调整。绕纱操作按图 7-27 所示的纱路图为仪器装上纱线，用手将绕纱盘顺时针转动多圈，使纱线绕上纱盘上。

图 7-32　测试控制界面

（5）点击操作界面的"测试"按钮，进入实验测试状态，实验 10 次后自动停止（如在实验没有达到 10 次想要结束实验，点击操作界面的"停止"按钮即可。再点击"撤消"按钮，就结束此次实验）。

（6）如果需要保存实验数据则点击操作界面的"保存"按钮，保存成功后，可以单击"文件"菜单中的"浏览"菜单项或者单击工具栏上的"浏览"按钮，系统将进入浏览毛羽数据界面。如无须保存又想结束实验，则点击"撤消"按钮即可。

思考题

1. 表征精梳毛纱质量优劣的参数有哪些？
2. 混纺纱公定回潮率下的纱线细度如何计算？
3. 用来评价纱线细度不匀的指标有哪些？
4. 纱线条干均匀度对纱线质量有何影响？
5. 光电式条干均匀度仪与电容式条干均匀度仪的测试原理有何区别？
6. 股线通常用哪种测试方法测试捻度？
7. 评价纱线强力的指标有哪些？
8. 影响纱线强力测试的因素有哪些？
9. 评价纱线的毛羽指标有哪些？
10. 如何计算细度偏差率、捻度偏差率、重量变异系数、捻度变异系数？

参考文献

［1］ 季萍，王春霞．毛纺工艺与设备［M］．北京：中国纺织出版社，2018.

［2］ 平建明．毛纺工程［M］．北京：中国纺织出版社，2007.

［3］ 郁崇文．纺纱学［M］．3版．北京：中国纺织出版社，2019.

［4］ 郁崇文．纺纱工艺设计与质量控制［M］．2版．北京：中国纺织出版社，2011.

［5］ 王晓，栾文辉．纺织材料实验实训教程［M］．北京：中国纺织出版社，2017.

［6］ 朱苏康，高卫东．机织学［M］．2版．北京：中国纺织出版社，2015.

［7］ 高晓艳．毛条制造与纺纱［M］．北京：中国纺织出版社，2021.

［8］ 杨锁廷．纺纱学［M］．北京：中国纺织出版社，2004.

［9］ 郁崇文．纺纱系统与设备［M］．北京：中国纺织出版社，2005.

［10］ 邢声远．羊毛沾污物与洗毛工艺（一）［J］．洗净技术，2004（2）：13-16.

［11］ 邢声远．羊毛沾污物与洗毛工艺（二）［J］．洗净技术，2004（3）：10-13.

［12］ 王丽丽．基于生物酶洗毛技术研究［D］．大连：大连工业大学，2010.

［13］ 刘国秀．洗毛废水中羊毛脂深度回收工艺研究［D］．上海：东华大学，2015.

［14］ 黄范范．细羊毛超声波洗毛工艺研究及其损伤表征［D］．上海：东华大学，2016.

［15］ 徐卫林，夏治刚，丁彩玲，等．高效短流程嵌入式复合纺纱技术原理解析［J］．纺织学报，2010，31（6）：29-36.

［16］ 张艳．毛纺织新工艺新设备及产品检测方法与标准实用手册［M］．西安：三秦出版社，2001.

［17］ 陈琦．毛纺织品手册［M］．北京：中国纺织出版社，2001.

［18］ 夏景武，秦云．精纺毛织物生产工艺与设计［M］．北京：中国纺织出版社，1995.

［19］ 卢神州，王建南，张幼珠．纺织化学［M］．上海：东华大学出版社，2021.